W0261919

Teubner
Studienskripten (TSS)

Mit der preiswerten Reihe **Teubner Studienskripten** werden dem Studenten ausgereifte Vorlesungsskripten zur Unterstützung des Studiums zur Verfügung gestellt. Die sorgfältigen Darstellungen, in Vorlesungen erprobt und bewährt, dienen der Einführung in das jeweilige Fachgebiet. Sie fassen das für das Fachstudium notwendige Präsenzwissen zusammen und ermöglichen es dem Studenten, die in den Vorlesungen erworbenen Kenntnisse zu festigen, zu vertiefen und weiterführende Literatur heranzuziehen. Für das fortschreitende Studium können **Teubner Studienskripten** als Repetitorien eingesetzt werden. Die auch zum Selbststudium geeigneten Veröffentlichungen dieser Reihe sollen darüber hinaus den in der Praxis Stehenden über neue Strömungen der einzelnen Fachrichtungen orientieren.

Pneumatische Steuerungstechnik

Von Dipl.-Ing. Rudolf Haug

Professor an der
Fachhochschule für Technik
Esslingen

2., neubearbeitete
und erweiterte Auflage
mit 224 Abbildungen

B. G. Teubner Stuttgart 1991

Prof. Dipl.-Ing. Rudolf Haug

1933 in Stuttgart-Berg geboren. 1951 Mittlere Reife an der
Schelztor-Oberschule in Esslingen. 1954 außerordentliches Abitur.
1954 - 1959 Studium des Maschinenbaus an der Technischen Hoch-
schule Stuttgart. 1959 - 1964 bei der Firma Gebr. Boehringer in
Göppingen: Entwicklung und Konstruktion von Kopierdrehmaschinen
mit pneumatisch gesteuerten Beschickungseinrichtungen. 1964 - 1968
Betriebsleiter der Firma Ritter-Aluminium in Esslingen: Einsatz
pneumatischer Steuerungen im Vorrichtungsbau und Spritzlackier-
einrichtungen. Seit 1968 Dozent an der Fachhochschule für Technik
Esslingen in der Abteilung Feinwerktechnik für die Fachgebiete
Fertigung und Steuerung der Werkzeugmaschinen mit dem Schwer-
punkt auf pneumatischen Steuerungen. Neben der Lehrtätigkeit
ständiger Kontakt mit der Industrie in dem Bereich der Fertigungseinrichtungen und Automation mit Hilfe pneumatischer Steuerungen.

Die Deutsche Bibliothek - CIP-Einheitsaufnahme

Haug, Rudolf:
Pneumatische Steuerungstechnik / von Rudolf Haug. - 2.,
neubearb. und erw. Aufl. - Stuttgart : Teubner, 1991
  (Teubner-Studienskripten ; 81 : Maschinenbau)
  1. Aufl. u.d.T.: Haug, Rudolf: Pneumatik
  ISBN 978-3-519-10081-2   ISBN 978-3-322-96746-6 (eBook)
  DOI 10.1007/978-3-322-96746-6

NE: GT

Gesamtherstellung: Druckhaus Beltz, Hemsbach/Bergstraße
Einband: P.P.K,S-Konzepte T. Koch, Ostfildern/Stuttgart

Vorwort zur 2. Auflage

Dieses Skriptum entstand aus Vorlesungen für Steuerungstechnik an der Fachhochschule für Technik Esslingen, Fachrichtung Feinwerktechnik, an der Berufsakademie Stuttgart, Studienrichtung Maschinenbau und Fertigung, an der Medizinisch-Technischen Akademie Esslingen, sowie aus Seminaren für industrielle Steuerungstechnik des Volkswagenwerkes in Wolfsburg, Abteilung Fortbildung.

Die Stoffgebiete sind so aufgebaut, daß zum Verständnis nur die Kenntnisse der Mathematik und Physik des Grundstudiums notwendig sind. Mit Hilfe zahlreicher Beispiele und Übungsaufgaben soll dieses Skriptum dem Studenten des Maschinenbaus und der Feinwerktechnik eine leicht verständliche Einführung in die moderne pneumatische Steuerungstechnik geben. Weiterhin führt es in die Kriterien der Dimensionierung und Ausführung pneumatischer Geräte und Anlagen ein.

Zur Erleichterung des Verständnisses beim Selbststudium enthält das Skriptum zum Anfang eine Zusammenfassung der physikalischen und technischen Grundlagen der Pneumatik (Kapitel 2). Die verwendeten Formelzeichen wurden weitgehend nach DIN 1304 gewählt.

Der Anwendungsschwerpunkt der Pneumatik liegt heute in der Steuerungstechnik. Aus diesem Grunde wird in diesem Skriptum auf die logische Verknüpfung der Funktionsbedingungen mit Hilfe der Boolschen Algebra ausführlich eingegangen. Der logische Signalflußplan wird mit Schaltzeichen nach DIN 40 900 dargestellt. Der Aufbau pneumatischer Steuerungen wird besonders unter dem Gesichtspunkt der gerätetechnischen Problematik der verschiedenen Gerätesysteme behandelt. Die Darstellung pneumatischer Geräte und Steuerungen erfolgt nach DIN-ISO 1219.

Auf die elektrische Ansteuerung der elektropneumatischen Bauelemente wird in dem Kapitel 4 eingegangen. Dabei wird in einführender Form der Aufbau elektromechanischer Schaltpläne nach DIN 40 713 und die Verknüpfung mit dem pneumatischen Steuerungsteil beschrieben (Kapitel 4.1). In Kapitel 4.2 wird die Arbeitsweise der SPS-Steuerung mit Beispielen für den Einsatz mit pneumatischen Bauelementen dargestellt.

Um eine sinnvolle Anwendung der Pneumatik zu ermöglichen, wird im Kapitel 5 der mechanische Aufbau und die für den praktischen Einsatz notwendigen Grundlagen pneumatischer Logikbausteine und Sensoren behandelt.

Das Kapitel 6 beschäftigt sich ausschließlich mit dem Aufbau und den Berechnungsgrundlagen der pneumatischen Aktorik. Dadurch wird es möglich, zusammen mit der in Kapitel 7.4 beschriebenen Druckverlustbestimmung praktische Aufgaben zu realisieren.

Im letzten Kapitel wird noch auf die näherungsweise Bestimmung der Druckverluste eingegangen, die in erster Näherung eine Dimensionierung der Bauteile für praktische Aufgaben ermöglicht.

Dem Verlag B.G. Teubner danke ich für die gute Zusammenarbeit.

Lenningen-Brucken, Mai 1991   Rudolf Haug

Inhaltsverzeichnis

1 Einführung

1.1 Druckluft in der Vergangenheit

Die Anwendung von Druckluft ist keine Erfindung unserer Tage. Die erste Kunde von der Nutzung der Expansionskraft komprimierter Luft zur Betätigung mechanischer Maschinen und Einrichtungen ist uns in vielfältiger Form bereits aus der Antike überliefert. Die meisten dieser Überlieferungen sind jedoch recht verschwommen und ungenau.

Als Urvater der Pneumatik weisen eine ganze Reihe von Quellen auf *Ktesibios* (um 140 v.Chr.) aus Alexandria und dessen Schüler *Hero* (griechisch *Heron* um 100 v. Chr.). Von Ktesibios soll ein Druckluft-Katapult stammen, für dessen Spannen der Sehne über axial angeordnete Hebel die Luft in zwei Bronzezylinder durch Kolben verdichtet wird.

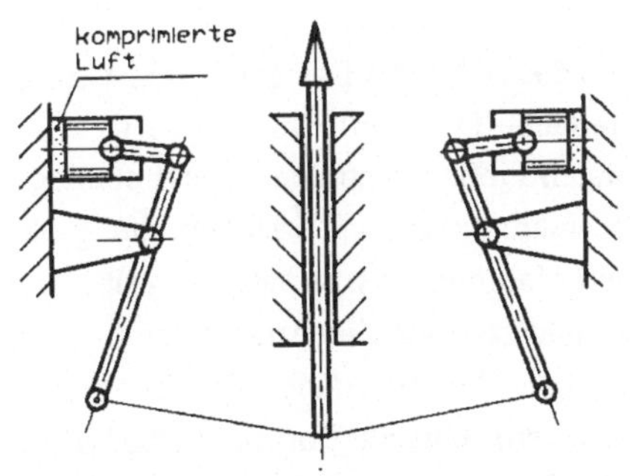

Bild 1 Druckluftkatapult

Beim Loslassen der Sehne dehnt sich die komprimierte Luft aus und beschleunigt das Geschoß. Dies ist nur ein Beispiel einer ganz erstaunlichen Reihe von Erfindungen und Konstruktionen im Bereich der Pneumatik und Heißluft, die auf *Ktesibios*, *Heron* und *Philon* zurückzuführen sind:

Wasserorgel, Druckpumpe, Türöffner, Feuerspritze, Heronsbrunnen usw.

Wenn auch im Verlauf der folgenden Jahrhunderte immer wieder der Versuch überliefert ist, die Druckluft in den Dienst der Menschheit zu stellen, kam es doch zu keiner dauerhaften Anwendung.

Dies ist bei dem mangelhaften Wissen um mechanische und physikalische Zusammenhänge sowie bei den wenig brauchbaren, zur Verfügung stehenden

Werkstoffen nicht verwunderlich. Erst im Verlauf des 17. Jahrhunderts legten die Arbeiten des Magdeburger Ingenieurs und Bürgermeisters *Otto von Guerike* (1602-1686), des französischen Mathematikers und Philosophen *Blaise Pascal* (1623-1662) sowie des französischen Physikers *Denis Papin* (1647-1712) die entscheidenden wissenschaftlichen Grundlagen für eine wirkungsvolle Anwendung der Druckluft.

Wie so oft in der Geschichte der Technik fand die Druckluft ihre erste breite Anwendung in der Waffentechnik. So gab es bereits um 1790 in der Österreichischen Armee ein 1000 Mann starkes "Windbüchsenkorps", das den mit Feuerwaffen ausgerüsteten Einheiten mindestens gleichwertig war. Mit der Entwicklung der leistungsfähigen Dampfmaschinen im Laufe des 19. Jahrhunderts gewann die Pneumatik jedoch sehr schnell an Bedeutung als Antriebsenergie. Die Energie der Dampfmaschine wurde dabei in Druckluftkesseln gespeichert und als Energieversorgung mobiler Antriebe eingesetzt.

Von außerordentlicher Bedeutung war zu dieser Zeit der Energietransport zentraler Dampfkraftstationen über kilometerlange Druckluftleitungen zu weit verzweigten Kleinverbrauchern. Diese ersten großen zentralen Druckluftanlagen entstanden Ende der 70er Jahre des 19. Jahrhunderts und erlangten ihre größte Bedeutung in dem ersten Jahrzehnt unseres Jahrhunderts. So hatte die größte, voll ausgelastete Station in Paris um die Jahrhundertwende eine Antriebsleistung von 7350 kW. Die Druckluft wurde dabei über eine kilometerlange Druckluftleitung mit 500 mm Durchmesser zu den Verbrauchern gebracht. Dort wurde die Luft zur Verbesserung der Leistung auf 50°C bis 150°C vorgewärmt und zum Antrieb von Druckluftmotoren und schlagenden Werkzeugen genutzt. Die Druckluftmotoren über 1,5 kW unterschieden sich damals in nichts von der Mechanik der Dampfmaschinen. Die Druckluftleitung war somit der Vorgänger der heutigen elektrischen Überlandleitungen.

Mit der Entwicklung der Elektrizität und dem Ausbau des Stromversorgungsnetzes verlor die Druckluft sehr schnell ihre Bedeutung als Sekundärenergie. Dem Druckluftantrieb blieben jedoch wesentliche Bereiche der Technik vorbehalten, vor allem dort, wo Explosionsgefahr durch elektrische Antriebe besteht, bei schnellaufenden Kleinwerkzeugen, bei schlagenden Werkzeugen wie Preßluftbohrer, -stampfer, -nieter usw. und vor allem bei Linearbewegungen mit geringen Ansprüchen an die Bewegungscharakteristik sowie bei Spanneinrichtungen von Maschinen und Vorrichtungen.

In der Zeit nach dem 2. Weltkrieg wurde die Pneumatik mehr und mehr in der Steuerungstechnik eingesetzt, was in den 60er Jahren zu einer ausgesprochenen stürmischen Entwicklung führte. Die Steuerungstechnik ist damit das bedeutendste und differenzierteste Anwendungsgebiet der Pneumatik in der modernen Technik geworden.

1.2 Anwendungsgebiete der Pneumatik

1.2.1 Steuerungstechnik

Die Druckluft wurde schon in einem sehr frühen Stadium der Industrialisierung längst vor der Elektrotechnik zu steuerungstechnischen Einrichtungen verwendet. Nach dem 2. Weltkrieg, vor allem in den 50er und 60er Jahren mit der Rationalisierungs- und Automatisierungswelle unserer Fertigungsmethoden, fand die Pneumatik in der Steuerungstechnik eine ungeahnte Ausweitung ihrer Anwendungsmöglichkeit. Die Bedeutung der pneumatischen Steuerungstechnik wird auch daraus ersichtlich, daß es heute allein in der Bundesrepublik etwa 60 Hersteller pneumatischer Steuerungselemente gibt.

Der Einsatzschwerpunkt der pneumatischen Steuerung liegt eindeutig dort, wo man bei industriellen Fertigungseinrichtungen mit einer relativ geringen Anzahl von Verknüpfungsbedingungen auskommt, oder wo die zu steuernden Stellglieder ohnehin pneumatisch betätigt werden. Selbstverständlich werden pneumatische Steuerungssysteme in sehr großem Umfang dort eingesetzt, wo Explosionsgefahr besteht wie z.B. bei Lackier- oder Kunstharzeinrichtungen oder sonstige für Elektrotechnik sehr ungünstige Umweltbedingungen herrschen, die großen Schutz und Sicherheitsaufwand nötig machen, (Flaschenabfüll- und

Reinigungsautomaten; Beschickungs- und Kontrolleinrichtungen bei Ofenanlagen; Beschickungseinrichtungen an galvanischen Anlagen; Füllstands- und Regelanlagen bei der chemischen Industrie usw.).
Mit der Einführung der speicherprogrammierbaren Steuerung wurde der Einsatz der vollpneumatischen Steuerung stark zurückgedrängt. Um so mehr wird heute die Pneumatik als Peripherietechnik für die SPS-Steuerungen eingesetzt.

1.2.2 Antriebe

1.2.2.1 Schlagende Werkzeuge

Von ungebrochener Bedeutung ist die Druckluft bei den schlagenden Werkzeugen, seit diese erstmalig ihre große Bewährungsprobe beim Bau des Mont-Cenis-Tunnels im Jahre 1861 bestanden haben. Man stelle sich heute den Bergbau oder die gesamte Bauwirtschaft ohne die schweren Druckluftschlagbohrer oder -meißel vor, dies wäre wohl genau so wenig denkbar, wie der Feinmechaniker oder Werkzeugmacher ohne seine moderne hochtourigen, druckluftgetriebenen und luftgelagerten Hanschleifmaschine. So gegensätzlich dieses Beispiel auch ist, so charakteristisch ist seine Dimension und Spannweite.

Im Bereich der schlagenden Werkzeuge liegt heute der Anwendungsschwerpunkt der Druckluft bei schweren Geräten, bei den rotierenden Antrieben dagegen ganz eindeutig bei den Geräten mit geringen Leistungen. Bei dieser groben Betrachtung müssen jedoch Ausnahmen berücksichtigt werden. So wurden die pneumatisch schlagenden Werkzeuge im leichten Bereich durch leistungsfähige elektromechanische Systeme weitgehend verdrängt. Durch neue Entwicklung wie zum Beispiel bei pneumatischen Nagelmaschinen konnte die Pneumatik jedoch sehr schnell neue Anwendungsgebiete, vor allem im handwerklichen Bereich, erschließen.

1.2.2.2 Rotierende Antriebe

Bei rotierenden Antrieben mit großer Leistung sind die Betriebskosten der Pneumatik zu teuer. Es muß davon ausgegangen werden, daß die Energiekosten der Pneumatik 10 bis 15 mal über den Kosten der elektrischen Antriebsenergie liegen. Durch ihr geringes Bauvolumen und Eigengewicht, das bei nur 30 % elektrischer Hochfrequenzmotoren gleicher Leistung liegt, findet der Pneumatikmotor vor allem bei den Produktionshandwerkzeugen und im Vorrichtungsbau Verwendung:
Druckluftschrauber von M 4 bis M 300; Bohrmaschinen bis ca. 3,5 kW und vor allem Bohrvorschubeinheiten; Schleifmaschinen bis ca. 2,5 kW sowie Kleinstschleifmaschinen mit Drehzahlen weit über 100 000 min-1.

1.2.2.3 Linearantriebe

Bedingt durch die relativ einfache Bauart der Pneumatikzylinder werden die pneumatischen Linearantriebe überall dort eingesetzt, wo keine exakten oder . Der Aufgabenbereich pneumatischer Linearantriebe liegt daher in erster Linie bei der Ausführung von Eilgangbewegungen und der Erzeugung von Spannkräften. Die Anwendung erfolgt ganz dominierend im Bereich der Fertigungshilfsmittel, bei Rationalisierungseinrichtungen, im Verpackungs- und Holzbearbeitungsmaschinenbau, in der Klimatechnik und als Pumpenantrieb explosionsgefährdeter Flüssigkeiten sowie in großem Umfange in der Vergnügungsindustrie. Nicht zuletzt sei die Anwendung im Fahrzeugbau zur Bremsbetätigung und als Passivelement zur Fahrzeugfederung genannt.

1.2.2.4 Unmittelbar wirkende Druckluftsysteme

Ein außerordentlich großes Anwendungsgebiet der Druckluft liegt in der unmittelbaren Nutzung der strömenden Luft. Dabei ist ein sehr naheliegendes Anwendungsgebiet der direktwirkenden Druckluft das <u>Anlassen von Großmotoren</u>. Es wird z.B. jeder zweite Zylinder mit Druckluft beaufschlagt, damit die andere Hälfte eingespritzt und gezündet werden kann. Besondere Bedeutung besitzen sämtliche <u>Spritz-, Sprüh- und Strahlverfahren,</u> bei denen fremdes Material durch die Injektorwirkung expandierender Luft mitgerissen und mit dem Luftstrom zum Auftragen auf eine Werkstückoberfläche oder Abtragen derselben transportiert wird: Spritzlackieren, Kunststoffbeschichten, Ölnebel zur Schmierung oder Verbrennung, Pflanzenschutzmittel versprühen, Sandstrahlen bei der Gebäudereinigung, zur Erzeugung oxydfreier metallischer Oberflächen, oder um optische Oberflächeneffekte zu erhalten, und zum Entgraten.

Die Eigenschaft der strömenden Luft, fremde Werkstoffpartikel mitzuschleppen, wird heute in großem Umfange zum <u>Fördern von Schüttgut</u> angewendet. Die bekanntesten Anwendungsbeispiele sind: Beschickung von Zement-, Getreide-, Mehl- und Kunstdüngersilos. Der Transport des Gutes kann dabei in einer Förderleitung über mehrere hundert Meter weit geschehen.
In diesem Zusammenhang muß auch die <u>Rohrpost</u> erwähnt werden. Bei ihr wird das Gut weniger durch die dynamische Strömungsenergie als vielmehr durch die statische Druckdifferenz über dem Fördergut bewegt. Rohrpostanlagen werden im allgemeinen mit atmosphärischem Druck unter Einsatz von Vakuum betrieben. Die Anwendung des Vakuums erfolgt auch häufig in der <u>Spanntechnik</u>, um Werkstücke direkt auf der Unterlage festzusaugen und damit zu spannen.
Eine sehr wichtige Rolle spielt die unmittelbar wirkende Druckluft in der <u>Längenmeßtechnik</u> der Großserienfertigung. Dabei wird die Pneumatik zur Analoganzeige der Abweichung des Werkstückes zu der Lehre herangezogen.

1.2.3 <u>Vor- und Nachteile der Pneumatik</u>

Die Pneumatik bietet in bestimmten Bereichen der Technik ganz eindeutig Vorteile gegenüber der Mechanik, der Elektrotechnik oder der Hydraulik. In sehr vielen Fällen überwiegen jedoch die Nachteile, wodurch technisch befriedigende oder wirtschaftlich befriedigende oder wirtschaftlich günstige Lösungen verhindert werden. Bevor man sich für den Einsatz der Pneumatik entscheidet, sollte man daher sehr wohl die jeweiligen Vor- und Nachteile gegeneinander abwägen. Leider ist es völlig unmöglich, in allen Fällen eindeutige Kriterien zur Auswahl des jeweils günstigsten Steuerungs- oder Antriebsystems zu geben. In dem Bestreben, den Bauaufwand, die Betriebssicherheit zu optimieren, werden häufig zwei oder mehr Steuerungs- und Antriebsmedien miteinander verknüpft. Durch diese Kombination der Medien wird es nicht leichter, klare Anwendungskriterien beim Abwägen der Vor- und Nachteile zu finden, zumal fast in jedem Anwendungsfall eine positive Eigenschaft der Pneumatik für einen anderen Fall ausgesprochen negativ sein kann. Ganz sicher ist jedoch, daß man die einzelnen Eigenschaften der Pneumatik mit den jeweiligen Eigenschaften der Mechanik, der Elektrotechnik und der Hydraulik vergleichen muß, um sicher sagen zu können, für welchen Fall die Pneumatik eine wirklich optimale Möglichkeit darstellt.

1.2.4 Eigenschaften der Pneumatik

(+), (=), (-), bedeutet: besser/gleich/weniger geeignet als die Pneumatik.

Überlastsicherung
Beim Erreichen der Belastungsgrenze Arbeitsdruck = Betriebsdruck bleiben alle pneumatischen Antriebe über unbegrenzte Zeit, ohne Schaden zu nehmen, stehen. Elektromechanik (-), Hydraulik (=), Mechanik (-)

Zentrale Energieversorgung
Der Druckabfall und die Investitionskosten pneumatischer Leitungsnetze sind relativ gering, so daß dort, wo mehrere Verbraucher angeschlossen werden können, die investitions- und betriebskostengünstigen Zentraldruckerzeugungsanlagen eingesetzt werden können. Die Transportverluste sind jedoch selbst bei guter Leitungsdimensionierung erheblich größer als bei der elektrischen Energie. Elektrische Energie (+), Hydraulik (-), Mechanik (-)

Hohe Lebenserwartung bei geringer Wartung
Die pneumatischen Steuerungs- und Antriebssysteme zeichnen sich durch robuste Unempfindlichkeit gegen Betriebsbelastung und Umwelteinflüsse aus. Voraussetzung ist jedoch, daß die Geräte mit gut gereinigter, und wenn notwendig, in automatischen Wartungseinheiten aufbereiteter Luft betrieben werden. Elektro-Mechanik (-/=), Mechanik (-), Hydraulik (=), Elektrik (+)

Austauschbarkeit der Bauelemente

In der Pneumatik werden ausschließlich austauschbare, bei vielen Herstellern ab Lager beziehbare Bauelemente verwendet. Pneumatische Anlagen sind in ihrer Funktionsweise leicht umzustellen und die Teile auch von Laien auszutauschen.
Elektrische Steuerung (+), Mechanik (-), Hydraulik (=)

Hohe Bewegungsbeschleunigungen möglich

Durch die enorme Expansionseigenschaft komprimierter Luft und das geringe Eigengewicht der Antriebselemente sind höchste Beschleunigung möglich.
Elektromechanik (-), Mechanik (-), Hydraulik (-)

Leichte Strom- und Druckeinstellung

Pneumatische Antriebe sind durch einfache Drosselung der Luftzufuhr in ihrer Bewegungsgeschwindigkeit und durch Veränderung des Druckniveaus in ihrer Kraft mit sehr wenig Aufwand regelbar.
Elektromechanik (-), Mechanik (-), Hydraulik (+)

Begrenzte Verarbeitungs- und Übertragungsgeschwindigkeit

Pneumatische Bauelemente verarbeiten und übertragen Signale relativ langsam. Die Reaktionsgeschwindigkeit eines monostabilen Kolbensteuerventils ist bei ganz geringer Übertragungsdistanz 2- bis dreimal so lang, wie diejenige eines elektrischen Hilfsrelais oder 1000mal langsamer als eine einfache elektronische Steuerung. Die hier angegebene Reaktionszeit verlängert sich spürbar bei Verlängerung der Leitungslänge. Für reine Bewegungsablaufsteuerungen im Vorrichtungsbau ist in vielen Fällen die Verarbeitungs- und Übertragungsgeschwindigkeit der Pneumatik ausreichend.
Elektrotechnik (+), Mechanik (=/-), Hydraulik (=)

Kostenvergleich

Bei dem Kostenvergleich mit den elektrischen, mechanischen und hydraulischen Systemen muß sehr stark differenziert werden, da die Vergleichsergebnisse von vielen Einflußfaktoren, vor allem jedoch von der jeweiligen Aufgabenstellung, abhängen.

In der Steuerungstechnik liegen die Kosten der pneumatischen Systeme je Logikgatter weit über allen elektrischen Systemen. Bei dem Kostenvergleich mit einem Informationsspeicherplatz (1 Bit) auf einem Elektronikchip muß man von gigantischen Differenzen reden.
Der Kostenanteil für 1 Bit liegt bei einem pneumatischen Informationsbauteil bei 10,— bis 100,— DM, in der Elektromechanik ist der Speicherplatz etwa 10mal billiger, und bei den modernen Chip-Bauteilen rechnet man mit Beträgen im Nanopfennigbereich.

Der Anwendungsbereich pneumatischer Steuerungen ist damit klar abgegrenzt:

1. Als Peripherietechnik für elektrisch gesteuerte Systeme   mit pneumatischen Antrieben.

Der Einsatz der Pneumatik zeigt hier eine steigende Tendenz.

2. Für Steuerungen mit einer geringen Anzahl logischer Verknüpfungen und pneumatischer Leistungsgliedern. Besondere Wirtschaftlichkeit ist dann gegeben, wenn standarisierte Taktstufensysteme eingesetzt werden können.

Durch die relativ hohen Grundkosten elektrischer Steuerungen durch Transformatoren, Verstärkersysteme, Überlast- und Spannungsschutz sowie der teuren Pneumatik-Elektrowandler, bleibt die pneumatische Steuerung weiterhin bei einfachen Anwendungsfällen das wirtschaftlichste System.

Bei der elektrischen Steuerung wird außerdem ein Transformator und gegebenenfalls auch noch ein Gleichrichter benötigt. Die pneumatische Steuerung kann dagegen direkt aus der Luftversorgung des pneumatischen Antriebes versorgt werden.
In der Antriebstechnik sind die pneumatischen Motoren in etwa preisgleich mit den elektrischen Gleichstrommotoren. Hier sind dann allerdings die Rin der Pneumatik erheblich teurer.

Tafel 1   Anwendungsgebiete

Nr.	Anwendungsfall	Pneu-matik	Elektr. Pneum.	Elektr. Mech.	Elektr. Steuer	Mech. Steuer	Hydr.
1.	Rotierender Antrieb größer 2KW	○	—	◇	—	—	△
1.1	Rotierender Antrieb kleiner 2KW	△	—	◇	—	—	△
1.2	Drehzahlen größer 10 000 1/min (100%ED)	◇	—	△	—	—	—
2.	Linear - Antrieb Weg <200mm , Kraft <20kN	○	—	△	—	—	◇
2.1	Linear - Antrieb Weg <500mm , Kraft <20kN	○	—	△	—	—	△
2.2	Linear - Antrieb Weg >500mm , Kraft < 6kN	◇	—	△	—	—	△
3.	Steuerungen mit mehr als 10 Schritten	○	△	—	◇	○	—
3.1	Steuerungen mit weniger als 10 Schritten	△	△	—	◇	○	○
3.2	Steuerungen mit weniger als 6 Schritten	◇	△	—	△	○	—

◇ = günstige Einsatzmöglichkeitn   ○ = Einsatz nur in Sonderfällen

△ = Einsatz möglich   — = nicht zutreffend

Tafel 2 Umrechnungsfaktoren für Energie

Energie	J=Nm = Ws	kpm	kcal	kWh
1 J = 1Nm = 1Ws	1	0,102	$0,239 \cdot 10^3$	$0,278 \cdot 10^6$
1 kpm	9,81	1	$2,340 \cdot 10^3$	$2,720 \cdot 10^6$
1 kcal	$4,190 \cdot 10^3$	$4,270 \cdot 10^2$	1	$1,160 \cdot 10^3$
1 kWh	$3,600 \cdot 10^6$	$0,367 \cdot 10^6$	$8,600 \cdot 10^2$	1

2. Grundlagen der Pneumatik

2.1 Druckdefinition

Die Grundeinheit für den Druck in den SI-Maßeinheiten ist das *Pascal* .

1 Pascal ist gleich dem senkrecht und gleichmäßig auf eine Fläche von
1 m² wirkenden Druck, mit der Gesamtkraft von 1 Newton (N)

$$1 \text{ Pascal (Pa)} = 1 \text{ N/m}^2$$
$$1 \text{ Pa} = 1 \text{ kg m/s}^2/\text{m}^2 = 1 \text{ kg/m s}^2$$

Da bei der Definition des Pascal kein Zusammenhang mit der Atmosphäre
besteht, läßt sich das Pascal auf jede flächenbezogene Kraft anwenden. Bei der
Anwendung in der Pneumatik fehlt jeder Bezugspunkt, so daß bei der Druckan-
gabe in SI-Einheiten nicht klar erkennbar ist, ob es sich um einen Über- oder
Unterdruck handelt.

In der Pneumatik wird in den meisten Fällen mit dem Differenzdruck
zur Normatmosphäre (Seite 22) gearbeitet. Daher wird im folgenden
die Normatmosphäre als Bezugsdruck mit dem Wert Null angenommen.

Alle Angaben in bar, ohne weitere Kennzeichnung, bedeuten somit:
Überdruck, bezogen auf die Normatmosphäre $p_n = 1{,}013$ bar   (Bild 2)
(siehe auch Kapitel 4.6.1.).

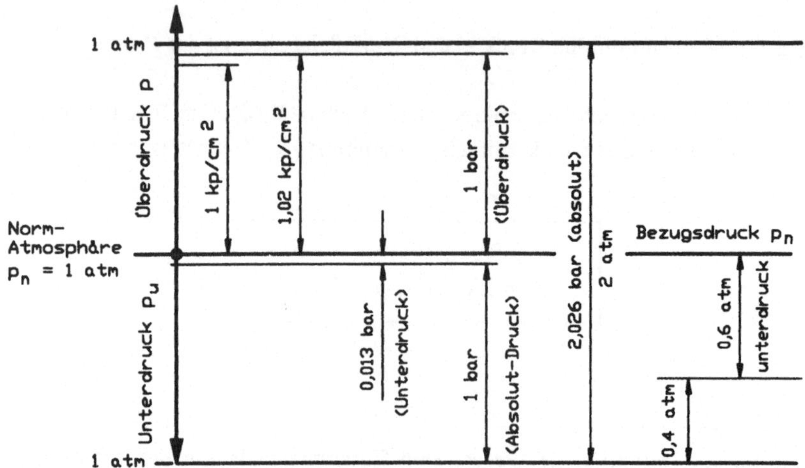

Bild 2   Druckangaben in bezug zur Normatmosphäre mit dem Normdruck p_n

Nachdem die Grundeinheit Pascal für die Anwendung in der Pneumatik ein sehr kleines Maß darstellt (1 kp/cm² = 9,81 104Pa),wird der Druck im allgemeinen in bar ausgedrückt.

$$1 \text{ bar} = 100\,000 \text{ Pa} = 10^5 \text{ Pa}$$

Somit ergibt sich die Umrechnung zu den alten Einheiten:

$$1 \text{ bar} = 1,01972 \text{ kp/cm}^2$$
$$1 \text{ kp/cm}^2 = 1 \text{ at} = 0,980665 \text{ bar}$$

Sehr weit verbreitet, vor allem in den angelsächsisch beeinflußten Ländern, ist die alte Druckbezeichnung

> Pfund (0,45336 kg) je Quadratzoll (6,4521 cm^2) ,
> abgekürzt lbf/in^2 psi.
> 1 bar = 14,50 psi   1 psi = 0,06895 bar

Diese Bezeichnung findet man auch bei uns noch sehr häufig, vor allem im Gerätebau und in der Klimatechnik, soweit es sich um Geräte oder Lizenzgeräte aus angelsächsischen Ländern handelt·

2.1.1 Übungen

Aufgabe 1:

In der englischen Bedienungsanleitung für die Steuerung einer Klimaanlage wird der Arbeitsdruck p in "bar" ausgedrückt?

Aus Tafel 3:	1 psi	= 6,895 10-2	bar
somit ist	1 psi	= 0,06895	bar
Arbeitsdruck	p	= 6 . 0,06895	bar
	p	= 0,414	bar

Aufgabe 2:

Eine Vakuum-Spanneinrichtung erreicht die nötige Spannkraft nach Angaben des Herstellers bei 0,4 atm. Wieviel "bar" muß der Vakuummeter anzeigen? (Der Vakuummeter zeigt wirksame Druckdifferenz bezogen auf die Atmosphäre - also Unterdruck). Aus Bild 2 ist ersichtlich, daß sich die Basis der atm auf den absoluten Druck-Nullpunkt bezieht -

Bild 3 Vakuum-Meter

die wirksame Druckdifferenz (p) im Vakuum zum Normdruck p_n errechnet sich somit wie folgt:

p = Normatmos. (1atm) - tats.abs.Druck (atm)

$\qquad$ p = 1 (atm) - 0,4 (atm)

$\qquad$ p = 0,6 atm

Aus der Tafel 3 wird entnommen:

$$1 \text{ atm} = 1,013 \text{ bar absolut}$$

Somit entsprechen 0,4 atm einer wirksamen Druckdifferenz von p = 0,6 atm = 0,6 • 1,013 bar (siehe Kapitel 4.6.1)

p_u = 0,6078 bar Unterdruck

Der Vakuummmeter wird also bei Erreichen der notwendigen Spannkraft 0,6078 bar anzeigen. (Die in der Praxis im allgemeinen verwendeten Vakuummeter lassen sich höchstens auf 2 Dezimalen ablesen, die Anzeige würde somit 0,61 bar ergeben, vorausgesetzt: Barometerstand p_b = Normdruck p_n).

Tafel 3 Umrechnungsfaktoren für Druck

Druck	Pa	bar	mbar	at kp/cm	mmWS Kp/m²	Torr mm Hg	psi	atm
1 Pa 1 N/m²	1	$1{,}000 \cdot 10^{-5}$	$1{,}000 \cdot 10^{-2}$	$1{,}02 \cdot 10^{-5}$	$0{,}102$	$7{,}50 \cdot 10^{-3}$	$1{,}45 \cdot 10^{-4}$	$0{,}987 \cdot 10^{-5}$
1 bar	$1{,}000 \cdot 10^{5}$	1	$1{,}000 \cdot 10^{3}$	$1{,}02$	$1{,}02 \cdot 10^{4}$	$0{,}75 \cdot 10^{3}$	$1{,}45 \cdot 10$	$0{,}987$
1 mbar	$1{,}000 \cdot 10^{2}$	$1{,}000 \cdot 10^{-3}$	1	$1{,}02 \cdot 10^{-3}$	$1{,}02 \cdot 10$	$0{,}75$	$1{,}45 \cdot 10^{-2}$	$0{,}987 \cdot 10^{-3}$
1 at 1 kp/cm²	$0{,}981 \cdot 10^{5}$	$0{,}981$	$9{,}81 \cdot 10^{2}$	1	$1{,}00 \cdot 10^{4}$	$7{,}36 \cdot 10^{2}$	$1{,}42 \cdot 10^{-2}$	$0{,}987$
1 mm WS 1 kp/m²	$9{,}81$	$0{,}981 \cdot 10^{-4}$	$9{,}81 \cdot 10^{-2}$	$1{,}000 \cdot 10^{-4}$	1	$7{,}36 \cdot 10^{-2}$	$1{,}42 \cdot 10^{-3}$	$9.68 \cdot 10^{-5}$
1 mmHg 1 Torr	$1{,}33 \cdot 10^{2}$	$1{,}33 \cdot 10^{-3}$	$1{,}33$	$1{,}36 \cdot 10^{-3}$	$1{,}36 \cdot 10$	1	$1{,}934 \cdot 10^{-2}$	$1{,}32 \cdot 10^{-3}$
1 psi	$6{,}895 \cdot 10^{3}$	$6{,}895 \cdot 10^{-2}$	$6{,}895 \cdot 10$	$7{,}033 \cdot 10^{-2}$	$7{,}033 \cdot 10^{2}$	$5{,}171 \cdot 10$	1	$6{,}805 \cdot 10^{-2}$
1 atm	$1{,}013 \cdot 10^{5}$	$1{,}013$	$1{,}013 \cdot 10^{3}$	$1{,}033$	$1{,}033 \cdot 10^{4}$	$7{,}6 \cdot 10^{2}$	$1{,}469 \cdot 10^{-2}$	1

2.2 Chemische und physikalische Werte der Luft

2.2.1 Chemische Zusammensetzung

Die Pneumatik arbeitet in der Regel mit der aus der Atmosphäre entnommenen Luft. Die Luft ist ein Gasgemisch und setzt sich im wesentlichen aus folgenden Gasen zusammen:

> Stickstoff (N_2), Sauerstoff (O_2), Kohlendioxyd (CO_2), Wasserstoff (H_2), Argon (Ar), Neon (Ne), Helium (He), Xenon (X) und Krypton (Kr).

Tafel 4 Chemische Zusammensetzung der Luft

	N_2	O_2	Ar	CO_2	H_2	$Ne \cdot 10^{-3}$	$He \cdot 10^{-3}$	$Kr \cdot 10^{-3}$	$X \cdot 10^{-6}$
Vol.%	78,08	20,95	0,93	0,03	0,01	1,8	0,5	0,1	9
Gew.%	75,51	23,01	1,286	0,04	0,001	1,2	0,07	0,3	40

Zu den in der Tafel (4) aufgeführten Bestandteilen kommen in der Atmosphäre unserer Fabriken außer Wasser in Gas oder Dampfform noch eine ganze Reihe von verschiedensten Verunreinigungen in Gas, - Dampf - oder fester Form vor.

2.2.2 Physikalische Werte

In diesen Arbeitsdruckbereichen der Pneumatik verhält sich die Luft annähernd wie ein homogenes, "nicht ideales, zweiwertiges Gas".
Das Verhalten der Luft wird somit durch folgende Eigenschaften charakterisiert:
1. Sehr stark kompressibel (Volumenänderung durch Druck)
2. Volumenänderung durch Temperaturdifferenzen
3. Wasserlösungsfähig in Abhängigkeit von der Lufttemperatur
4. Bei der Kompression wird Wärme abgegeben, bei der Expansion wird Wärme aufgenommen

Bedingt durch diese vier Grundeigenschaften verändert die Luft unter den verschiedenen Betriebsbedingungen ihren jeweiligen Gaszustand. Dementsprechend genau muß der Luftzustand bei der Angabe von physikalischen Werten definiert werden:

Der Luftzustand wird grundsätzlich durch 3 Einflußgrößen verändert

      1. Volumenänderung
      2. Temperaturänderung
      3. Druckänderung

Durch die Gasgesetze von "Gay-Lussac" und "Boyle-Mariotte" werden die Zusammenhänge zwischen den einzelnen Einflußgrößen gegeben.

2.2.2.1 Luftzustandsänderung bei konstanter Temperatur

$$\frac{V_1}{V_2} = \frac{p_{2\,abs}}{p_{1\,abs}} \tag{1}$$

V_1 [m³]   = Luftvolumen beim Anfangsdruck
V_2 [m³]   = Luftvolumen beim Druck zum Betrachtungszeitpunkt
P_1 [bar]   = Luftdruck, beim Volumen V_1 bezogen auf den absoluten Druck-Nullpunkt
P_2 [bar]   = Luftdruck, bezogen auf den absoluten Druck-Nullpunkt bei Volumen V_2, jedoch bet unveränderter Luftmenge (Gewicht G = konstant)

2.2.2 Luftzustandsänderung bei konstantem Volumen

$$\frac{p_{1\,abs}}{p_{2\,abs}} = \frac{T_1}{T_2} \tag{2}$$

T_1 [K]   = Temperatur beim Druck p_1
T_2 [K]   = Temperatur beim Druck p_2 und unverändertem Volumen.

Außerdem gilt :

Bei unverändertem Volumen nimmt der Druck für jedes Grad Temperaturerhöhung um 1/273 des Druckes bei 273 K zu.

2.2.2.3 Luftzustandsänderung bei konstantem Druck (Isobare)

$$\frac{V_1}{V_2} = \frac{T_1}{T_2} \tag{3}$$

Außerdem gilt:

Bei unverändertem Druck nimmt das Volumen für jedes Grad Temperaturerhöhung um 1/273 des Volumens bei 273 K zu.

2.2.2.4 Luftzustandsänderung bei Veränderung aller drei Einflußgrößen

Physikalisch gesehen verändern sich zwangsläufig stets alle drei Einflußgrößen:

$$\frac{p_{1\,abs} \times V_1}{T_1} = \frac{p_{2\,abs} \times V_2}{T_2} = \text{kons}\tan t = G \times R \quad \left[\frac{J}{kg \times K}\right] \tag{4}$$

$$G\,[kg] = \text{Luftgewicht}$$

$$R \quad = 287\,\frac{m^2}{s^2\,K} = \frac{287\,m^2}{s^2\,K} = \text{Gaskons}\tan te$$

In der praktischen Berechnung pneumatischer Einrichtungen wird jedoch meistens der Einfluß der Temperaturveränderung vernachlässigt, da die Geräte und Einrichtungen als Wärmetauscher wirken und dadurch die physikalischen Temperaturwerte ohnehin nicht erreicht werden, beziehungsweise weitgehend ausgeglichen werden.

In der Praxis wird jedoch häufig, vor allem im Zusammenhang mit dem Kondenswasserfall (Kapitel 2.2.2.6), mit der von Thomson und Joule experimentell festgestellten Abkühlung von 0,25 Grad bei einer Entspannung der Luft von 1,0133 bar gerechnet.

2.2.2.5 Luftgewicht und Dichte

Das Luftgewicht ist von dem jeweiligen Gaszustand abhängig und wird nach folgender Gleichung bestimmt:

$$\boxed{G = V \cdot \rho \quad [\text{kg}]}$$

$$\rho : \left[\text{kg}/\text{m}^3\right] = \text{Dichte (siehe Kapitel 2.2.3)}$$

(5)

Bei dieser Gleichung ist die Abhängigkeit des Luftgewichtes durch die Dichte gegeben. Der Zusammenhang kann beispielsweise über die Gleichung (1) aufgezeigt werden.

Gleichung (5) $V = G/\rho$ in Gleichung (1) $\dfrac{V_1}{V_2} = \dfrac{T_1}{T_2}$ eingesetzt.

$$\frac{G}{\rho_1} : \frac{G}{\rho_2} = p_{2abs} : p_{1abs}$$

Somit lautet der Zusammenhang zwischen der Dichte und dem absoluten Druck bei konstanter Temperatur.

$$\boxed{\rho_2 = \rho_1 \cdot \frac{p_{2abs}}{p_{1abs}}}$$

(6)

Bei konstantem Druck wird aus der Gleichung (3) abgeleitet.

$$\boxed{\rho_2 = \rho_1 \cdot \frac{T_1}{T_2}}$$

(7)

Sind die Einflußgrößen, Druck, Volumen und Temperatur variabel, so gilt nach der Gleichung (4):

$$\rho_2 = \frac{T_1 \cdot p_{2abs} \cdot \rho_1}{T_2 \cdot p_{1abs}}$$

(8)

(Der Wert für ρ bei Luft im Normzustand ist in Kapitel 2.2.3 angegeben.)

2.2.2.6 Luftfeuchtigkeit

Nach dem Gesetz von *Dalton* übt bei einem Gemisch idealer Gase jedes einzelne Gas für sich den gleichen Druck aus, als wenn es allein vorhanden wäre. Der Druck, den das Gas in reiner Form ausüben würde, nennt man den *Partialdruck*. Der Gesamtdruck einer Gasmischung ist also gleich der Summe der Partialdrucke.

Das Gesetz von Dalton läßt sich auch näherungsweise für ein Luft-/Wasserdampfgemisch anwenden. Dies bedeutet, daß wenn in einem geschlossenen, mit trockener Luft gefüllten Raum Wasser zugeführt wird, das Wasser solange verdampft, bis der Wasserdampf seinen Sättigungsdruck erreicht.

Der Druck (p) des Wasserdampfluftgemisches in dem geschlossenem Raum ist dann um den Partialdruck (p_w) des Wasserdampfes angestiegen und wird als mit Wasserdampf gesättigte Luft bezeichnet.

$$p = p_{Luft} + p'_w$$

(9)

Die Wassermenge (m'_w), welche notwendig ist, den Sättigungsdruck zu erreichen, ist nur von der Lufttemperatur und Luftmenge, nicht vom Luftdruck abhängig (Bild 4).

Aus Bild 4 kann die Wassermenge m' abgelesen werden, die in 1 m³ mit Wasserdampf gesättigter Luft enthalten ist. Die natürliche Atmosphäre enthält normalerweise nur 60 bis 90 % der Sättigungsmenge. Der tatsächliche Sättigungsgrad wird durch den Begriff "relative Feuchtigkeit φ" definiert.

$$\varphi = \frac{\text{im Luftvolumen V tatsächlich enthaltene Wassermenge } m_W \ [g]}{\text{im gesättigten Luftvolumen V enthaltene Wassermenge } m'_W \ [g]}$$

In Bild 4 ist die Wassermenge m' auf V = 1 m³, bezogen, so daß die in einer beliebigen Luftmenge V enthaltene Wassermenge nach Gleichung (10) bestimmt wird.

$$m'_W = m' \cdot V \ [g]$$

$$\begin{array}{c} m' \ (g/m^3) \\ V \ (m^3) \end{array} \quad (10)$$

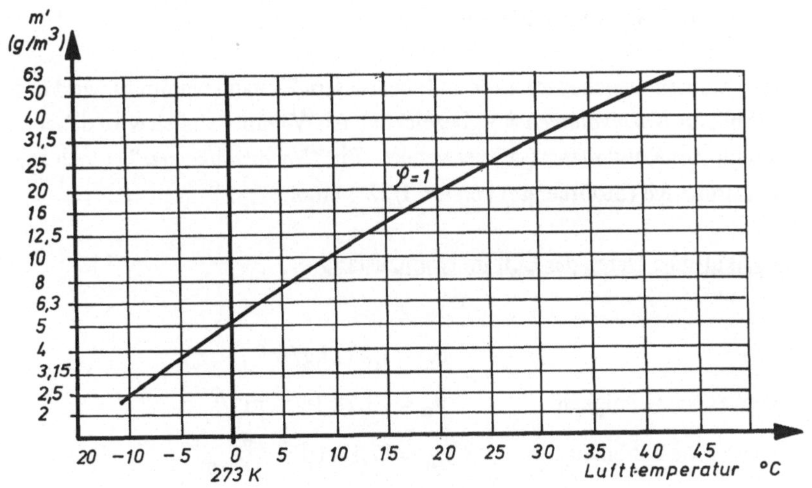

Bild 4 Wassergehalt gesättigter Luft ($\varphi = 1$)

Weitere Berechnungsformen für φ:

$$\varphi = \frac{m_W}{m'_W} = \frac{m_W}{m' \cdot V} = \frac{p_W}{p'_W} \qquad (11)$$

Die relative Feuchtigkeit φ nimmt bei der mit Wasserdampf gesättigten Luft den Wert $\varphi = 1$ an, bei ungesättigter Luft ist $\rho < 1$.

2.2.2.7 Luftmenge (Normvolumen)

Wie aus dem Kapitel 2.2.2.4 hervorgeht, nimmt eine bestimmte Luftmenge entsprechend ihrem jeweiligen Gaszustand ein unterschiedliches Volumen an. Um die tatsächliche Luftmenge definieren zu können muß die Luftmenge in dem sogenannten Normzustand angegeben werden.

Der Normzustand von trockenen Gasen ist in DIN 1343 festgelegt:

$$\begin{aligned} T &= 273\ \text{K} \\ p_a &= 760\ \text{Torr} = 1{,}013\ \text{bar} \end{aligned}$$

Das Volumen, welches trockene Luft bei diesem Zustand einnimmt, wird in der Technik als *Normvolumen* = V_n bezeichnet. Als Volumeneinheit wird dabei vorzüglich der Kubikmeter (m³) verwendet. Ein *"Normkubikmeter"* enthält somit die Luftmenge (Stoffmenge) von $n = 1/22{,}4$ kmol.

<u>Physikalische Daten der Luft im Normzustand:</u>

Dichte $\qquad\qquad\qquad\qquad\qquad \rho_n = 1{,}293\ \text{kg}/\text{m}^3$

kinematische Zähigkeit $\qquad\qquad v_n = 13{,}28 \cdot 10^{-6}\ \text{m}^2/\text{s}$

dynamische Zähigkeit $\qquad\qquad \eta_n = 17{,}17 \cdot 10^{-6}\ \text{kg}/_{\text{s} \cdot \text{m}}$

Da der Normkubikmeter <u>keine Einheit</u> der neuen gesetzlichen Maßeinheit ist, kann er nur als Formelzeichen V_n mit der Dimension m^3 angegeben werden. Die bisher übliche Schreibweisen für den Normkubikmeter "m_n" oder "N_m" beziehungsweise "N1" sind mit der Einführung der neuen Einheiten im Meßwesen nicht mehr erlaubt. Der Normzustand kann nur noch durch Indizes $(_n)$ am Formelzeichen gekennzeichnet werden.

Der früher verwendete Begriff "Technischer Normzustand" mit einer Bezugstemperatur von 293,15K und 0,980 bar ist ebenfalls nicht mehr zulässig und durch das "Normvolumen" ersetzt.

Die Durchflußmenge der Luft ist der Quotient aus dem Luftvolumen oder der Masse und der zugehörigen Zeit. Nach DIN 1301 ind DIN 5490-92 werden für die Durchflußmenge folgende Bezeichnungen, Formelzeichen und Dimensionen angewendet:

$$\text{Volumenstrom (Volumendurchfluß)} \qquad q_v,\ Q,\ \dot{V},\ \left[m^3\big/s\right],\ [1/h]$$

$$\text{Massenstrom (Massendurchfluß)} \qquad q_m,\ \dot{m},\ [kg/s]$$

Handelt es sich dabei um einen Volumen- oder Massenstrom bezogen auf Luft im Normzustand, so werden die Formelzeichen mit dem Index n versehen:

$$\left(q_v\right)_n,\ Q_n$$

Im weiteren werden in diesem Buch die Formelzeichen $Q, V, \dot{m}$ nicht mehr verwendet, sondern nur noch q.

2.2.4 Übung

Aufgabe 3:

Die Ansaugleistung eines Verdichters wird mit V_n = 2,5 m³/min angegeben.
Welche Zeit t benötigt der Verdichter, bis er einen Behälter mit dem
Rauminhalt von $\quad$ V = 2 m³
Überdruck $\qquad$ p = 6 bar
Lufttemperatur $\quad$ T = 298 K
mit Druckluft gefüllt hat?
Die Ansaugluft des Verdichters soll der Norm-Atmosphäre entsprechen.

1. Lösungsschritt:

Bestimmung des Normvolumens v'_n der im Behälter enthalten Druckluft.

Da die Temperatur und der Druck im Behälter von dem Zustand der Ansaugluft
abweicht, muß die Bestimmung von V'_n über die Gleichung (4) durchgeführt
werden:

$$\frac{P_{n\,abs} \times V'_n}{T_n} = \frac{P_{abs} \times V}{T}$$

$P_{n\,abs}$ = Druck der angesaugten Normatmosphäre (1,013 bar)

T_n $\quad$ = Temperatur der Normatmosphäre (273 K)

V_n $\quad$ = notwendige Luftansaugmenge (m³)

V $\qquad$ = Behältervolumen (m³)

T $\qquad$ = Temperatur im Behälter (298 K)

Gleichung (4) nach V_n aufgelöst:

$$V'_n = \frac{(p+1,013) \times V \times T_n}{p_n \times T} \; \left[m^3 \right]$$

$$V'_n = \frac{7,013 \times 273}{1,013 \times 298} \; \left[m^3 \right]$$

$$V'_n = 6,34 \; m^3$$

Die in dem Druckluftbehälter eingeschlossene Druckluftmenge würde im Normzustands ein Volumen von $v_n = 6{,}34\ m^3$ einnehmen.

2. Lösungsschritt:
Bestimmung der notwendigen Arbeitszeit, bis der Verdichter die Luftmenge V_n angesaugt hat.

$$t = \frac{\text{Normvolumen im Behälter}}{\text{Nennleistung des Verdichters}} = \frac{V_n'}{V_n}\ [\min]$$

$$t = \frac{6{,}34}{2{,}5}\ [\min]$$

$$t = 2{,}54\ \min$$

<u>Aufgabe 4:</u>

Ein Verdichter saugt $V_1 = 5 m^3$ Luft aus der Atmosphäre bei $T_1 = 303\ K$, $p_1 = 760$ Torr und einer relativen Luftfeuchtigkeit von $\varphi_1 = 0{,}75$ an.

Welche Wassermenge m_k wird auskondensieren, wenn die angesaugte Luft auf $p_2 = 6$ bar Überdruck verdichtet und auf $T_2 = 293\ K$ abgekühlt wird.

Lösung:
Nach der Gleichung (11) kann die Wasserdampfmenge m_{1W} der angesaugten Luft bestimmt werden.

$$m_{1W} = \varphi_1 \times m_{1W}'\quad [g]$$
$$m_{1W} = \varphi_1 \times m_1' \times V_1\ [g]$$

Durch die Verdichtung wird das Luftvolumen verringert, wodurch die relative Luftfeuchtigkeit bis $\varphi_2 = 1$ ansteigt. Darüber hinaus im Ansaugvolumen enthaltene Wassermengen m_K kondensieren aus.

Die kondensierende Wassermenge m_K erhält man also durch die Differenz der angesaugten Wassermenge m_{1W} und der in dem gesättigten Luftvolumen V_2 enthaltenen Wassermengen m'_{2W} ($\varphi_2 = 1$).

Kondensierte Wassermenge:

$$m_K = m_{1W} - m'_{2W} \qquad [g] \tag{13}$$

$$m_K = m_1 \cdot \varphi_1 \cdot V_1 - \varphi_2 \cdot m'_2 \cdot V_2 \qquad [g] \tag{13.1}$$

Wird m_K negativ, so fällt kein Kondenswasser aus.

Das Volumen der verdichteten Luft (V_2) kann nach der Gleichung (4) bestimmt werden.

$$V_2 = \frac{p_{1abs} \times V_1 \times T_2}{T_1 \times p_{2abs}} \qquad \left[m^3\right]$$

V_2 in Gleichung (13.1) eingesetzt:

$$m_K = V_1 \times \left(\varphi_1 \times m'_1 - \varphi_2 \times m'_2 \times \frac{p_{1abs} \times T_2}{p_{2abs} \times T_1} \right) \qquad [g] \tag{13.2}$$

Diese Werte für den Wassergehalt von $1 m^3$ gesättigter Luft m_1 bei 303 K und m_2 bei 293 K werden aus Bild 4 entnommen.

$$m'_1 = 30,0 \qquad [g]$$

$$m'_2 = 17,2 \qquad [g]$$

$$p_{1abs} = 760\,\text{Torr} - 1,013\,\text{bar}$$

$$p_{2abs} = p_2 + 1,013 = 7,013\,\text{bar}$$

$$m_K = 5 \times \left(0,75 \times 30,0 - \frac{1 \times 17,2 \times 1,013 \times 293}{303 \times 7,013} \right) \quad [g]$$

$$m_K = +100,5 \ g$$

Nach dem Verdichten und Abkühlen der Ansaugluftmenge werden $m_K = 100,5$ (g) Wasser als Kondensat anfallen.

2.3 Grundlagen der Steuerungstechnik

2.3.1 Aufgaben der Steuerungstechnik

Die Steuerungstechnik hat die Aufgabe, Informationen verschiedenster Art aufzunehmen, in vorgegebener Weise miteinander zu verknüpfen, gegebenenfalls auf Abruf einzuspeichern oder als Ausgangsgröße an Stell- oder Anzeigeglieder weiterzugeben.

Es gehört dabei zum Aufgabengebiet der Steuerungstechnik, sowohl die Eingangssignale als auch die Ausgangssignale in die für die Weiterverarbeitung günstigste Steuerungstechnik und Steuerungsart zu wandeln beziehungsweise zu verstärken.

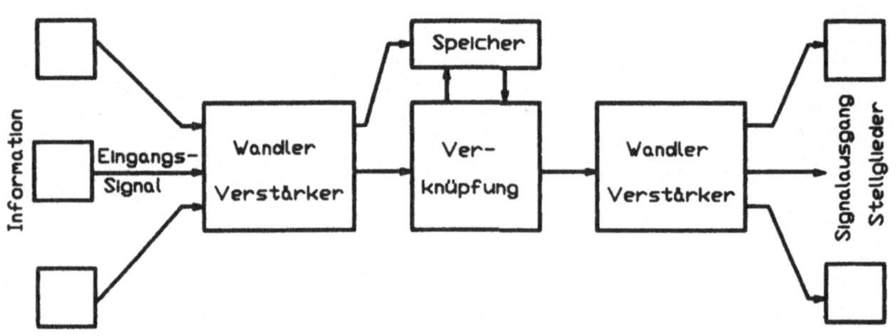

Bild 5 Aufgaben der Steuerungstechnik

Wie in der Elektronik steht auch in der Pneumatik zur Realisierung der Steuerungsaufgaben im wesentlichen nur die binär-digitale Steuerungsart zur Verfügung. Dies bedeutet, daß allein mit der Aussage

$$
\begin{array}{l}
\text{Ja} \;= 1 \\
\text{Nein} = 0
\end{array}
$$

alle Signalinformationen verarbeitet werden müssen.

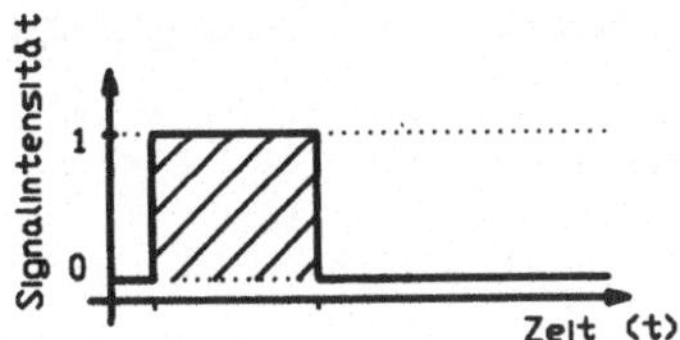

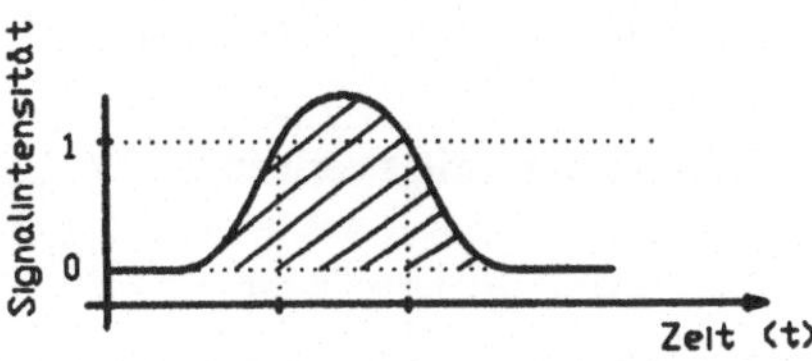

Bild 6 Binäres Signal   Bild 7 Analoges Signal

Sollte das Eingangssignal einen analogen Charakter haben, so muß diese Signal-
form (Bild 7) in der Eingangsstufe der Steuerung in ein binäres Signal (Bild 6) für
die Weiterverarbeitung umgewandelt werden.

Die weitere logische Verarbeitung der binären Signale wird als "Digitaltechnik"
bezeichnet.

2.3.2 Digitaltechnik

2.3.2.1 Begriffsdefinition

"Digital" bedeutet in der Datenverarbeitung und damit auch in der Steuerungstechnik "zahlenmäßig". Die Darstellung von Zahlen kann in vielfältigen Systemen erfolgen. Unser übliches Zahlensystem ist beispielsweise "Dezimal" aufgebaut. In der Steuerungstechnik wird der Begriff "Digital" jedoch ausschließlich
auf das "Dualsystem" bezogen.

Die Darstellung oder Beschreibung des logischen Signalflusses einer Digital-
Steuerung, kann sowohl durch die Schaltalgebra DIN 66 000, oder graphisch mit
Hilfe des Signalflussplanes DIN 40 900 erfolgen. Beide Darstellungsarten sind
völlig unabhängig von dem Steuerungssystem und den Bauteilen, mit denen die

Steuerung gebaut werden soll. Damit gelten für die Schaltalgebra und die Darstellung des logischen Signalflußplanes 2 Grundregeln:

1. Der Wechsel von 0- auf 1- Signal und umgekehrt erfolgt unendlich schnell.

2. Das System arbeitet verlustfrei (Wirkungsgrad = 100 %)

2.3.2.2   Elementare Schaltfunktionen

Zur Lösung der Probleme in der Schaltalgebra stehen nur vier elementare Schaltfunktionen zur Verfügung. Mit diesen Elementarfunktionen kann jedes, auch noch so umfangreiche oder komplizierte Steuerungsproblem gelöst und dargestellt werden.

Tafel 5 Logische Elementarfunktionen DIN 40 900

Nr.	Bezeichnung der log. Funktion (Gatter)	Schaltalgebr. Gleichung DIN 66 000	Schaltzeichen DIN 40 900	Definition
1.	JA–Funktion (Identität)	$x = y$	x —[1]— Y	Das Ausgangssignal ist gleichsinnig
2.	NEIN–Funktion (Negation)	$x = \bar{y}$	x —[1]o— $\bar{y}$	Das Ausgangssignal ist komplementär zum Eingangssignal
3.	UND–Funktion (Konjunktion)	$z = x \cdot y$	x, y —[&]— z	Ausgang ist nur 1, wenn beide Eingänge den Wert 1 angenommen haben
4.	ODER–Funktion (Disjunktion)	$z = x + y$	x, y —[≥1]— z	Ausgang gleich 1, wenn ein- oder zwei Eingänge den Zustand 1 aufweisen.

Die Schaltzeichen nach DIN 40 900 sind nicht nur duale Zeichen, sie können auch mit mehr als 2 Eingängen dargestellt werden.

$$z \cdot y \cdot x = w$$

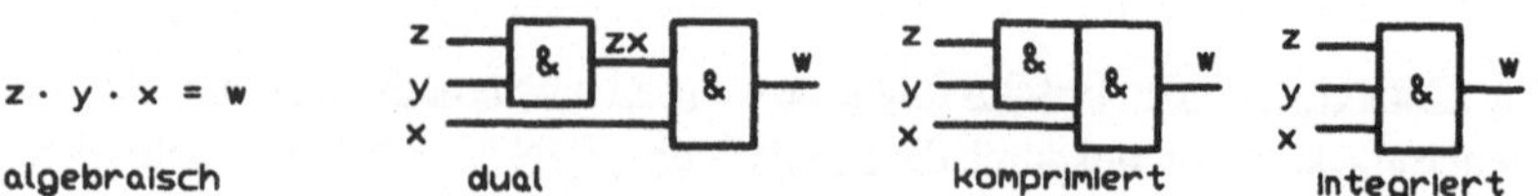

Bild 8 Darstellungsarten logischer Funktionen

<u>Alle Eingangs- und Ausgangssteuersignale</u> werden mit <u>kleinen Buchstaben</u> gekennzeichnet. In der Pneumatik erfolgt die Reihenfolge der Bezeichnung rückwärts alphabetisch, beginnend bei z.

Die Verwendung von Indizes ist ebenfalls sehr geläufig und in vielen Fällen sinnvoll.

<u>Leistungssignale</u> werden mit großen <u>Buchstaben von A</u> aufsteigend in alphabetischer Reihenfolge gekennzeichnet.

Der <u>Verstärkereffekt</u> eines Bauteiles wird durch ein gleichschenkeliges Dreieck dargestellt.

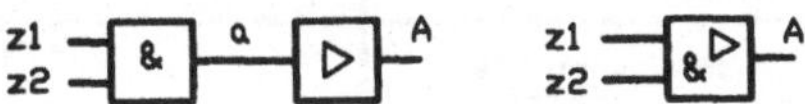

Bild 9 Signalverstärkung

2.3.2.3 Rechenregeln der Schaltalgebra

Durch Spezialisierung der Eingangsvariablen der Konjunktiven- und der Disjunktiven-Funktion können folgende Postulate der Schaltalgebra aufgestellt werden: siehe Tafel 6 und 7.

Tafel 6 Postulate der Konjunktivenfunktion

Nr.	Beschreibung	algebraisch	symbolisch
1.	– Beide Eingänge sind mit derselben Variablen belegt. – Dadurch wird durch ein und dieselbe Variable die UND-Bedingung erfüllt. – Die Ein- und Ausgangsvariable ist somit identisch.	$x \cdot x = x$ $x \cdot x \cdot x \cdot x \cdot x = x$	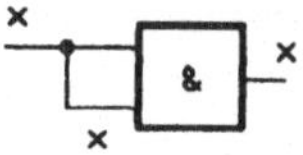
2.	– Ein Eingang ist direkt an die Energieversorgung angesch. – Dadurch kann am 2. Eingang eine Variable die UND-Bedingung erfüllen. – Ein- und Ausgangsvariable ist somit identisch.	$x \cdot 1 = x$ $x \cdot x \cdot x \cdot x \cdot 1 = x$ $1 \cdot 1 \cdot 1 \cdot 1 \cdot x = x$	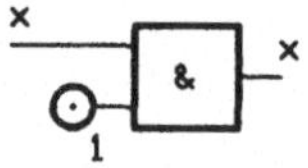
3.	– Ein Eingang wird gesperrt. – Dadurch kann in keinem Fall die UND-Bedinung erfüllt werden. – Das Ausgangsignal ist somit unabhänig von der Eingangsvariablen, also konstant '0'.	$x \cdot 0 = 0$ $x \cdot x \cdot x \cdot x \cdot 0 = 0$ $0 \cdot 0 \cdot 0 \cdot 0 \cdot x = 0$	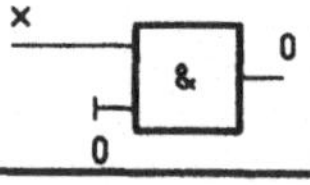
4.	– Beide Eingänge werden mit der selben Variablen, jedoch mit komplementärer Aussage belegt. – Dadurch kann kein gleichsinniges Eingangsvariablenverhalten erreicht werden, somit wird das Ausganssignal konstant '0'.	$x \cdot \bar{x} = 0$ $x \cdot x \cdot x \cdot x \cdot \bar{x} = 0$ $\overline{x \cdot x \cdot x \cdot x \cdot x} = 0$	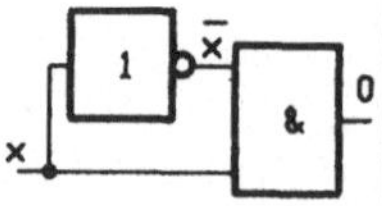

Tafel 7 Postulate der Disjunktivenfunktion

Nr.	Beschreibung	algebraisch	symbolisch
5.	Beide Eingänge sind mit der-selben Variablen belegt. die ODER-Funktion ist damit nur von einer Variablen abhänig. Die Ausgangsvariable ist so-mit identisch mit der Ein-gangsvariablen.	$x + x = x$ $x + x + x = x$	
6.	Wird ein Eingang an die Energieversorgung direkt an-geschlossen, so ist die ODER-Funktion stets erfüllt. Das Ausgangssignal wird konstant = 1	$x + 1 = 1$ $x + x + 1 = 1$ $x + 1 + 1 = 1$	
7.	Wird ein Eingang gesperrt, reicht bei der ODER-Funktion der andere Variableneingang aus, die Schaltbedingung zu erfüllen. Der Ausgang wird mit dem Signaleingang identisch.	$x + 0 = x$ $x + x + 0 = x$ $x + 0 + 0 = x$	
8.	Beide Eingänge werden mit einem Komplementärsignal belegt, dadurch ist stets ein Eingang mit 1 beauf-schlagt, so daß der Aus-gang konstant = 1 sein muß.	$x + \bar{x} = 1$ $x + x + \bar{x} = 1$ $x + \bar{x} + \bar{x} = 1$	

Rechenregeln

Kommutatives Gesetz:

$$x \cdot y \cdot z = z \cdot x \cdot y \qquad (14)$$

$$x + y + z = y + z + x \qquad (15)$$

<u>Assoziatives Gesetz:</u>

$$\boxed{x \cdot y \cdot z = x \cdot (y \cdot z) = (x \cdot y) \cdot z} \tag{16}$$

$$\boxed{x + y + z = x + (y + z) = (x + y) + z} \tag{17}$$

> <u>Merke</u>:
>
> **UND**-Junktoren binden stärker als **ODER**-Junktoren
> (Punkt vor Strichrechnung).

<u>Distributives Gesetz</u>

In der Schalt-Algebra sind die <u>Addition und die Multiplikation gegenseitig</u> <u>distributiv</u>.

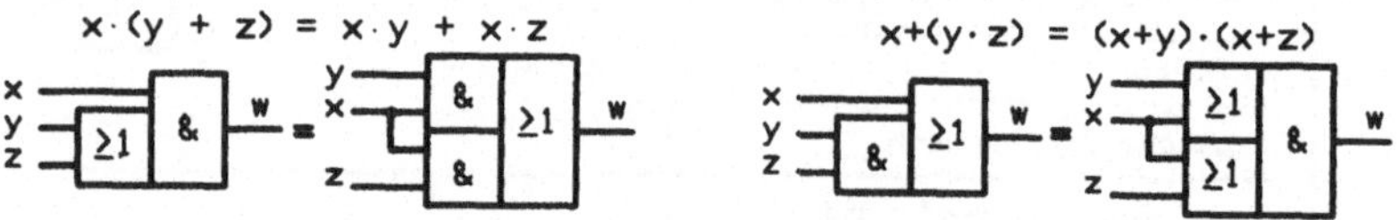

Bild 10 Rechenartenwechsel

> <u>Merke</u>: Rechenartenwechsel (Distributives Gesetz)

Das <u>vor der Klammer</u> stehende Zeichen   kommt <u>in die Klammer</u>
Das <u>in der Klammer</u> stehende Zeichen   kommt <u>zwischen die Klammer</u>

<u>De Morgansche Regel</u>

Bei einem Ausdruck mit Negierten-Eingängen oder -Ausgang, kann die Negierung vom Eingang zum Ausgang oder umgekehrt geschoben werden. Dabei muß gleichzeitig die Rechenart gewechselt werden.

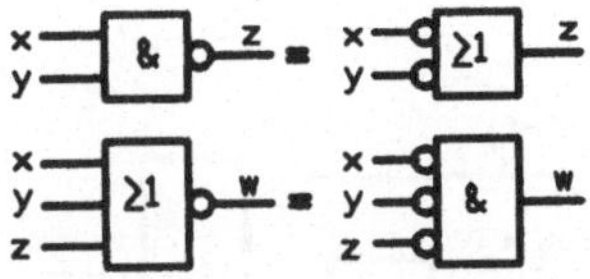

Bild 11 De Morgansche Regel

$$\overline{x \cdot y} = \overline{x} + \overline{y} \qquad (17)$$

$$\overline{x+y+z} = \overline{x} \cdot \overline{y} \cdot \overline{z} \qquad (18)$$

<u>Abgeleitete Regeln:</u>

1. Regel $\qquad\qquad\qquad x+(\overline{x} \cdot y) = x + y \qquad\qquad\qquad (19)$

   Beweis:

   (Distributives Gesetz): $\qquad (x+\overline{x}) \cdot (x+y) = x+y$

   Postulate $\qquad\qquad\qquad 1 \quad \cdot (x+y) = x+y$

   Postulate $\qquad\qquad\qquad\quad (x+y) = x+y \qquad$ w.z.b.w

2. Regel $\qquad\qquad\qquad x+(x \cdot y) = x \qquad\qquad\qquad (20)$

   Beweis:

   Erweitern mit 1 (Distr.G.) $\qquad (x \cdot 1)+(x \cdot y) = x$

   Postulate $\qquad\qquad\qquad x+(1+y) = x$

   Postulate $\qquad\qquad\qquad\qquad x \cdot 1 = x$

   Postulate $\qquad\qquad\qquad\qquad\quad x = x \qquad$ w.z.b.w

2.3.2.4 Rechenbeispiele mit den Grundfunktionen

5. Aufgabe:

   a) Zeichne für nachstehende Gleichung die logische Schaltung nach
     DIN 40 900.

$$y = x_1 \cdot x_2 + x_3 \cdot x_4 + x_1 \cdot x_2$$

   b) Vereinfache die Gleichung und zeichne die vereinfachte logische
     Schaltung(DIN 40900)

Lösung zu Aufgabe 5 a:

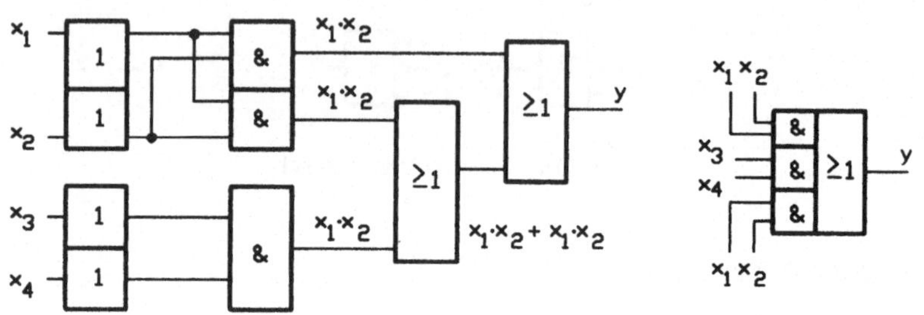

Bild 12
Aufgelöste Darstellung

Bild 12.1
Kompakte Darstellung

Lösung zu Aufgabe 5 b:

Vereinfachung der Gleichung nach der 1.Rechenregel:

Der Ausdruck $x_1 \cdot x_2$ kommt zweimal vor, er kann daher entfallen.

$$y = x_1 \cdot x_2 + x_3 \cdot x_4$$

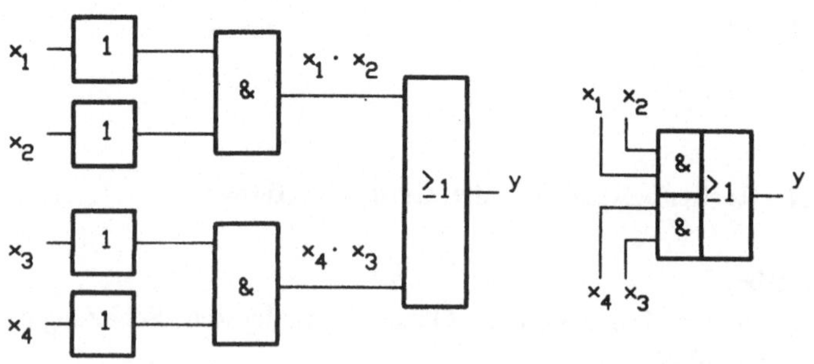

Bild 13 Darstellung der vereinfachten Gleichung

> <u>Merke</u>:
> Bei der Darstellung der Schaltfunktionen im Signalplan können die Flußlinien gekreuzt werden. Sind die gekreuzten Linien miteinander im logischen Schaltbild verbunden, muß wie bei einer Abzweigung an der Verbindungsstelle ein voller Punkt gesetzt werden.

6.Aufgabe:

Vereinfache nachstehende Gleichung und zeichne das logische Schaltbild (DIN 40 900)

$$y = \overline{x_1 \cdot x_2 \cdot x_3} + \overline{x_1} + \overline{x_2 \cdot x_3}$$

Lösung:

Substitution

$$z = x_2 \cdot x_3$$

somit

$$\overline{z} = \overline{x_2 \cdot x_3}$$

$$y = \overline{x_1 \cdot z} + \overline{x_1} + \overline{z}$$

De Morgansche Regel (Gleichung 17)

$$y = \overline{\overline{x_1 \cdot z}} + \overline{\overline{x_1 \cdot z}}$$

1. Postulat (2mal denselben Ausdruck)

$$y = \overline{x_1 \cdot z}$$

$z = x_2 \cdot x_3$ eingesetzt

$$y = \overline{x_1 \cdot x_2 \cdot x_3}$$

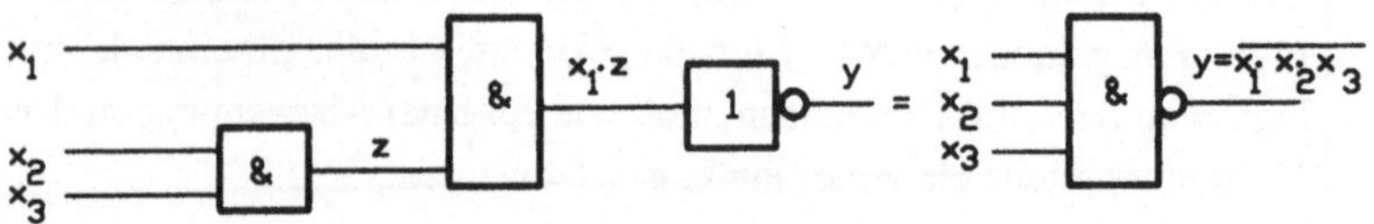

Bild 14 Darstellung der vereinfachten Gleichung im Signalfluß

7. Aufgabe:

Führe die disjunktive Normalform auf die disjunktive Identitätsgleichung

$$x_1 + x_2 = y \qquad \text{zurück.}$$

Disjunktive Normalform (Siehe Seite 42)

Lösung:
nach Gleichung (14) (Veränderung der Reihenfolge)

$$y = x_1 \cdot \overline{x_2} + \overline{x_1} \cdot x_2 + x_1 \cdot x_2$$

nach Gleichung (15)
$$y = x_1 \cdot \left(\overline{x_2} + x_2\right) + \overline{x_1} \cdot x_2$$

8. Postulat
$$y = x_1 + \overline{x_1} \cdot x_2$$

2. Postulat
$$y = x_1 + \overline{x_1} \cdot x_2$$

nach Gleichung (20)
$$y = x_1 + x_2 \qquad \text{w.z.b.w}$$

2.3.2.5 Integrierte Schaltzeichen DIN 40 900

Aus den in 2.3.2.2. beschriebenen elementaren Schaltfunktionen lassen sich logische Verknüpfungen, sogenannte kombinatorische Steuerungen aufbauen. Häufig wiederkehrende Schaltungen können durch integrierte Schaltzeichen nach DIN 40 900 dargestellt werden.

Alle integrierten Schaltzeichen lassen sich auf einen Signalflußplan mit den 4 elementaren Gattern (JA/NEIN/UND/ODER) zurückführen. In Tafel 8 sind die häufigsten Schaltzeichen nach DIN 40 900 mit ihrem logischen Signalflußplan aufgeführt.

2.3.2.6 Funktionstabelle

Mit Hilfe der Funktionstabelle ist der Aufbau des Signalflußplanes für kombinatorische Schaltungen mit mathematischer Exaktheit möglich.

Beispiel:
Erstellung der Funktionstabelle für die ODER-Funktion

1. Schritt:

Für den Aufbau der Tabelle muß zunächst die Anzahl n der Kombinationsmöglichkeiten der Eingangsvariablen nach der Gleichung (21) ermittelt werden.

$$\boxed{n = 2^m} \tag{21}$$

m = Anzahl der Eingangsvariablen

n = Anzahl der Eingangssignalkombinativen

Die duale ODER-Funktion $x_1 + x_2 = y$ hat - m = 2 - Eingangsvariable

$$n = 2^2$$

$$n = 4 \text{ Signalkombination}$$

Tafel 8 Integrierte Schaltzeichen nach DIN 40 900

Bezeichnung der log. Funktionen	Intergriertes Schaltzeichen	aus Elementarfunktionen zusammengestzt (Signalflussplan)
NAND-Funktion $z = \overline{x \cdot y}$	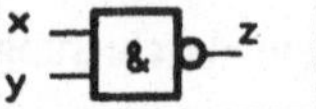	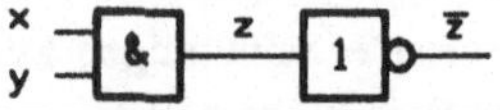
NOR-Funktion $z = \overline{x + y}$	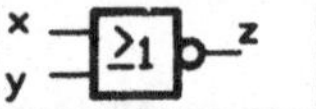	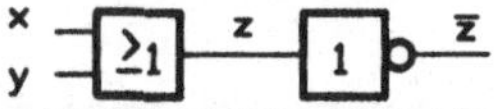
IMPLIKATION $z1 = \overline{x} + y$ $z1 = x \longrightarrow y = \overline{z2}$		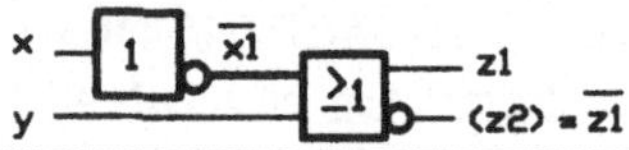
INHIBITION $z2 = x \cdot \overline{y}$ $z2 = \overline{x \longrightarrow y} = \overline{z1}$		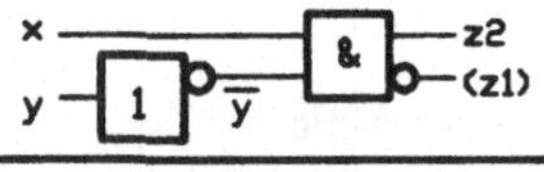
EXKLUSIV – UND (ÄQUIVALENZ) $z3 = x \cdot y + \overline{x} \cdot \overline{y}$ $z3 = x \longleftrightarrow y = \overline{z4}$		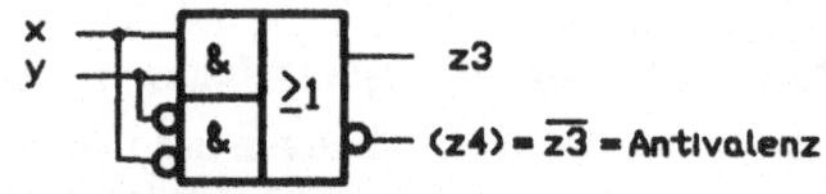
EXKLUSIV – ODER (ANTIVALENZ) $z4 = x \cdot \overline{y} + \overline{x} \cdot y$ $z4 = \overline{x \longleftrightarrow y} = \overline{z3}$		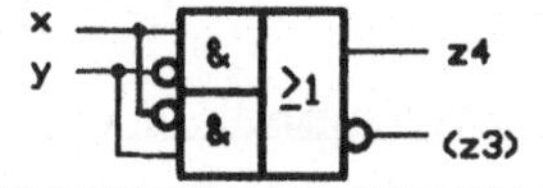
UNGERADEGLIED $w1 = x \longleftrightarrow y \longleftrightarrow z$ $w1 = \overline{w2}$	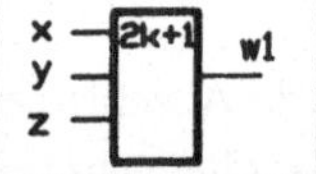	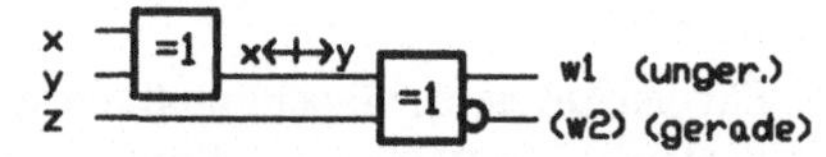
GERADEGLIED $w2 = \overline{x \longleftrightarrow y \longleftrightarrow z}$ $w2 = \overline{w1}$	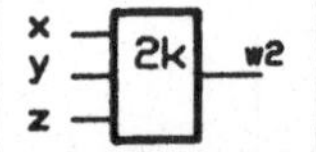	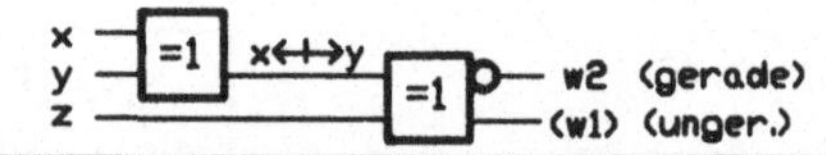
SCHWELLWERT-ELEMENT	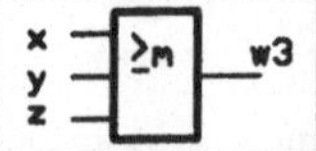	w3=1 wenn sich m oder mehr Eingangsignale im 1-Zustand befinden. Signalflußplan siehe Kapitel 2.3.2.9
MAJORITÄTS-ELEMENT	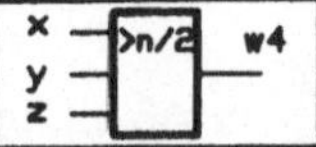	w4=1 wenn sich die Mehrheit der Eingangssign. im 1-Zustand befinden. Signalflußplan siehe Kapitel 2.3.2.9
m aus n-ELEMENT	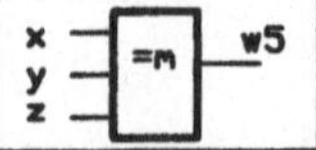	w5=1 wenn sich m Eingangssignale in 1-Zustand befinden. Signalflußplan siehe Kapitel 2.3.2.9
COMPARATOR (Vergleicher)	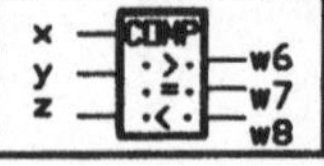	'.' muss durch die zu vergleichende Variable ersetzt werden. zB.: x > z = w6 (w6=1 wenn x=1 und z=0 ist) Signalflußplan siehe Kapitel 2.3.2.9

Tafel 9 Funtionstabelle
ODER-Funktion

Zeile Nr.	x1	x2	y
0	0	0	0
1	0	1	1
2	1	0	1
3	1	1	1

In den Zeilen für x werden die möglichen Eingangssignalzustandswerte nach dem dualen Zahlensystem schematisch eingetragen (0:00/1:01/ 2:10/3:11). Entsprechend der Aufgabenstellung oder den Funktionsbedingungen wird jeder Zeile der entsprechende Ausgangssignalzustand zugeordnet ($y = 1/0$).

2. Schritt

In der so aufgestellten Funktionstabelle kann <u>für jede Zeile durch *konjunktive* Verknüpfung</u> des Eingangsvariablen-Zustands eine algebraische Gleichung aufgestellt werden.

Tafel 10 Funktionstabelle mit
Bestimmungsgleichungen

Zeile Nr.	x1	x2	y	Bestimmungs-Gleichungen
0	0	0	0	$\overline{x1} \cdot \overline{x2} = \overline{y}$
1	0	1	1	$\overline{x1} \cdot x2 = y$
2	1	0	1	$x1 \cdot \overline{x2} = y$
3	1	1	1	$x1 \cdot x2 = y$

Ist der jeweilige Signalzustand mit "1" eingetragen, so wird dafür in die Gleichung der zugeordnete Variablenwert eingesetzt (x,y). Ist der Signalzustand "0", so wird in die Gleichung der Komplementärwert der Variablen eingetragen ($\overline{x},\overline{y}$).

3. Schritt:

<u>Werden die Zeilen</u> der gleichsinnigen Ausgangsvariablen <u>untereinander *disjunktiv* verknüpft,</u> so wird eine für alle Funktionsbedingungen gültige Gleichung aufgestellt.

In dem Beispiel der ODER-Funktion ist in den Zeilen $n = 1,2,3$ das Ausgangssignal, $y = 1$, somit kann die allgemein gültige Gleichung aus den Zeilen 1 bis 3 durch disjunktive Verknüpfung bestimmt werden.

$$y = \left(x_1 \cdot \overline{x_2}\right) + \left(\overline{x_1} \cdot x_2\right) + \left(x_1 \cdot x_2\right) \qquad \text{(22)}$$

$$\underset{\text{Zeile}\quad 1}{} \qquad \underset{2}{} \qquad \underset{3}{}$$

Diese Gleichung wird als <u>disjunktive Normalform</u> bezeichnet und kann durch Vereinfachung (siehe Rechenaufgabe 7 Kapitel 2.3.2.4) auf die elementare disjunktive Funktion

$$y = x_1 + x_2 \qquad \text{(23)}$$

zurückgeführt werden.

Nachdem nur in der Zeile 0 das Ausgangssignal $y = 0$ vorkommt, wird man durch Negierung der Gleichung in der Zeile 0 wesentlich schneller als in der Rechenübung Kapitel 2.3.2.4 Aufgabe 7 die einfachste Gleichungsform erreichen:

Zeile $n = 0$ $\qquad\qquad : \overline{x_1} \cdot \overline{x_2} = \overline{y}$

beide Seiten werden negiert $\qquad : \overline{\overline{x_1} \cdot \overline{x_2}} = \overline{\overline{y}} = y$

Umformung nach De-Morgan $\qquad : \overline{\overline{x_1}} + \overline{\overline{x_2}} = y$

w.z.b.w. $\qquad\qquad\qquad\qquad : x_1 + x_2 = y$

<u>Aufgabe 8:</u>
Verknüpfungs-Steuerung

Zur Überdrucksicherheit in einem Druckkessel werden 3 Gefahrenmelder installiert. Die Druckerzeugungsanlage soll durch das Signal "z" abgeschaltet werden, wenn mindestens 2 der 3 Melder (S1, S2, S3) das Signal "1" annehmen.

1. Stellen Sie die Aufgabe mit <u>einem</u> Schaltzeichen nach DIN 40 900 dar.

2. Erstellen Sie die mit Hilfe der Funktionstabelle die schaltalgebraische Normalform für das Ausgangssignal 2

3. Die Gleichung der Normalform (26) kann durch algebraische Umwandlung vereinfacht dargestellt werden

$$z = \left(s_2 \cdot s_3\right) + \left(s_1 \cdot s_3\right) + \left(s_1 \cdot s_2\right) \qquad (25)$$

Lösungshinweis: erweitern Sie die Normalform mit dem Ausdruck
$$\left(s_1 \cdot s_2 \cdot s_3\right)$$
Zeichnen Sie für die vereinfachte Form der Schaltung der DIN 40 900)

<u>Lösung zu Aufgabe 8:</u>

<u>Zu 1</u>: Die Aufgabe wird durch ein <u>Schwellwert-Element</u> (Tafel 8) erfüllt. In dem vorliegendem speziellen Fall könnte eine Aufgabe auch durch ein Majoritätselement realisiert werden.

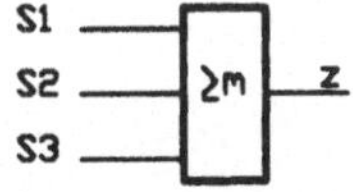

Bild 15 Schwellwertelement

Zu 2:   **Zu 3:**

Tafel 11 Funktionstabelle

Zeile Nr.	S1	S2	S3	z	Bestimmungs-Gleichungen
0	0	0	0	0	$\overline{S1}\cdot\overline{S2}\cdot\overline{S3}=\overline{z}$
1	0	0	1	0	$\overline{S1}\cdot\overline{S2}\cdot S3=\overline{z}$
2	0	1	0	0	$\overline{S1}\cdot S2\cdot\overline{S3}=\overline{z}$
3	0	1	1	1	$\overline{S1}\cdot S2\cdot S3=z$
4	1	0	0	0	$S1\cdot\overline{S2}\cdot\overline{S3}=\overline{z}$
5	1	0	1	1	$S1\cdot\overline{S2}\cdot S3=z$
6	1	1	0	1	$S1\cdot S2\cdot\overline{S3}=z$
7	1	1	1	1	$S1\cdot S2\cdot S3=z$

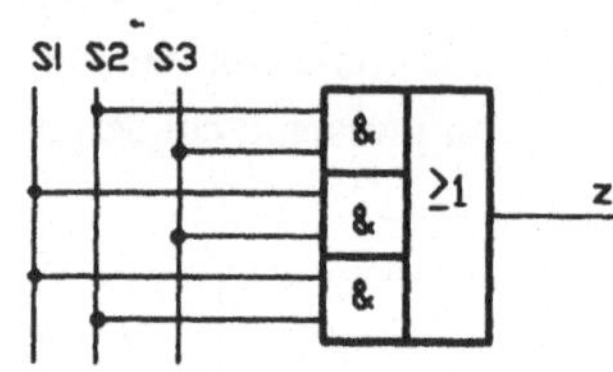

Bild 16 Signalflußplan

Normalform:

$$z=\left(\overline{s_1}\cdot s_2\cdot s_3\right)+\left(s_1\cdot\overline{s_2}\cdot s_3\right)+\left(s_1\cdot s_2\cdot\overline{s_3}\right)+\left(s_1\cdot s_2\cdot s_3\right) \qquad (26)$$

2.3.2.7 Zeitglieder

Verzögerungen oder Verlängerungen der Signalwirkung können durch die Schaltzeichen nach DIN 40 900 auf Tafel 12 dargestellt werden. Die Verzögerung der
Signalanstiegsflanke wird durch die Bezeichnung "t1", die Signalabstiegsflanke
durch die Bezeichnung "t_z" gekennzeichnet.

Tafel 12 Zeitfunktionen DIN 40 900

Nr.	Funktionsart	Symbol	Schritt-Zeitdiagramm
1.	**Zeitfunktion** Ausgangssignal- Anstiegs- und Abstiegs- Flankenverzögerung einstellbar	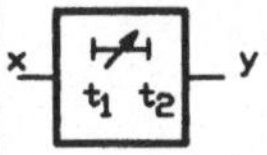	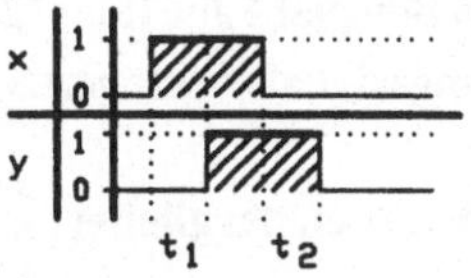
2.	**Negative** **Zeitfunktion** Ausgangssignal-Anstieg- und Abstiegsflanken- Verzögerung	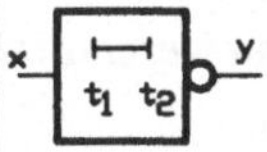	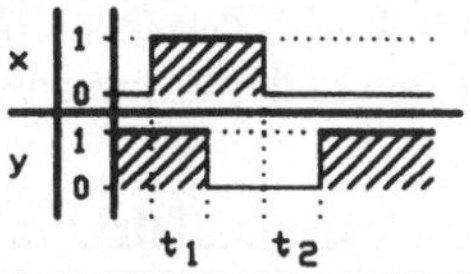
3.	**Positive** **Anstiegsflanken-** Verzögerung	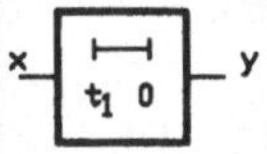	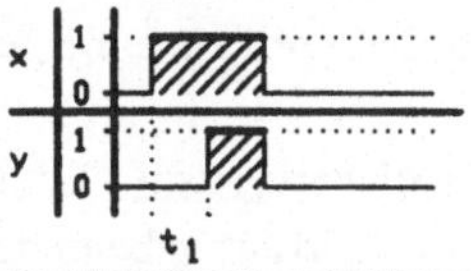
4.	**Negative** **Anstiegsflanken-** Verzögerung	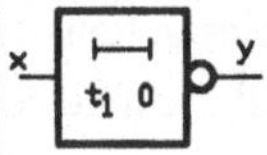	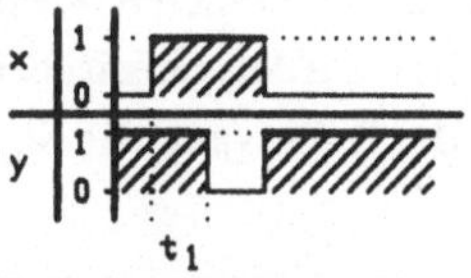
5.	**Positive** **Abstiegsflanken-** Verzögerung	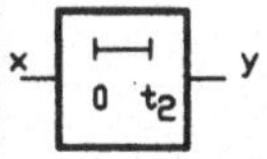	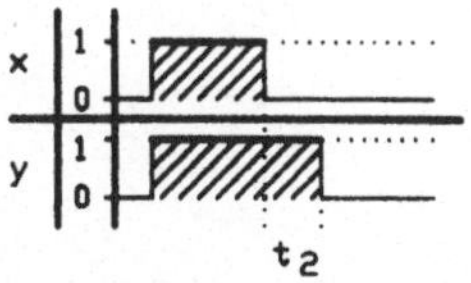
6.	**Negative** **Abstiegsflanken-** Verzögerung	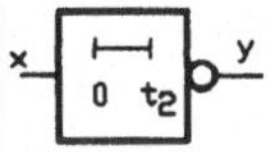	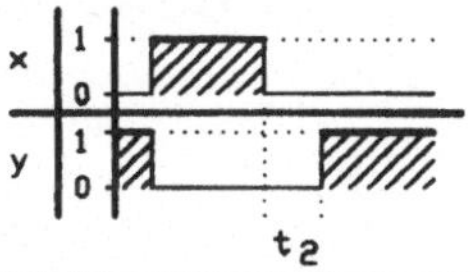

Die Zeitangabe wird in der Regel außerhalb des Schaltzeichens angegeben.
Durch das Negationssymbol (Kreis) am Ausgang des Schaltzeichens wird das
Ausgangssignal invertiert.
In dem Beispiel 4 auf Tafel 12 wird somit durch die Zeit t1 die Abstiegsflanke des
Ausgangssignals verzögert.

2.3.2.8 Speicherglieder

Sollen Ein- oder Ausgangssignale zur späteren Auswertung eingespeichert werden, stehen in der Pneumatik im wesentlichen 2 Speicherarten zur Verfügung

1. RS-Kippglieder (Tafel 13): Flüchtige Systeme, die ihren Informationsinhalt bei
   Energieausfall verlieren. Das Speichersystem wird kombinatorisch, nach dem
   Selbsthalteprinzip aufgegebaut.

2. Haftspeichersysteme (Tafel 13): Behalten ihre Information auch im energielo-
   sen Zustand auf unbegrenzte Zeit typische Vertreter der Haftspeichersysteme
   sind die bistabilen Kolbenventile der Pneumatik und Hydraulik. Ein Signalwechsel am Ausgang ist bei diesen Bauarten nur möglich, wenn nur der S- oder
   nur der R-Eingang das Signal 1 aufweist.

Tafel 13 Speichersysteme DIN 40 900

Nr.	Speicher-Schaltzeichen DIN 40 900	DIN 40 700	Funktions-Tabelle	logischer Signalflussplan DIN 40 900
1.	Löschdominant EV-EIN: x=1 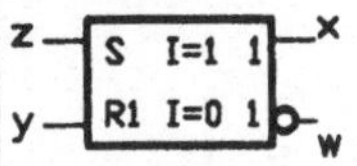 z — S I=1 1 — x y — R1 I=0 1 — w	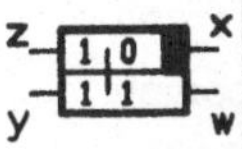 z 1 0 / 1 1	z y ‖ x w 0 0 ‖ unverändert 0 1 ‖ 0 1 1 0 ‖ 1 0 1 1 ‖ unbestimmt	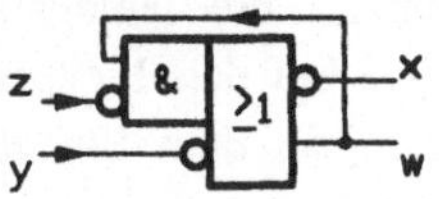 &1 / ≥1
2.	Löschdominant EV-EIN > w=1 z — S I=0 1 — x y — R1 I=1 1 — w	z 1 0 / 1 1	z y ‖ x w 0 0 ‖ unveränd. 0 1 ‖ 0 1 1 0 ‖ 1 0 1 1 ‖ 0 1	≥1 / &
3.	Setzdominant EV-EIN > w=1 z — S1 I=0 1 — x y — R I=1 1 — w	z 1 1 / 1 0	z y ‖ x w 0 0 ‖ unveränd. 0 1 ‖ 0 1 1 0 ‖ 1 0 1 1 ‖ 1 0	≥1 / & / 1 / 1
4.	Eingänge erzwingen den Ausgang. EV-EIN > x=1 z — S1 I=1 1 — x y — R2 I=0 2 — w	z 1 1 / 1 1	z y ‖ x w 0 0 ‖ unveränd. 0 1 ‖ 0 1 1 0 ‖ 1 0 1 1 ‖ 1 1	≥1 / 0 t1 / ≥1
5.	Eing. verriegeln sich gegenseitig EV-EIN unbestimmt z — S1 2 — x y — R2 1 — w	z 1 0 / 1 0	z y ‖ x w 0 0 ‖ unveränd. 0 1 ‖ 0 1 1 0 ‖ 1 0 1 1 ‖ 0 0	≥1 / ≥1 / 1 / 1
6.	Haftverhalten des Speichers durch mechanischen Aufbau. EV-EIN = Ausschaltzustand z — G1/$\bar{2}$S NV — x y — G2/$\bar{1}$S — w	z — x / y — w	z y ‖ x w 0 0 ‖ unverändert 0 1 ‖ 0 1 1 0 ‖ 1 0 1 1 ‖ unverändert	& / & / NV

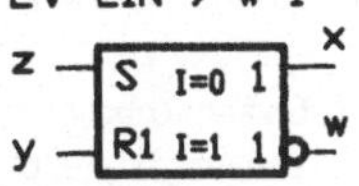

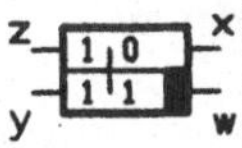

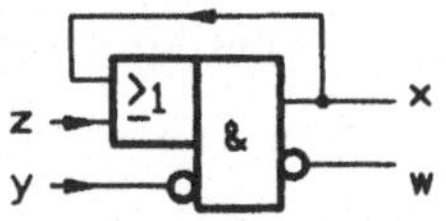

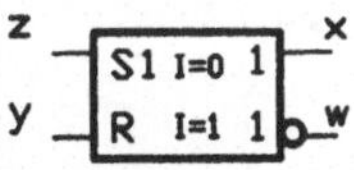

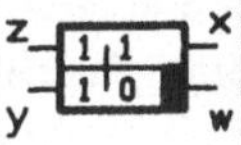

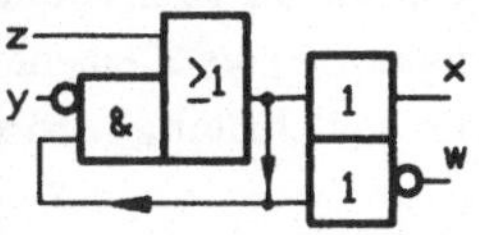

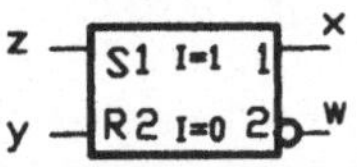

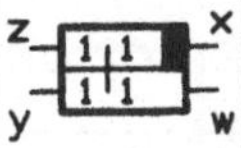

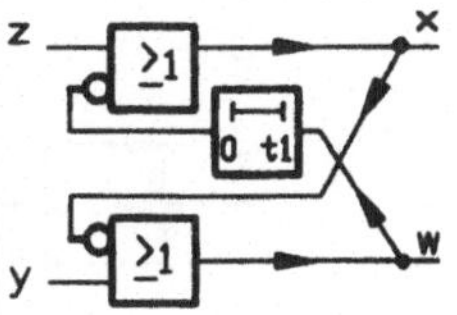

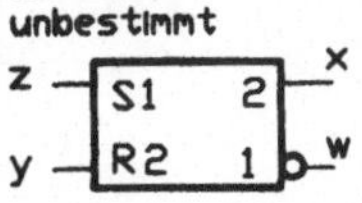

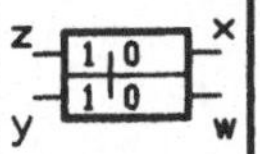

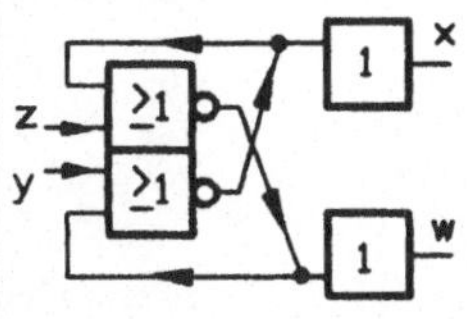

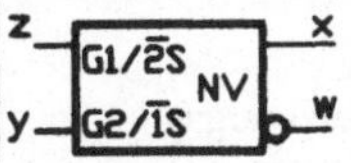

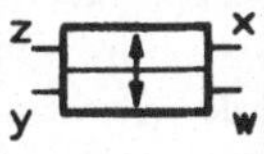

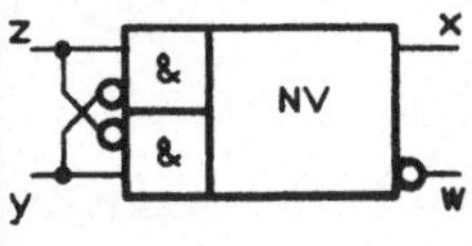

2.3.2.9 Dynamische Eingangssignale

Bei zahlreichen Aufgaben der Steuerungen wird es notwendig, daß nur der Signalzustandswechsel von 0 auf 1, das heißt die Anstiegsflanke gelesen werden kann. Diese Bedingung wird durch ein Dreieck mit $\pm$ 15 ° Flankenwinkel (wie bei den Meßpfeilen) gekennzeichnet und kann an dem Signaleingang jedes beliebigen Schaltzeichens eingezeichnet werden (Bild 12). Die Signalimpulsdauer muß ausreichend groß sein um ein Speicherelement zu setzen oder zu löschen.

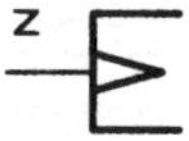

Bild 17 Dynamische
Eingangssignale

Der Impuls kann somit auch durch ein
monostabiles Element (Tafel 14 Nr. 2 oder 3 dargestellt und realisiert werden.
Diese Schaltung wird als "Einflankensteuerung" bezeichnet.

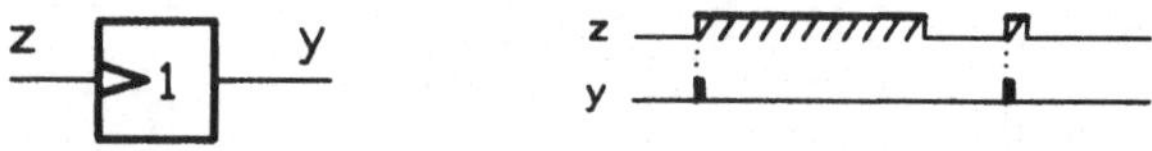

Bild 18 Dynamische Eingangssignale (Anstiegsflankensignal)

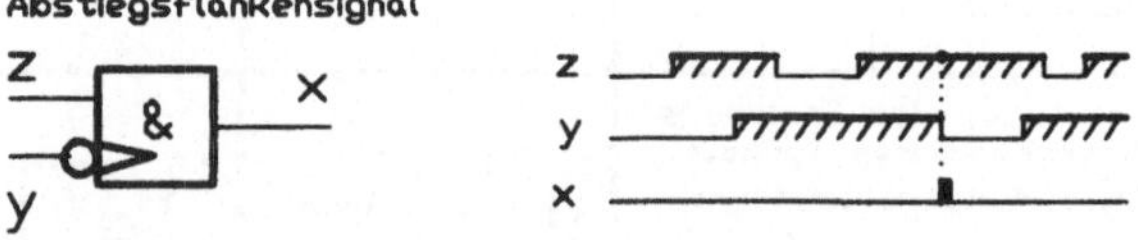

Bild 19 Dynamische Eingangssignale (Abstiegsflankensignal)

Wird das Eingangssignal negiert, wird die Signalabstiegsflanke gelesen. Dieses System wird als "Zweiflankensteuerung" bezeichnet.

Diese Impulssteuerungen werden in der Pneumatik aus Kostengründen gerne eingesetzt.

Eine Vielzahl von Möglichkeiten zur Erzeugung eines dynamischen Signales bietet die "Zweizustands-Flipflop-Steuerung". Dazu sind 2 Speicher notwendig. Der erste Speicher wird als "Master" bezeichnet und übernimmt das Eingangssignal. Er übergibt das Signal erst dann an den 2. Speicher, den "Slave- Speicher", der das Ausgangssignal speichert und ausgibt (Bild 20). Bei dieser Schaltung ist die Abstiegsflanke des Eingangssignales wirksam (Zweiflanken-Steuerung). Der Speicher wird auch "Flipflop mit retardiertem Ausgang" bezeichnet.

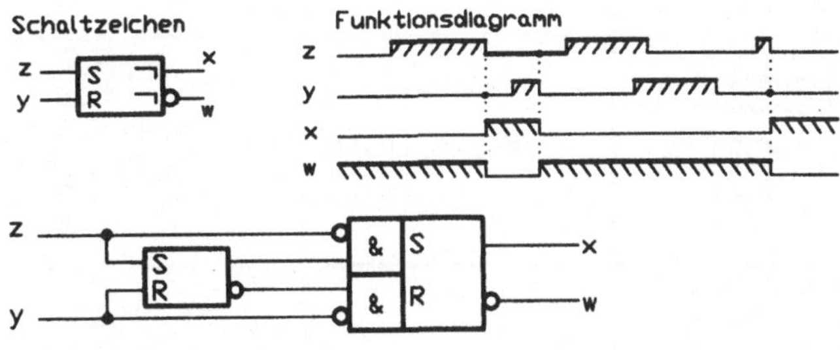

Bild 20 Zweizustandssteuerung (Master-Slave-Schaltung)

Die *Zweizustands-Zweiflankensteuerung* ist bei pneumatischen Steuerungen in der Regel schneller und zuverlässiger als die Einflankensteuerungssysteme.

Tafel 14 Kombinierte Schaltzeichen Kippglieder / Zeitglieder   DIN 40 900

Nr	Schaltzeichen	Zustandsdiagramm	logischer Signalflussplan
1.	T-Kippglied 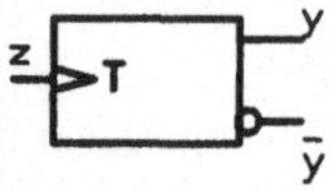	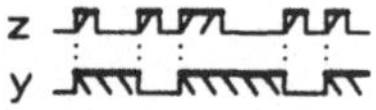	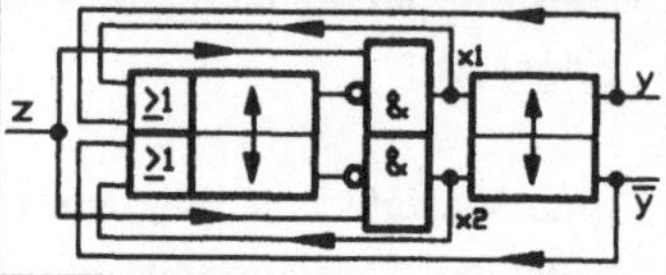
2.	Monostabiles Element triggerbar 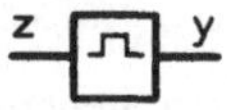	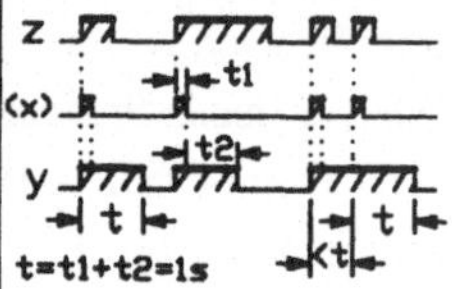	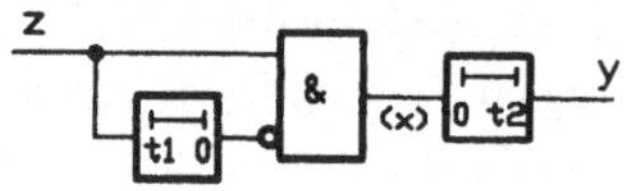
3.	Monostabiles Kippgl. NICHT triggerbar 	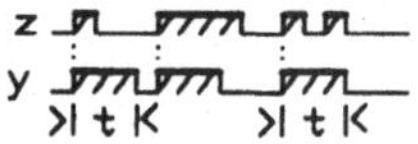	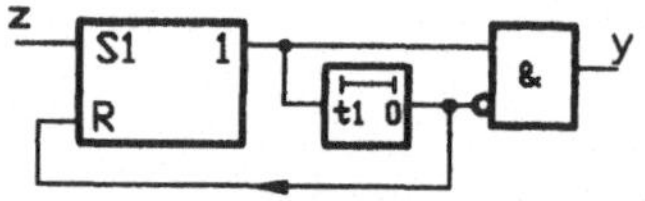
4.	Astabiles Element allgem. (Taktgenerator) 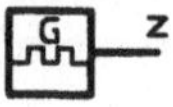		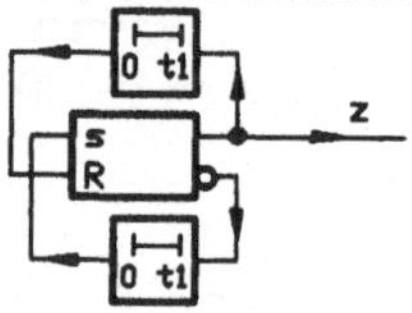
5.	Astab. Element mit Steuereingang und Synchronstart 		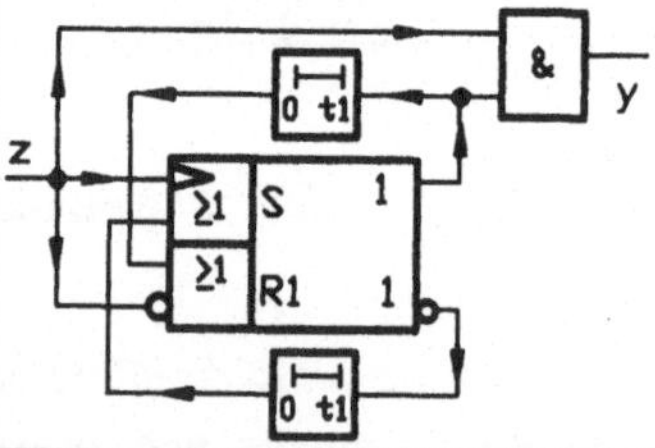
6.	Schieberegister mit seriellen Ein- Ausgängen (m = 3 bit) 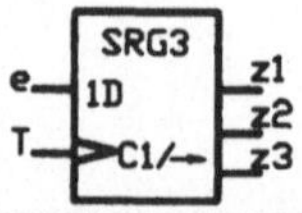	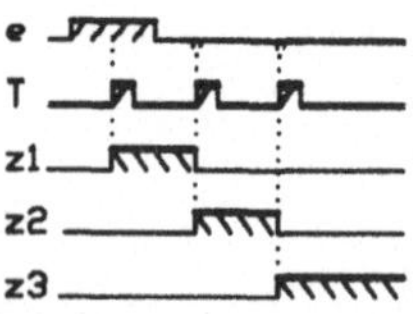	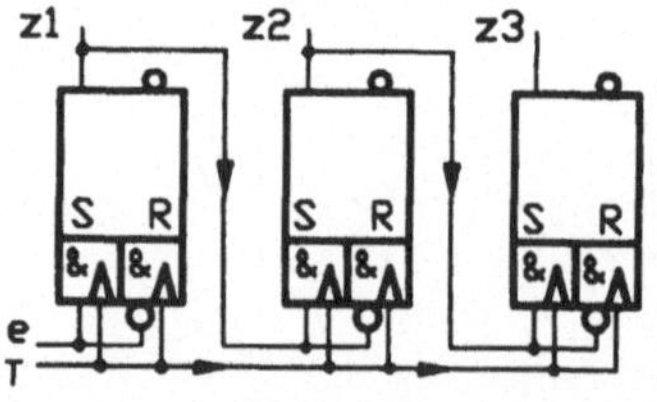

2.3.2.10 Taktflankensteuerung

Das Setz- oder Löschsignal wird bei <u>einflankentaktgesteuerten RS-Flipflops</u> nur dann aufgenommen, wenn sich der Taktsignalzustand von 0 auf 1 verändert (siehe Beispiel für serielles Schieberegister in Tafel 14 Nr. 6).

Bei einem <u>zweiflankengesteuerten Zweizustands-Flipflop</u> nimmt das Master-Flipflop das Eingangssignal nur dann auf,

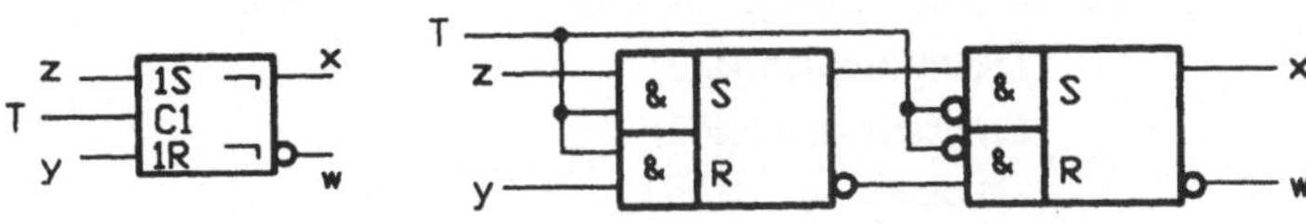

Bild 21 Zweizustands-Taktflankensteuerung

wenn gleichzeitig das Takteingangssignal den Signalzustand 1 aufweist. Das Signal wird an das Slave-Flipflop erst dann weitergegeben, wenn der Takteingang von 1 auf 0 geht.

2.3.3 <u>Darstellung von Ablaufsteuerungen</u>

2.3.3.1 Programmablaufplan DIN 66 001

Die Norm ermöglicht die anschauliche Darstellung des Lösungsweges (Algorithmus) einer Ablaufsteuerung.

Sie ist hervorragend geeignet, die Bearbeitungsfolgen in einem Ablaufprogramm darzustellen. Die Verbindungen zeigen dabei die Reihenfolge der Verarbeitungen auf. Die Daten und Bauelemente werden dabei nicht dargestellt. Diese Darstellung wird daher vorteilhaft zur Festlegung der Ablauf- und Verknüpfungskonzeption der Ablaufsteuerung eingesetzt und eignet sich hervorragend als

Informationsmittel zwischen dem Betriebsmittelkonstrukteur und dem Steuerungstechniker.

Die Sinnbilder dieser Norm sind nicht für Schaltpläne bestimmt. Die Form der Datenspeicherung wird nicht dargestellt. Die Begriffe sind in DIN 44 300 festgelegt. Die Norm DIN 66 001 läßt unterschiedliche Darstellungsarten für Lösungen von Aufgaben der Informationsverarbeitung zu.

In der Steuerungstechnik wird <u>nur</u> die Normversion

Programmablaufplan (PA) verwendet.

Weitere mögliche Darstellungsmöglichkeiten:

Datenflußplan (DF)

Programmnetz (PN)

Datennetz (DN)

Programmhierarchie (PH)

Datenhierarchie (DH)

Konfigurationsplan (KP)

Die jeweiligen Kennbuchstaben werden der DIN-Nummer mit Bindestrich nachgesetzt:

Programmablaufplan ----> DIN 66 001-PA

Die Größe und Lage der Sinnbilder muß dem jeweiligen Anwendungsfall entsprechend gewählt werden. Die Detaillierungsgrade können unterschiedlich gewählt werden. Der jeweilige Detaillierungsgrad richtet sich nach dem Zweck der Darstellung.

Tafel 15 Sinnbilder für den Programmablauf nach DIN 66 001-PA

Nr.	Sinnbild	Bezeichnung
6.1.1	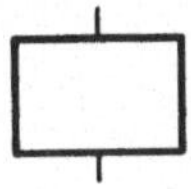	Verarbeitung allgemein einschliesslich EIN-Ausgabe.
6.1.2		Manuelle Verarbeitung einschliesslich EIN-Ausgabe
6.1.3	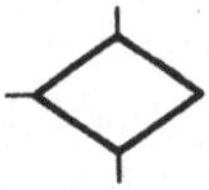	Verzweigung
6.1.4		SCHLEIFENBEGRENZUNG Anfang / Ende
6.1.5	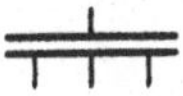	Parallele Verarbeitung
6.1.6		Sprung mit Rückkehr
6.1.7		Sprung ohne Rückkehr
6.1.8.		Unterbrechung einer anderen Bearbeitung
6.1.9		Steuerung von aussen. z.B.Betriebssystem
6.3.1		Verbindunslinie
6.3.2		Verbindung zur Darstellung der Datenübertragung

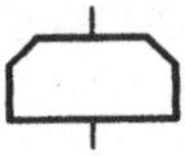

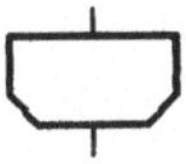

Nr.	Sinnbild	Bezeichnung
6.4.1		Grenzstelle (zur Umwelt) Beginn oder Ende einer Folge von Daten.
6.4.2		Verbindungsstelle (Signalfluss kann unter- brochen und an anderer Stelle mit gleicher Innenbeschrifting fortgesetzt werden.
6.4.3		Verfeinerung (Der Inhalt eines Sinnbildes Kann auf dem selben Blatt ausführ= lich dargestellt werden –in derselben Dar= stellungsart.)
	 Text	Text zur Erläuterung eines Sinnbildes

Erweiterung

Nr.	Sinnbild	Bezeichnung
6.1.1	Text	Weist durch den Text auf eine detailierte Darstellung in derselben Dukumentation hin. Die Darstellung kann auch in einer anderen Darstellung als PA erfolgen.
	 Text	Weist durch den Text auf an anderer Stelle durchgeführte aus= führliche Dokumentation hin.

DARSTELLUNGSHINWEISE

INNENBESCHRIFTUNG:
Nähere Funktion und Bezeichnung des Sinnbildes wird durch nicht genormte Innenbeschriftung bestimmt.

VERZWEIGUNG:
Von einem Sinnbild aus dürfen mehrere Ver= bindungen abgehen.

Auffächerung einer ausgehenden Linie.

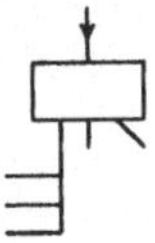

KREUZENDE VERBINDUNGSLINIEN
sollen vermieden werden, sie stellen keine Verbindung dar.

FLUSSRICHTUNG durch Pfeile kennzeichnen

<u>Aufgabe 9:</u>

Erstellen Sie den Programmablaufplan für eine Ablaufsteuerung für Auswerfer
(DIN 66001-PA)

Ablaufbeschreibung:

1. Schritt: Wenn der Zylinder in seiner Ausgangsstellung steht (E1=1/E2=0)
und die Starttaste (EO) betätigt wird, fährt der Zylinder vor (Z1+).

2. Schritt: In seiner Endlage betätigt der Zylinder den Grenztaster E2. Der
Zylinder fährt damit wieder in seine Ausgangslage zurück (Z1-).

3. Schritt: In seiner Ausgangslage wird wieder der Taster E1 gedrückt und
damit das Programm beendet.

Algebraische Ablaufbeschreibung

Schritt 1	EO * E1 * E2 = Z1+ —> E2
Schritt 2	E2 = Z1- —> E1
Schritt 3	E1 = Programm ENDE

Lösung für Aufgabe 9

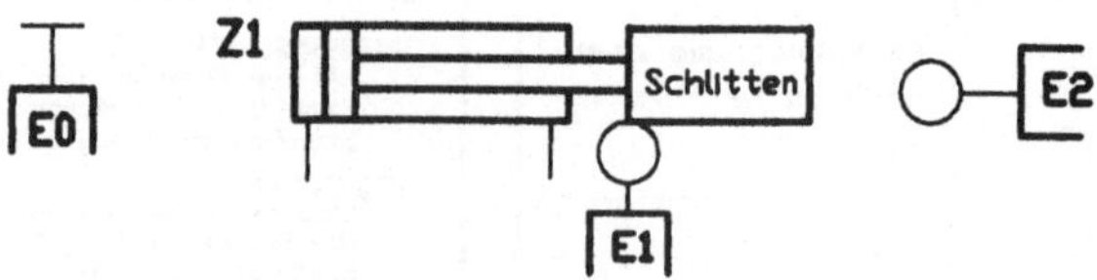

Bild 22.1 Programmablaufplan für Auswerfersteuerung

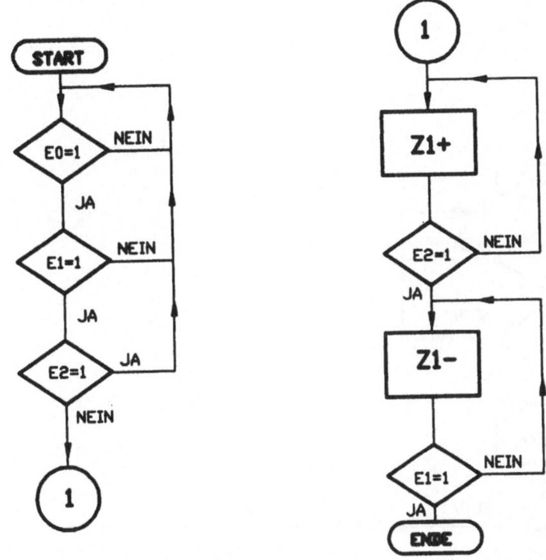

Bild 22.2 Programmablaufplan für Auswerfersteuerung

<u>Aufgabe 10:</u>

Erstellen Sie den Programmablaufplan mit Verzweigung (DIN 66 001-PA).

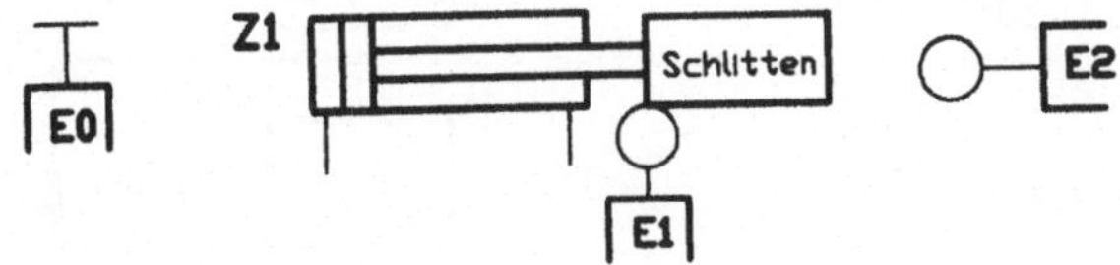

Programmablauf:

1. E0 * E1 = Speicher m1 (Merker) setzen
2. m1 * E0 = Z1+ —> E2
    ODER m1 * E0 = Z1-
3. E2 = m1 löschen
4. m1 = Z1- —> E1
5. E1 = Programm ENDE

Lösung für Aufgabe 10

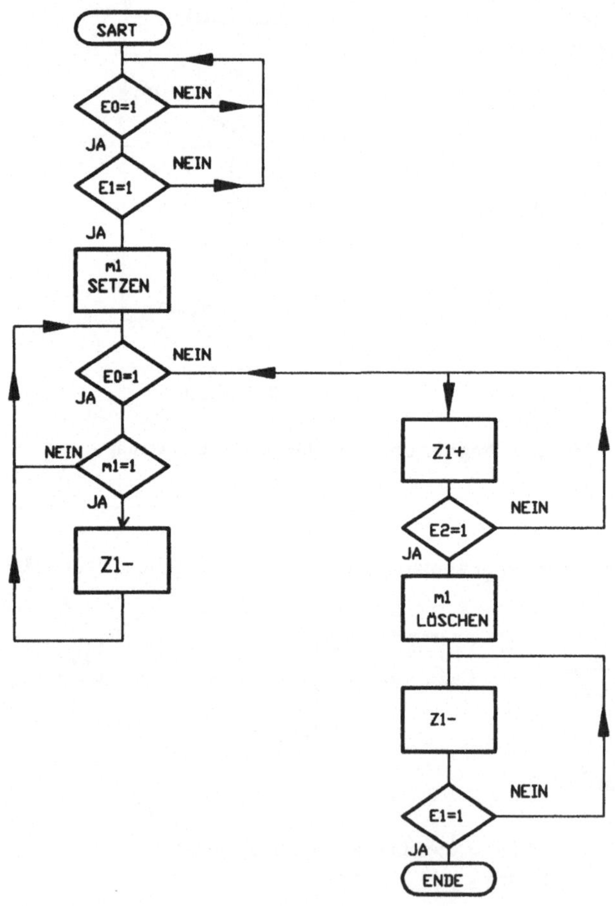

Bild 23 Programmablaufplanung mit Verzweigung

<u>Aufgabe 11:</u>

Auswahlschaltung (66 001-PA)

Von den 3 Signalen X, Y, Z soll in einem Unterprogramm das größte Signal ermittelt werden und durch den Signalgeber Hx (rot), Hy (gelb), Hz (grün) angezeigt und in dem Speicher m1 zur weiteren Auswertung eingespeichert werden.

Außerdem soll der Speicher m1 den Motor M1 in Betrieb setzen, bis das Signal W den Speicher m1 löscht und den Motor M1 still setzt.

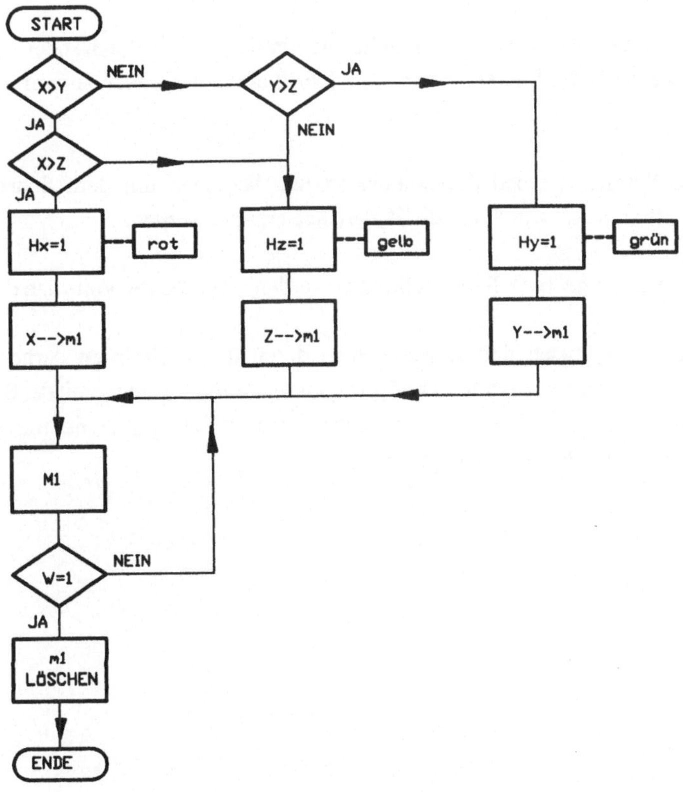

Bild 24 Programmablaufplan für Auswahlschaltung

2.3.3.2 Zustandsdiagramm nach VDI 3260
(Weg-Schrittdiagramm)

Mit dem **Zustandsdiagramm** wird das Zusammenwirken und die Funktions-
folgen der einzelnen Bauglieder und Arbeitseinheiten dargestellt.

In der **senkrechten Koordinate** wird der **Zustand** (Weg, Druck, Winkel, Drehzahl usw.) aufgetragen. In der **waagrechten Koordinate** werden die **Arbeits-
schritte** und/oder der **zeitliche Ablauf** dargestellt.

Der Arbeitsablauf wird in **Schritte** unterteilt. Jede Zustandsänderung in dem
Programmablauf leitet einen neuen Schritt ein und beendet den vorangegangenen.

Die Schritte werden durchnumeriert und beginnen mit dem Schritt 1. Die
Schrittangabe kann durch die Zeitangabe ergänzt werden.

Die **Ausgangs- bzw. Ruhestellungen** werden durch **dünne Vollinien** dargestellt.

Die **Aktivphasen** der Geräte werden durch **dicke Vollinien** dargestellt. Die
Signallinien und Signalverknüpfungen zeigen die Abhängigkeit der Bauglieder
untereinander an. Sie werden mit sehr dünnen Linien gezeichnet und die Wirkrichtung durch Pfeile angegeben.

Tafel 16 Symbole für Weg- und Zustandsdiagramme (VDI 3260)

Bildzeichen VDI 3260	Erklärung	Bildzeichen VDI 3260	Erklärung
	EIN		Signalglied mech. betätigt
	AUS		Signalglied über längeren Weg betätigt
	EIN – AUS		Signalverzweigung
	Tippen	$\overline{S3}$	ODER-Verknüpfung mit NICHT-Bedingungs-Zweig.
	NOT-AUS		UND-Verknüpfung
	2-Hand-EIN	Nr....	Signalursprung von besonders definiertem Baustein
	Wahlschalter		Arbeitsbewegung
	Leuchte		Leerbewegung
	Blinkleuchte		Signal von / zu anderer Maschine
	Summer		geradlinige Bewegung
	Elektr.Vorgänge		Wegbegrenzung durch Signalglied
	Pneum.Vorgänge		Wegbegrenzung durch Festan=schlag
	Mech.Vorgänge		Schwenkbewegung
	Hydraulische Vorgänge		Drehbewegung
	Signalglied durch Druck betätigt		nicht geradlin. Bewegung
	Zeitglied		

<u>Aufgabe 12:</u>

Erstellen Sie das Zustandsdiagramm für den algebraisch beschriebenen
Ablauf einer Bohrvorrichtung

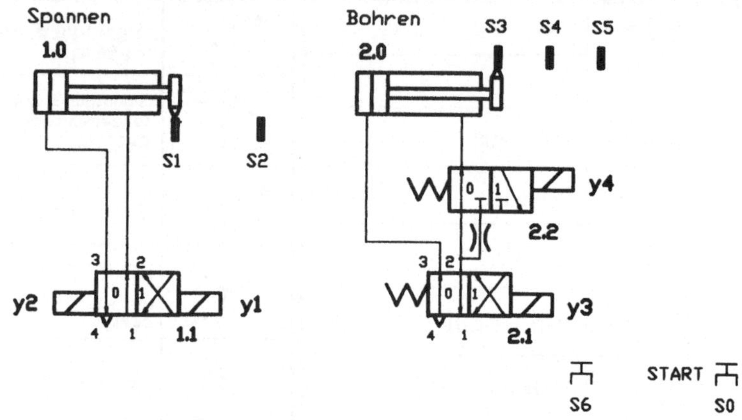

Bild 25 Elektropneumatische Ablaufsteuerung

<u>Ablaufschritte:</u>

<u>Schritt</u>	<u>Eingangslogik</u>	<u>Befehl</u>	<u>Befehlsabbruch</u>	<u>Arbeitsgang</u>
1.	$\overline{S0} * S1 * S3 =$	Z1+	$\longrightarrow$ S2	SPANNEN
2.	$\overline{S1} * S2 =$	Z2+ Eil	$\longrightarrow$ S4	BOHRENEILG
				BOHRMOTOR EIN
3.	S6 + S4 =	Z2+ Arb	$\longrightarrow$ S5	BOHREN ARB.
4	S5 =	Z2-	$\longrightarrow$ S3	RÜCKZUG
5	S3 =	Z1-	$\longrightarrow$ S1	ENTSPANNEN
		M1 AUS		BOHRMOTOR
				AUS

Lösung für Aufgabe 12:

Tafel 17 Zustandsdiagramm

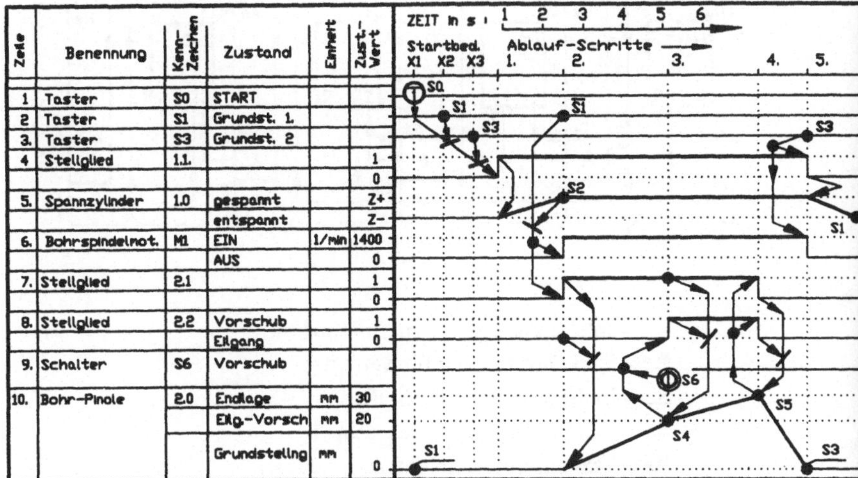

Zeile	Benennung	Kenn-Zeichen	Zustand	Einheit	Zust.-Wert
1	Taster	S0	START		
2	Taster	S1	Grundst. 1		
3	Taster	S3	Grundst. 2		
4	Stellglied	1.1			1
					0
5.	Spannzylinder	1.0	gespannt		Z+
			entspannt		Z–
6.	Bohrspindelmot.	M1	EIN	1/min	1400
			AUS		0
7.	Stellglied	2.1			1
					0
8.	Stellglied	2.2	Vorschub		1
			Eilgang		0
9.	Schalter	S6	Vorschub		
10.	Bohr-Pinole	2.0	Endlage	mm	30
			Eilg.-Vorsch	mm	20
			Grundstellng	mm	0

2.3.3.3 Signalflußplan für Ablaufketten (Taktstufensteuerung)

Nach dem Prinzip der Ablaufkette werden in der Regel alle moderne Ablaufs-
teuerungen aufgebaut. Dies gilt sowohl für diskret aufgebaute (pneumatische
oder elektromechanische Systeme), als auch für rechnergesteuerte Steuerungen.

Für jeden Befehlsschritt wird ein Pneumatik-Universalbaustein oder bei den
Rechnersteuerungen ein Befehlssatz gesetzt. Diese Schritte oder Glieder werden
seriell abgearbeitet. Sobald die Befehle eines Schrittes quittiert werden, bezie-
hungsweise die Eingangsbefehle des nachfolgenden Schrittes ausgegeben wer-
den, wird der nachfolgende Schritt aktiviert.
Damit werden die Befehle des vorangegangenen Schrittes gelöscht und dessen
Befehleingangstore geschlossen. Für den nachfolgenden Schritt werden die
Eingangstore geöffnet (vorbereitet).

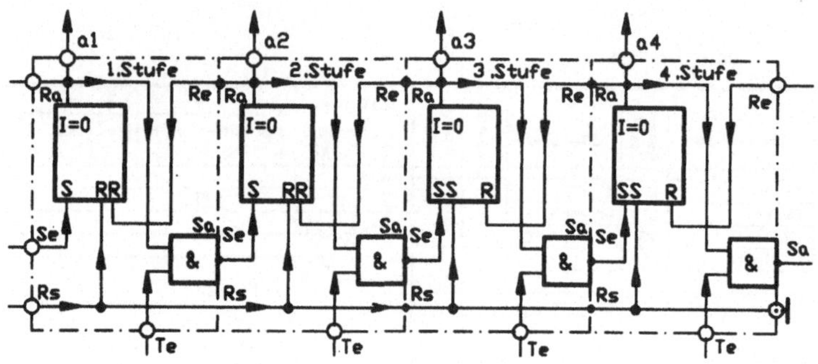

Ra = Int.Löschausgang zu Stufe n-1

Re = Int.Löscheingang für Stufe n-1

Se = Int.Setzeingang für Stufe n+1

Sa = Int.Setzausgang für Stufe n+1

Rs = Taktstufen-Richteingang

Te = Takteingang (von Sensorik)

a..= Taktausgang

Bild 26 Signalflußplan für die Ablaufkette

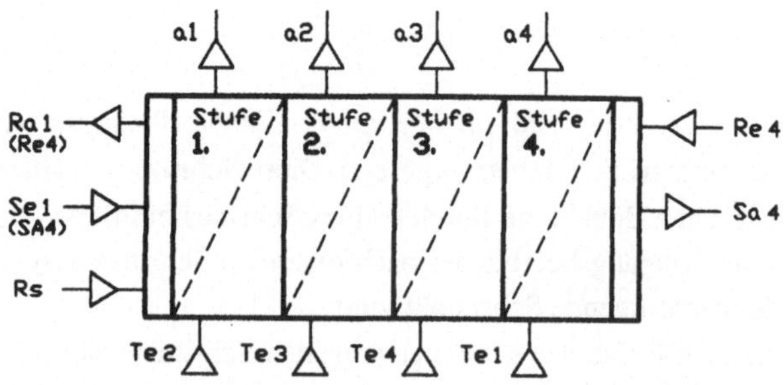

Bild 27 Vereinfachte, nicht genormte Darstellung der Ablaufkette

Aufgabe 13:

Erstellen Sie den logischen Signalflußplan nach DIN 40900 für die Ablaufkette einer pneumatischen Bohrvorrichtung für die nachstehende Ablaufbeschreibung (Lösung Bild 28).

Ablaufschritte

Schritt	Eingangslogik	Befehl	Befehlsabbruch	Arbeitsgang
1.	$E0 * E1 * E3$	$= Z1+$	$\longrightarrow E2$	Spannen (START)
2.	$E2$	$= Z2+$	$\longrightarrow E4$	Bohren (Pinole VOR)
3.	$E4$	$= Z2-$	$\longrightarrow E3$	Pinole zurück
4.	$E3$	$= Z1-$	$\longrightarrow E1$	Spannung lösen (PE)

Funktionsbeschreibung für die Ablaufkette in Aufgabe 13

Schritt 0: Einschalten der Energieversorgung.

Damit die Zylinder in ihre Ausgangsposition gehen oder bleiben, muß zuerst in den Eingang RS ein Richtsignal gegeben werden. Dieser Impuls löscht in dem Beispiel die Ausgangssignale der Stufen 1, 2 und 3. Der Speicher der 4. Stufe und damit das Ausgangssignal a4 wird gesetzt und damit der Taster E1 aktiviert.

Schritt 1: Wenn die letzte Stufe (4) gesetzt ist und die Zylinder in ihrer Ausgangsstellung stehen (E1=E3=1), kann der Ablauf durch Betätigung des Starttasters E0 gestarten werden (E0*E1*E3*4 Stufe gesetzt=Se1)

- Die 1. Stufe der Ablaufkette wird gesetzt $\longrightarrow$ a1=0
- Das Leistungsglied V1 wird gesetzt $\longrightarrow$ der Zylinder 1 läuft vor (Z1+).
- Die 4. Stufe wird gelöscht (Ra1 Re1) $\longrightarrow$ Taster E1 ist nicht mehr aktiv.
- Der Taster E2 wird aktiviert (alle anderen Taster sind jetzt passiv).

Lösung für Aufgabe 13:

Ablaufschritte

Schritt	Eingangslogik	Befehl		Befehlsabbruch	Arbeitsgang
1.	Eo ✳ E1 ✳ E3 =	Z1+	----->	E2	Spannen < START >
2.	E2 =	Z2+	----->	E4	Bohren (Pinole VOR)
3.	E4 =	Z2-	----->	E3	Pinole zurück
4.	E3 =	Z1-	----->	E1	Spannung lösen <PE>

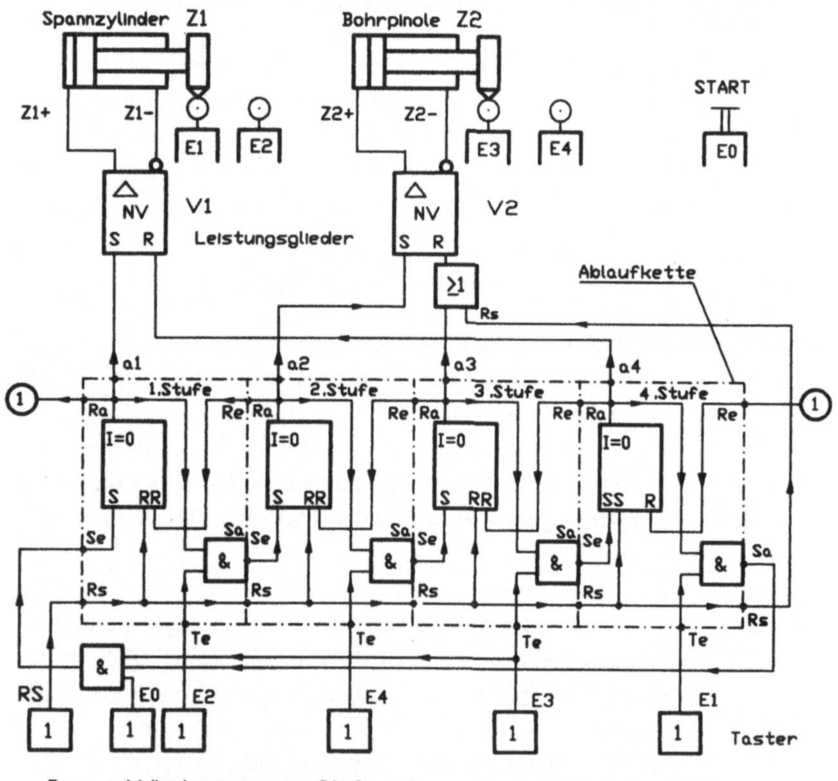

Ra = int.Löschausgang zu Stufe n-1 Rs = Taktstufen-Richteingang
Re = int.Löscheingang für Stufe n-1 Te = Takteingang (von Sensorik)
Se = int.Setzeingang für Stufe n+1 a... = Takt-Ausgang
Sa = int.Setzausgang zu Stufe n+1 E... = Taster

Bild 28 Signalflußplan für eine Bohrvorrichtung

<u>Schritt 2</u>: Wenn der Spannzylinder Z1 seine Endlage erreicht, wird der aktivierte Grenztaster E2 betätigt (E2=1).

- Die 2. Stufe wird gesetzt —> a2=1.
- Das Leistungsglied V2 wird gesetzt —> die Bohrpinole läuft vor (Z2+).
- Die 1. Stufe wird gelöscht —> Taster E2 wird passiv.
- Der Taster E4 wird aktiviert.

<u>Schritt 3</u>: Wenn die Bohrpinole Z2 ihre Endlage erreicht, wird der aktiverte Grenztaster E4 betätigt (E4=1)

- Die 3. Stufe wird gesetzt —> a3=1.
- Das Leistungsglied V2 wird zurückgesetzt —> die Bohrpinole
läuft zurück (Z2-).
- Die 2. Stufe wird zurückgesetzt —> Taster E4 wird passiv.
- Der Taster E3 wird aktiviert.

<u>Schritt 4</u>: Wenn die Bohrpinole (Z2) wieder in der Ausgangsstellung steht, wird der aktivierte Grenztaster E3 gedrückt.

- Die 4. Stufe wird gesetzt —> a_4=1.
- Das Leistungsglied V1 wird zurückgesetzt —> der Spannzylinder
geht in die Ausgangslage (Z1-).
- Die 3. Stufe wird zurückgesetzt —> Taster E3 wird passiv.
- Der Taster E1 wird aktiviert.
- Der Programmablauf ist beendet und die Startvoraussetzung
wieder gegeben ($E0*E3*E1*a_4$).

<u>Aufgabe 14</u>:

Erstellen Sie den Signalflußplan nach DIN 40 900 für eine Ablaufkette mit Sprungbefehl (Lösung siehe Bild 29).

<u>Ablaufbeschreibung</u>: Der Programmablauf ist identisch mit dem Ablauf von Aufgabe 13. Durch Betätigung der Taste E5 wird der Schritt 2 und 3 übersprungen. Der Spannbefehl wird nur dann ausgegeben, wenn das Schutzgitter geschlossen ist (E7=1).

<u>Funktionsbeschreibung für die Ablaufkette in Aufgabe 14</u>

Wenn die Tasten E5 (Sprungbefehl) und E6 (Richtbefehl) nicht gedrückt sind, entspricht der Programmablauf der Aufgabe 13. Als zusätzliche Sicherung, wird das Leistungssignal Z1+ nur dann freigegeben, wenn das Schutzgitter geschlossen ist (E7=1).

<u>Richtbefehl (E6)</u>: Wie in Aufgabe 13 werden bei Betätigung der Taste E6 die Stufen 1, 2 und 3 gelöscht, die letzte Stufe wird zur Startvoraussetzung gesetzt (a_4=1). Damit wird durch das Signal a_4 das Leistungsglied V1 zurückgesetzt - der Spannzylinder Z1 bleibt, - oder fährt in seine Ausgangslage (E1=1) zurück. Außerdem wird über das „ODER" Glied O3 die Bohrpinole (Z2) durch das Richtsignal zwangsweise in ihre Ausgangslage fahren.

<u>Sprungbefehl E5</u>: Wenn der Taster E5 betätigt wird, ist der Signalfluß des Ausgangssignales Sa der 1. Stufe zur Stufe 2 durch das Implikationsgatter U1 gesperrt.

Die logische Bedingung des Gatters U2 ist jedoch erfüllt. Das Signal Sa wird dadurch über O2 direkt zur Stufe 4 geführt, die somit gesetzt wird.

Das Löschsignal Ra der 4. Stufe wird über das ODER-Gatter O1 direkt in die Stufe 1 geführt, die dadurch gelöscht wird. Die Stufen 2 und 3 wurden übersprungen.

Lösung zu Aufgabe 14:

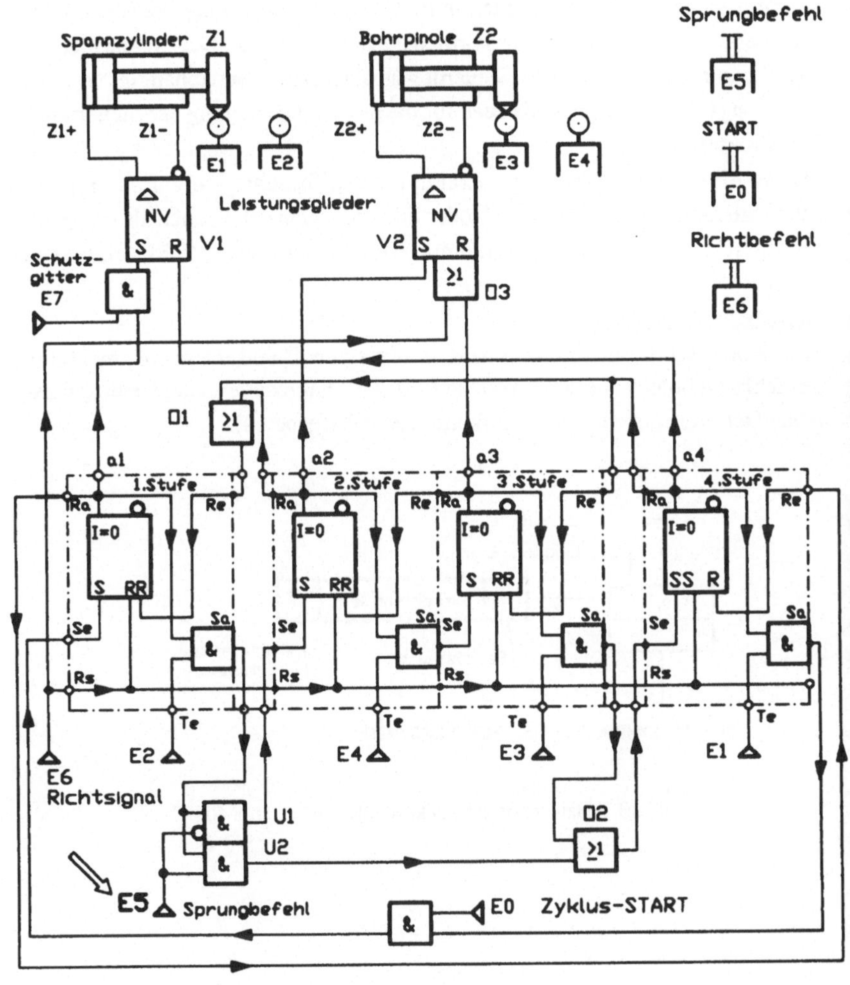

Bild 29 Taktkette mit Sprungbefehl

2.3.3.4 Ablaufplan (Funktionsplan) DIN 40719 Teil 6

Mit dem Ablaufplan können Steuerungsabläufe nach dem Prinzip der Ablaufkette (Taktkette) in sehr kompakter Form dargestellt werden. Der Ablaufplan ist sowohl zur Darstellung der Steuerungsgrobstruktur - unabhängig von der Steuerungsbauart geeignet, als auch für die genaue Darstellung der Steuerungs-Feinstruktur.

Durch dies Möglichkeit, der exakten Ablaufbeschreibung und Schritt-schematisierung, kann der Ablauf- oder Funktionsplan (FUP) auch als Programmiersprache für „Speicherprogrammierbare Steuerungen" (SPS) eingesetzt werden.

<u>Aufbau des Ablaufplanes</u>:

Jeder Ablaufschritt setzt sich aus dem „Schrittsymbol" und einem oder mehreren „Befehlssymbolen" zusammen (siehe Bild 30). Durch hintereinandersetzten der Ablaufschritte entsteht die Ablaufkette (siehe Aufgabe 14).

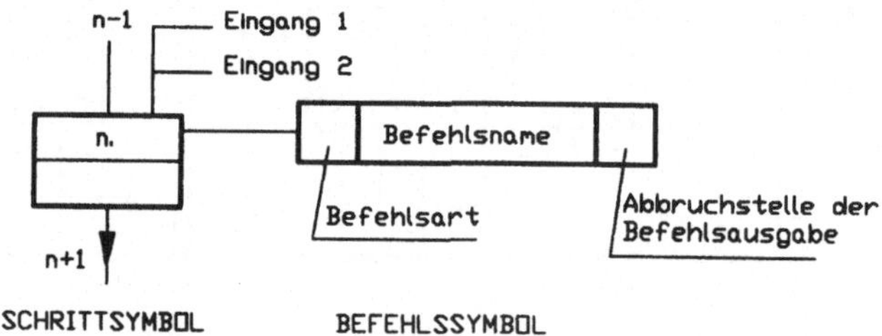

Bild 30 Ablaufschritt im Funktionsplan (FUP) DIN 40719

2.3.3.4.1 Schrittsymbol

Das Schrittsymbol entspricht mit seinem Logikinhalt einer Taktstufe der in Bild 26 dargestellten Ablaufkette.

Das Ausgangssignal a_1 des Schrittsymboles steuert das Befehlssymbol (Schützen, Ventile, Zylinder, Motoren usw.). Das jeweilige Schrittsymbol n (Taktstufe) wird gesetzt, wenn der vorausgegangene Schritt n-1 gesetzt ist, der Befehl ausgeführt ist und durch die Abbruchstellen E_x und E_y quittiert wird. Wie bei der Taktkette in Bild 26 wird jetzt Schritt n-1 gelöscht und der Schritt n+1 gesetzt.

Die Eingangssignale zu dem Schrittsymbol werden an der linken - oder oberen Seite des Schrittsymboles angezeichnet.

Die logischen Verknüpfungen der Eingangssignale können algebraisch (Bild 31a) oder mit Hilfe des Signalflußplanes nach DIN 40 900 gekennzeichnet werden (Bild 31b). Vereinfachend werden dabei ohne besondere Kennzeichnung zusammengeführte Wirklinien als UND-Funktionen gelesen (Bild 31c). Die verschiedenen Schreibweisen können

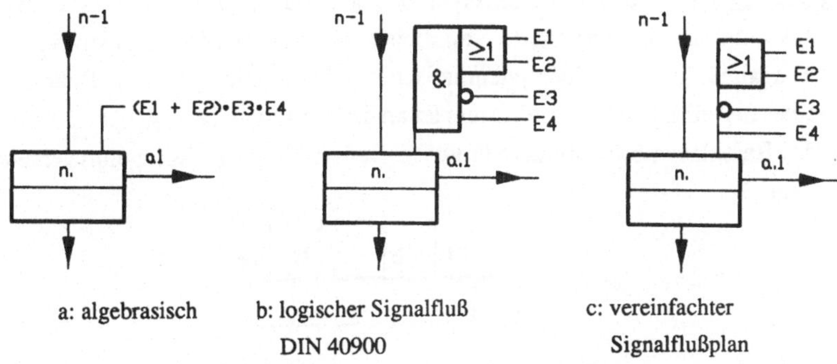

a: algebrasisch   b: logischer Signalfluß   c: vereinfachter
DIN 40900   Signalflußplan

Bild 31 Eingangssignal-Verknüpfungsmöglichkeiten

auch gemischt dargestellt werden. Als Programmiersprache (FUP) für die Speicherprogrammierbaren-Steuerungen (SPS) wird in der Regel die Form nach Bild 31b - DIN 40 900 angewendet.

2.3.3.4.2 Befehlssymbol

Das Befehlssymbol ist dreiteilig aufgebaut. In dem ersten Feld (Bild 30) wird die
Befehlsart eingetragen, in dem Mittelfeld der Befehlsname und in dem letzten
Feld die Abbruchstelle der Befehlsausgabe. Das Befehlssymbol wird von
einem oder mehreren Schrittsymbolen angesteuert.

Die Befehlsart gibt an, in welcher Art das Peripheriegerät (Leistungsglied) den
Befehl der Taktkettensteuerung vorbereitet.
Befehlsarten:

S	Befehl	ist gespeichert
NS	Befehl	ist nicht gespeichert
SH	Befehl	gespeichert, auch bei Energieausfall
T	Befehl	ist zeitlich begrenzt
D	Befehl	ist verzögert
SD	Befehl	ist gespeichert und verzögert
NSD	Befehl	ist nicht gespeichert, aber verzögert
ST	Befehl	ist gespeichert und zeitlich begrenzt

Befehls-Eingänge an dem Befehlssymbol sind Steuer-Signale, die außerhalb der
Taktkette an der Peripherie verarbeitet werden. Wird beispielsweise das
Ausgangssignal an einer pneumatischen Ablaufkette erst nach Betätigung
eines in Reihe geschalteten Tasters Ex an das Stellglied weitergegeben, so wird
das Befehlssymbol mit einem Freigabe-Befehlseingang (F-Eingang) versehen
(Bild 32).

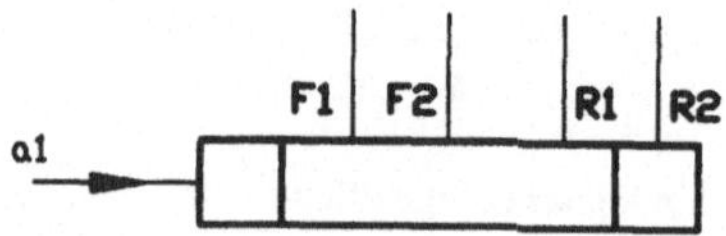

Bild 32 Befehlseingänge am Befehlssymbol

Freigabebefehle (F) sind untereinander mit „UND" verknüpft.
Rücksetzeingänge (R) sind untereinander mit „ODER" verknüpft. Sie wirken
löschdominant auf den im Befehlssymbol eingespeicherten Befehl.

<u>Befehlsausgänge</u> können ohne besondere Kennzeichnung direkt auf der rechten oder unteren Seite des Befehls-Symbols angezeichnet werden. Damit kann anschaulich die „<u>Befehlskette</u>" von dem Steuerausgangssignal der Ablaufkette bis zum Leistungsstellglied dargestellt werden. Das Beispiel einer Befehls- oder Steuerkette ist in Bild 33 dargestellt. Das Ausgangssignal A1 des Schrittsymboles steuert das „Ventil 1" an. Durch die Befehlsart SH als Baustein mit Speicher-Haftverhalten gekennzeichnet ist. Mit dem Ausgangssignal A1 des Ventils wird der Pneumatik-Zylinder Z1 in direkte Abhängigkeit (Befehlsart NS) angesteuert.

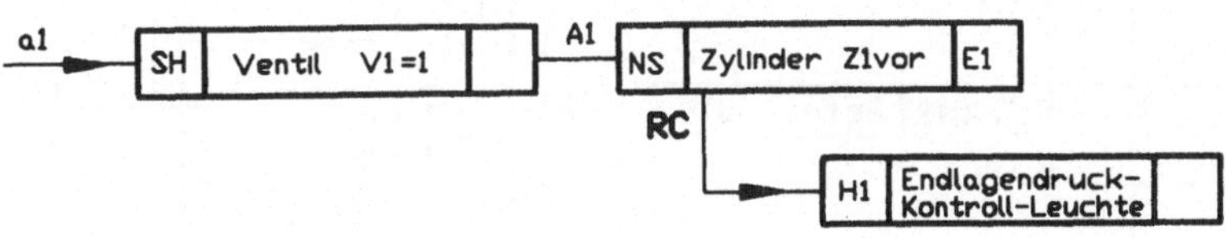

Bild 33 Befehlskette im Ablaufschritt

<u>Der RC-Ausgang</u> (Response-Control) wird erst dann ausgegeben, wenn der Zylinder 1 seine Endlage tatsächlich erreicht hat (E1=1) und der Zylinderdruck den vorgegebenen Nenndruck (Ep=1) erreicht hat. Der Signalgeber H1 zeigt damit an, ob der Zylinder seine Soll-Position und die Soll-Kraft erreicht hat.

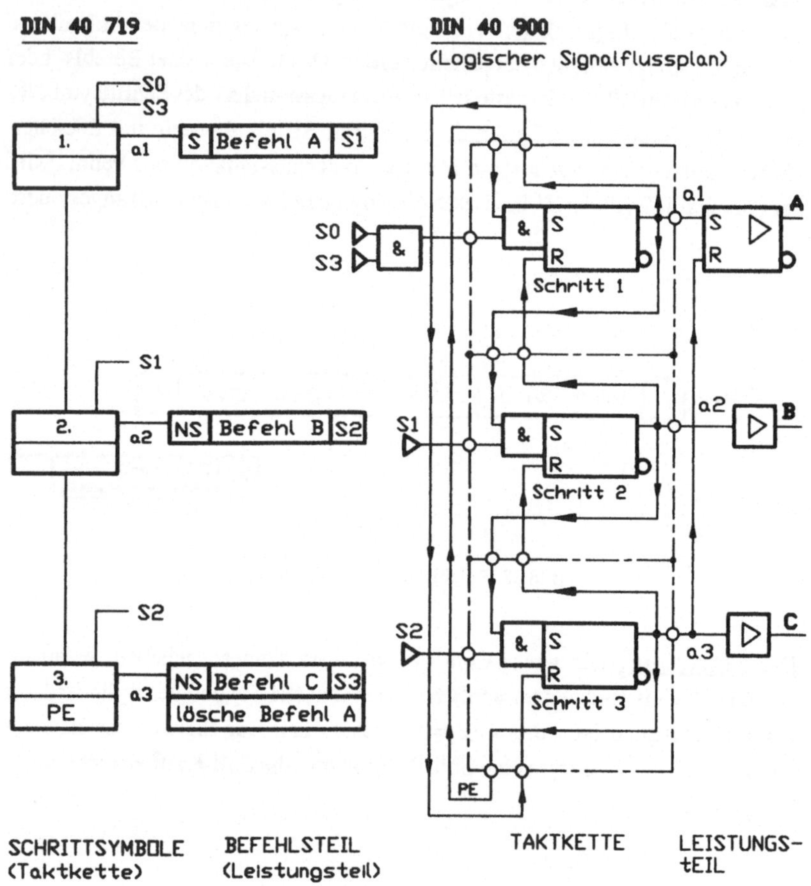

Bild 34 Ablaufplan DIN 40 719/40 900

2.3.3.4.3 Übungen

Aufgabe 15:

Erstellen Sie die Grobstruktur (als Befehlssymbol nur die Stellglieder darstellen) des Ablaufplanes nach DIN 40 719 für den in Aufgabe 13 beschriebenen Prozeßablauf einer Bohrvorrichtung. Beachten Sie den Signalflußplan der Lösung von Aufgabe 13.

Ergänzend zu Aufgabe 13 soll die Bohrpinole in ihrer Endlage 0,5 s verweilen.

Lösung zu Aufgabe 15:

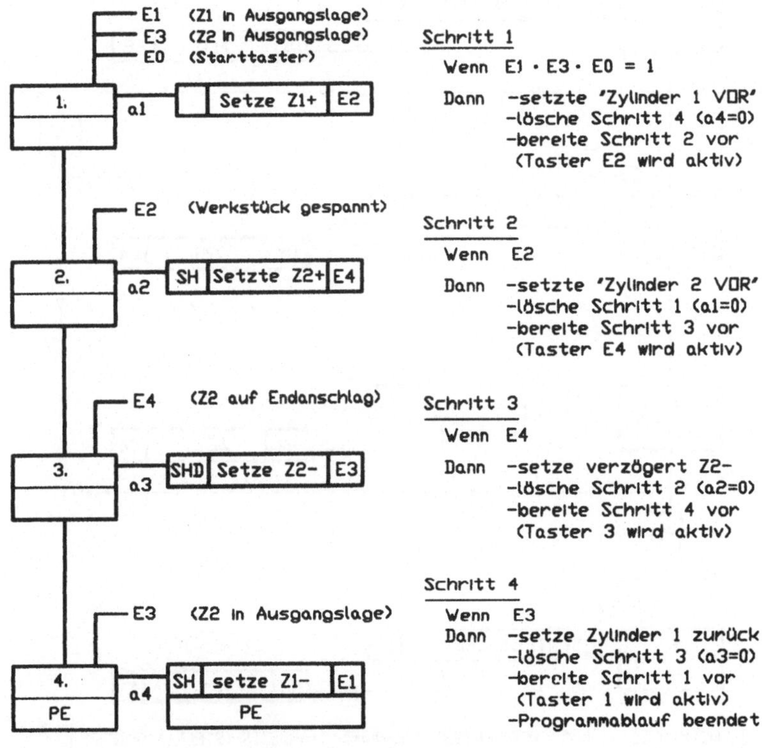

Bild 35 Ablaufplan für Bohrvorrichtung (Grobstruktur)

Aufgabe 16:

Erstellen Sie den Ablaufplan nach DIN 40 719, des in Aufgabe 14 beschriebenen Prozeßablaufes einer Bohrvorrichtung. Lassen Sie dabei die „Richtbefehle" außer acht. Zeichnen Sie die Befehlsketten für die Ablaufschritte und berücksichtigen Sie die Befehlsfreigabe (F) durch das Schutzgitter (E7).

Lösung zu Aufgabe 16

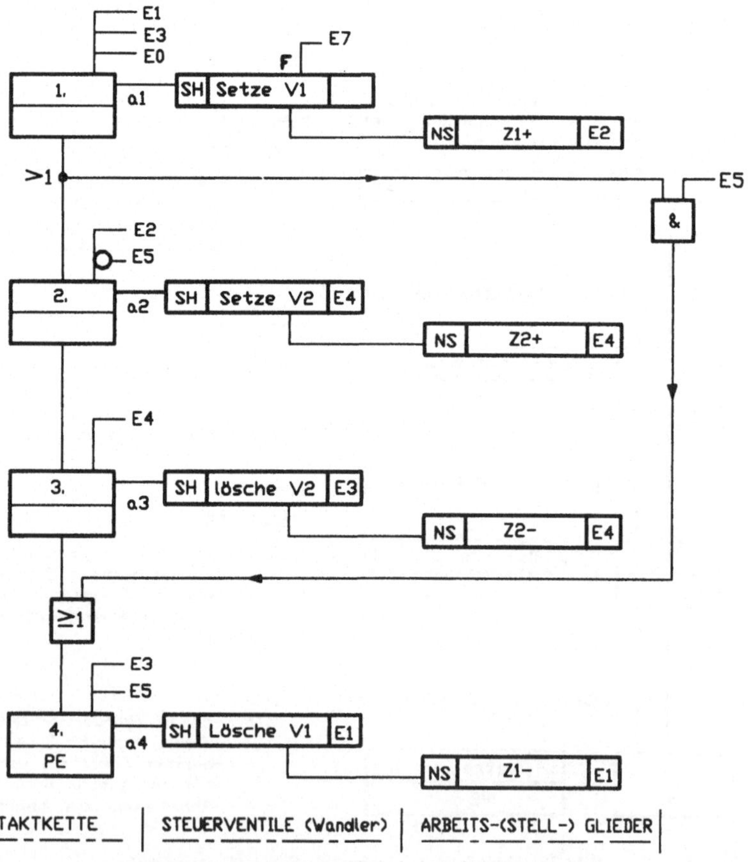

Bild 36 Ablaufplan mit Sprung- und Freigabebefehl

3 Pneumatische Steuerungen

3.1 Pneumatische Schaltzeichen

Die Schaltzeichen für pneumatische Geräte werden in der Regel nach der internationalen Grund-Norm für „Fluidtechnische Systeme und Geräte" DIN-ISO 1219 (Tafel 21 - 26)bezeichnet. Diese Norm ersetzt die alte Norm DIN 40 300 und dient ausschließlich der Darstellung pneumatischer und hydraulischer Geräte. Jedes Schaltzeichen kennzeichnet ein Gerät und seine Funktion, jedoch nicht seine Bauart.
Einige Gerätehersteller kennzeichnen ihre Bauteile nach der modifizierten Form von DIN 40 900 (Tafel 28). Dementsprechend erstellen häufig die Anwender dieser Geräte, ihre Schaltpläne frei nach DIN 40 900. In den Werksnormen der Firmen findet man daher immer mehr für die Sensorik und den Verknüpfungsteil der logischen Signale die Schaltplandarstellung nach DIN 40 900. Der Leistungsteil und die Aktorik der Steuerung wird dagegen weitgehend einheitlich nach DIN-ISO 1219 dargestellt. Diese kombinierte Darstellungsform enthält beispielsweise die Werksnorm des Volkswagenwerkes.

3.1.1 Pneumatische Schaltzeichen DIN-ISO 1219

3.1.1.1 Ventile mit festen Schaltstellungen

In der Pneumatik werden die eingehenden Informationen in Ventilen mit festen Schaltstellungen erzeugt oder logisch verknüpft. Jede Ventilstellung wird nach DIN-ISO 1219 durch ein viereckiges Feld dargestellt.

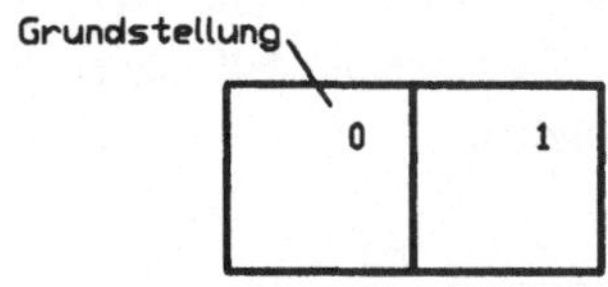

Bild 37 Ventil mit 2 Schaltstellungen

<u>Alle Anschlüsse</u> werden an das die <u>Ruhestellung darstellende Feld (0)</u> <u>angeschlossen</u>. Weist das Ventil keine definierte Ruhestellung auf, so werden die Anschlüsse an die Ausgangsstellung des Steuerungsablaufes angeschlossen.

Die Verbindung der Anschlüsse wird in jedem Feld (0, 1, 2) durch Verbindungspfeile dargestellt, die der jeweiligen Verknüpfungsaufgabe der einzelnen Schaltstellung entsprechen.

Bei Betätigung des Ventils werden die gesamten Felder um eine Feldbreite gegenüber den Anschlüssen verschoben und so die Verknüpfung der neuen Schaltstellung hergestellt.

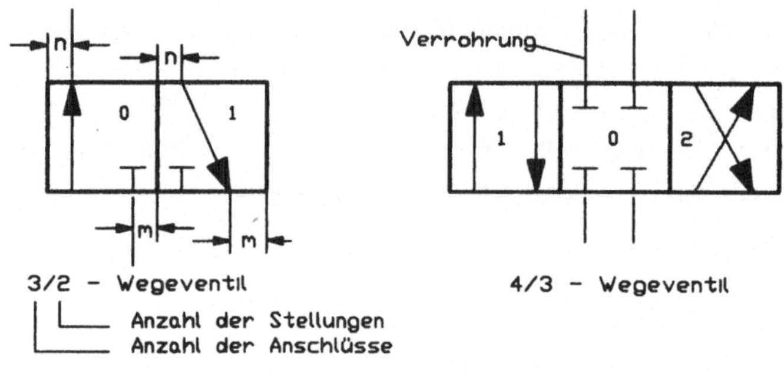

Bild 38 Wegeventil-Funktion und -Anschlüsse

Diese Verschiebung wird jedoch nicht zeichnerisch dargestellt. Pfeilanfang und -ende muß so gekennzeichnet werden, daß bei der Verschiebung des jeweiligen Feldes die Pfeile mit den Leitungsanschlüssen zur Deckung kommen würden. (Siehe Bild 38 Maß: m,n). Als Gedankenmodell eignet sich das in Tafel 35 dargestellte Kolbenmodell vorzüglich.

Tafel 18 Schaltzeichen für Wegeventile nach DIN-ISO 1219

	2/2 Wegeventil		5/3 Wegevetil In Mittelstellung sind beide Arbeitsleitungen entlüftet
	3/3 Wegeventil		4/3 Wegeventil In Mittelstellung sind alle Ein-Ausgänge gesperrt.
	4/2 Wegeventil		3/3 Wegeventil –mit 2 End= Stellungen und unendlich vielen Zwischenstellungen.
	5/2 Wegeventil		2/2 Wegeventil mit Rückschlagventil In einer Stellung.

3.1.1.1.1 Bezeichnung der Anschlüsse nach DIN 5599

Tafel 19 Kurzbezeichnung der Bauteilanschlüsse

ANSCHLUSSBEZEICHNUNG	Neue Norm ISO 5599	Alte Bezeichnung
Druckluftanschluß	1	P
Arbeitsanschlüsse	2 , 4	B
Entlüftungen	3 , 5	R , S
Steueranschlüsse	12 , 14	z , y
Steueranschluss (löscht das Ausgangssignal)	10	(z)
Steuerhilfsluft-Anschluss	81 , 91	–

Die Bezeichnung der Bauteilanschlüsse erfolgt nach dem in Tafel 19 aufgeführten Zahlenschlüssel von DIN 5599. Die gegenübergestellte alte Buchstabenbezeichnung kann für eine Übergangszeit noch angewendet werden, wenn die Bausteine noch diese Anschlußbezeichnung tragen.

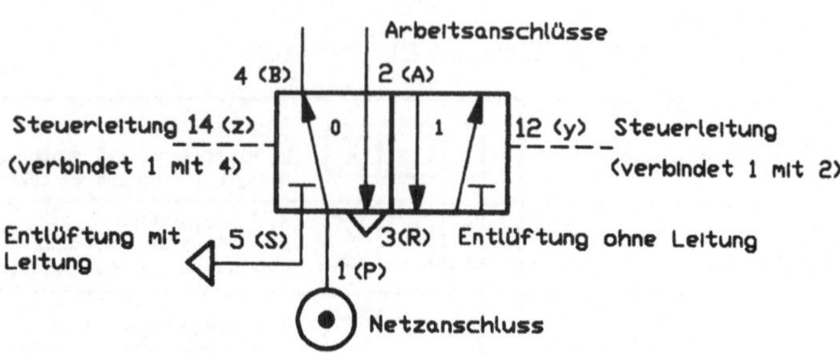

Bild 38.1 Wegeventil-Anschlußkennzeichnung

Anschlußgewinde von Pneumatik-Elementen mit Withworth-Rohrgewinde nach DIN 259 hatten bisher das Gewinde-Kurzzeichen R, z.B. R1/4, das noch häufig in der Praxis auftritt. Nach DIN-ISO 228 wird jetzt für Rohrgewinde das Gewindekurzzeichen G verwendet, z.B. G1/4. (Siehe Bild ...).
Es können jedoch vorübergehend beide Kurzzeichen (R und G) in Veröffentlichungen auftauchen.
Das Kurzzeichen R bezeichnet jetzt nach DIN-ISO 229 ein kegeliges Außengewinde.

Tafel 20 Betätigung pneumatischer Ventile DIN-ISO 1219

Nr.	Bezeichnung	Nr.	Bezeichnung
1.	Druckbeaufschlagung (Positiv) direkt betätigt	5.1.	Schlagknopf
1.2	Druckbeaufschl. Eingang 12 ist dominant	5.2	Hebel
1.3	Druckbeaufschlagung (Positiv) vorgesteuert	5.3	Fuß
2.	Druckbeaufschlagung (Negativ) vorgesteuert	5.4	mit Raststellung
3.	Elektromagnetisch stoßend	6	mechanisch durch Stößel oder Taster
3.1	Elektromagnetisch stoßend und ziehend	6.1	Tasterrolle
4.	Federkraft	6.2	Rollenhebel mit Leerlauf.
5.	Muskelkraft allgemein	7	Elektromotor

Beispiele für kombinierte Betätigungsarten

Nr.	Bezeichnung	Nr.	Bezeichnung
8.1	Elektromagnetisch oder Hand Federrückstellung	8.4	Elektromagn.-Vorgesteuert mit Hilfs-Steuerluftanschluß oder Hand / Federrückst.
8.2	Elektromagnetisch oder Hand Rückstellung durch Druck-Beaufschlagung	8.5	Druckgesteuertes Impulsventil mit Federzentrierung der Nullstellung
8.3	Direktbetätigtes Impuls-Speicherventil (Haftverhalten)	8.6	Druckgesteuertes Impulsventil mit Druckzentrierung der Nullstellung

3.1.1.1.2 Signalerzeugung für das „positive" Steuersystem

Die heute allgemein üblichen pneumatischen Steurungssysteme werden als „positive Steuerungssysteme" bezeichnet.

Dabei bedeutet:

1 = Signalleitung unter Druck als Richtwert kann angenommen werden.
  Signaldruck > 0,5 bar Nenndruck
 	
0 = Signalleitung entlüftet - das heißt mit der Atmosphäre verbunden.
  Signaldruck = 0 bar

Die Betätigung der pneumatischen Steuerung-Bauteile mit festen Schaltstellungen kann mechanisch, elektrisch oder durch pneumatische Signale erfolgen (siehe Tafel 20). Das pneumatische Ausgangssignal entspricht dem logischen Binärsignal „0" oder „1".

Um die Signalzustände 0 und 1 zu erzeugen, muß das Wegeventil mindestens als 3-Wegeventil ausgeführt sein. In Bild 39 ist die Wandlung eines mechanischen Signales a in ein identisches, pneumatisches Signal z dargestellt.

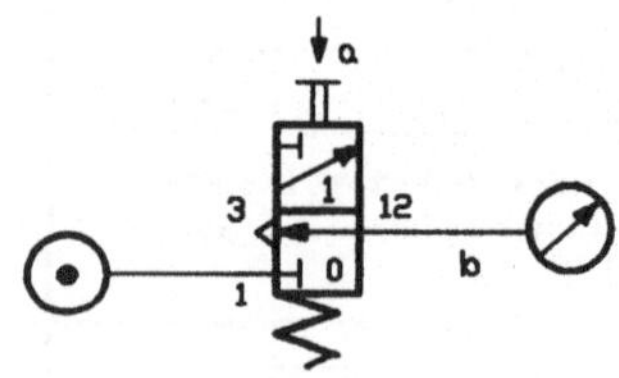

Funktionsdiagramm

Befehl	Dimen-sion	Signal	Zeit
Handkraft a	N	1 0	
Steuersignal b	bar	1 0	

Bild 39 Pneumatische Signalerzeugung

In der Stellung 0 des monostabilen 3/2-Wegeventiles (a=0) ist der Steueranschluß 12 über den Ausgang 3 mit der Atmosphäre verbunden und damit entlüftet (Signal z=0). Nimmt das mechanische Signal a den Wert 1 an (a=1), so wird das Ventil in der Stellung 1 gebracht. Dadurch wird der Steueranschluß 12 (z) mit der Druckversorgung 1 verbunden und die Entlüftung 3 gesperrt. Das Ausgangssignal z nimmt damit den Wert z=1 an. Die Signale a und z sind damit in ihrer logischen Aussage identisch (a=z).

Bei der Aussteuerung von doppelt wirkenden Zylindern (Bild 40), wird immer ein, mit dem Eingangssignal z(12) „identisches Ausgangssignal" A(2) und ein „komplementäres Ausgangssignal" B(4) benötigt.

Die Erzeugung der komplementären Signale $z = A = \overline{B}$ kann durch die Installation von zwei 3/2-Wegeventilen (siehe Bild 40), oder durch ein 5/2-Wegeventil (siehe Bild 42), beziehungsweise durch ein 4/2-Wegeventil realisiert werden.

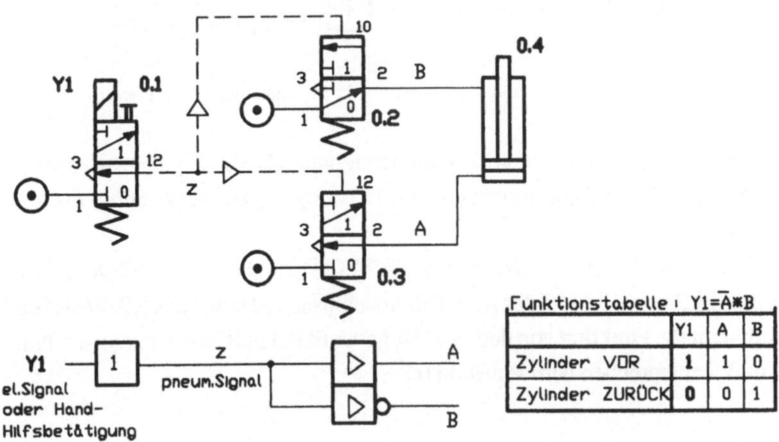

Funktionstabelle : Y1=A̅*B	Y1	A	B
Zylinder VOR	1	1	0
Zylinder ZURÜCK	0	0	1

Bild 40 Komplementärsignale durch zwei 3/2-Wegeventile

Beide Ventilarten sind seitens des Logiginhalts gleichwertig. Das 5/2-Wegeventil wird jedoch häufiger eingesetzt, da die Abluft bei Vor- und Rücklauf getrennt gedrosselt werden kann.

In Bild 40 wird ein elektrisches Signal (Y1) in dem monostabilen 3/2-Wegeventil 0.1 in ein identisches pneumatisches _Steuersignal_ Z (14) umgewandelt. Das Signal Z steuert gleichzeitig den Baustein 0.3 und 0.2 an. Der Baustein 0.3 ist als "Ja-Ventil" (Identität) und der Baustein 0.2 als "Nicht-Ventil" (Negation) geschaltet (siehe Tafel 21.1). Dadurch nehmen die Leistungsausgangssignale A_2 und B_2 stets einen komplementären Zustand an

$$Y_1 = z = A = \overline{B}$$

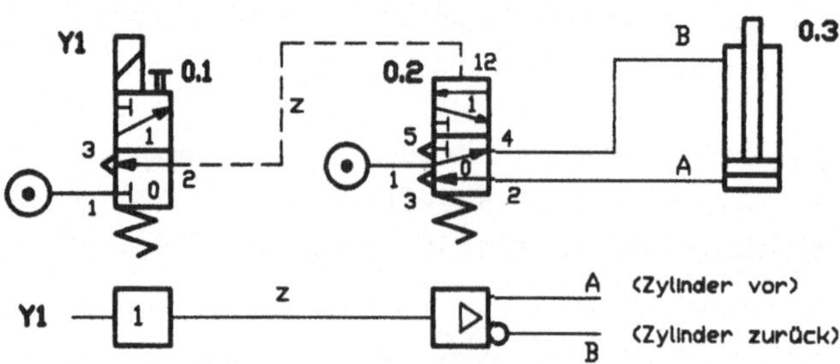

Bild 41 Komplementärsignale durch ein monostabiles 5/2-Wegeventil

Im Bild 41 wird das pneumatische Steuersignal Z (14) in dem monostabilen 5/2-Wegeventil 0.2 in die komplementären Leistungssignale A (2) und b (4) umgewandelt.

In dem monostabilen 5/2-Wegeventil (Bild 41) sind die beiden 3/2-Wegeventile 0.2 und 0.3 von Bild 40 integriert. Die Anschlüsse 1, 2 und 3 des 5/2-Wegeventils enthalten die Funktion von dem 3/2-Wegeventil 0.3 in Bild 40, die Anschlüsse 1, 4 und 5 entsprechen dem Baustein 0.2.

3.1.1.1.3 "Negatives" pneumatisches Steuersystem

Dieses System wird von den Herstellern kaum noch als ganzes Sytem angeboten, da es bei Rohrbruch ein 1-Signal abgibt und außerdem bei 1-Signal einen dauernden Luftverbrauch aufweist.

Bei kompakten Geräten, wie zum Beispiel Vorschubeinheiten wird das "Negativ-System" vereinzelt noch angeboten.

Dabei bedeutet:

1= Steuersignalleitung mit der Atmosphäre verbunden.
   (Signaldruck gegen Null bar)
0 = Steuersignalleitung steht unter Druck (Signaldruck = Nenndurck)

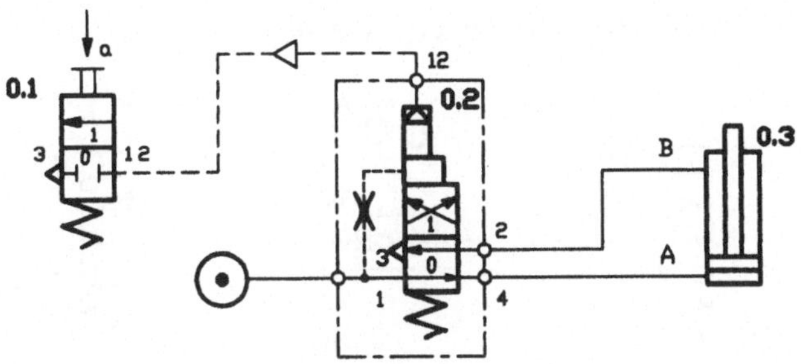

Bild 42 Pneumatisches "Negativ-Steuer-System"

Die Signalnegierung gilt nur für die Steuersignale. Für die Leistungssignale gilt
wie bei dem positiven System: 1 = Druck
                                  0 = Entlüftet.

In Bild 41 wird der vorgesteuerte Steuerkolben des 4/2-Wegeventils 0.2 über die
Drossel D1 mit dem Hilfsteuerdruck 81 beaufschlagt. Damit wird das Ventil
gegen die Feder in die Grundstellung 0 gedrückt.
Der Ausgang B wird mit Druck beaufschalgt und der Ausgang A entlüftet.

Wird das Steuerventil 0.1 mechanisch betätigt (a=1), so wird die Steuerleitung Z
entlüftet (Z=1), die Feder drückt jetzt den Baustein 0.2 in die Stellung 1 und belegt
den Ausgang A mit Druck, gleichzeitig wird der Ausgang B entlüftet solange das
Ventil 0.1 betätigt ist. Über die Drossel D1 fließt während dieser Zeit ständig ein
geringer Luftvolumenstrom der über den Ausgang 3 im Baustein 0.1 druucklos in
die Atmosphäre abströmen kann.

3.3.1.2 Pneumatische Verknüpfungsglieder DIN-ISO 1219

3.1.1.2.1 Realisierung der ODER-Funktionen

Die Realisierung der ODER-Funktionen muß in jedem Fall nach dem in Bild 43 dargestellten "Doppelrückschlagventil", oder nach der in Tafel 21.1 - Möglichkeit II - aufgezeigten Kolbenventilschaltung ausgeführt werden.

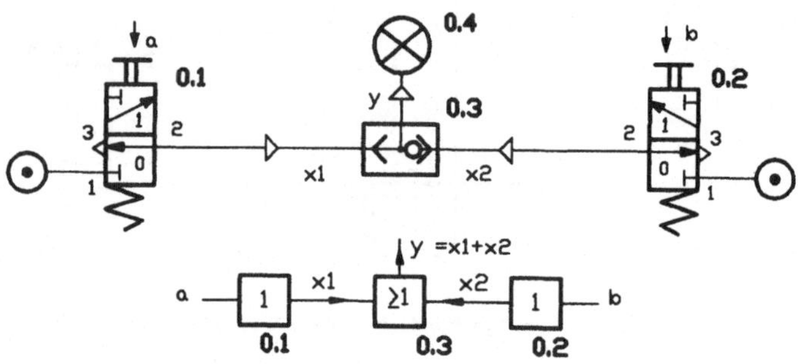

Bild 43 Schaltzeichen für die ODER-Funktion

Das einfache Verknüpfen der Leitung, wie es in der Elektrotechnik möglich ist, würde zu Fehlentlüftungen führen und ist daher in der Pneumatik nocht möglich. Bei diesem Schaltzeichen (siehe Bild 42) entspricht der Kreis in der Mitte des Rechtecks einer frei beweglichen Kugel, die jeweils an den Signaleingängen x_1 und x_2 einen konischen Dichtsitz hat.

Wird das ODER-Bauteil in Bild 43 an dem Steuereingang x1 durch Betätigung von Bauteil 0.2 mit Druck beaufschlagt und ist gleichzeitig die Steuerleitung x_2 über Bauteil 0.3 entlüftet, so wird die Kugel durch den Luftdruck der Steuerleitung x1 in den konischen Dichsitz des entlüfteten Einganges x2 gedrückt. Ein Entweichen der Steuerluft über x2 ist dadurch ausgeschlossen und der Weg des Steuerdruckes von x1 nach y freigegeben.

Ist weder Bauteil 0.2 noch 0.3 betätigt, dann sind beide Steuerleitungen (x1, x2) entlüftet. Die Kugel kann nur eine Seite abdichten, so daß die Entlüftung der Ausgangsleitung y in jedem Fall über eines der beiden 2-Wegeventile (0.2, 0.3) erfolgen kann.

3.1.1.2.2 Die Realisierung der „UND-Funktionen"

kann in der Pneumatik durch Hintereinanderschalten von zwei 3/2-Wegeventile, durch Spezialisierung eines 2/2-Wegeventiles (Tafel 21.1 Möglichkeit II) oder durch das spezialisierte Symbol Bild 44 (Tafel 21.1 Möglichkeit I) dargestellt werden.

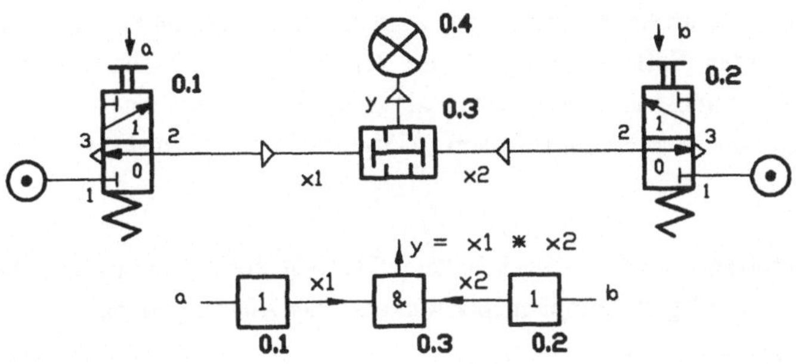

Bild 44 Schaltzeichen für UND-Funktion

Bei dem UND-Schaltzeichen in Bild 44 muß man sich den inneren Teil als beweglichen Schieber vorstellen - wird das UND-Bauteil nur durch das Eingangs-Signal $x_1 = 1$ beaufschlagt, so geht der Schieber nach rechts und dichtet damit die Verbindung $x_1 \longrightarrow y$ ab. Die Entlüftung von y ist über x_2 durch Bauteil 0.3 gewährleistet, das Ausgangs-Signal bleibt somit $y = 0$. Nimmt jetzt das zweite Eingangssignal x_2 durch Betätigung von Bauteil 0.2 ebenfalls den Wert „1" an, so ist der Weg im UND-Ventil von $x_2 \longrightarrow y$ für den Druckaufbau frei, das Ausgangssignal wird $y = 1$.

In den Tafeln 21.1 und 21.2 ist die Realisierung der logischen Elementar- und Grundfunktionen mit Schaltzeichen nach DIN-ISO 1219 im Vergleich zu den Logiksymbolen DIN 40 900 dargestellt. Für jede Funktion werden zwei Ausführungsmöglichkeiten (I, II) ausgezeigt, wobei damit für die meisten Funktionen die Variationsmöglichkeiten bei weitem nicht erschöpft sind.

In den Tafeln 21 sind die Ausgangssignale mit „A" oder „B" gekennzeichnet, wenn sie sich als Leistungssignale zur Betätigung von Stellgliedern eignen. Die mit „y" gekennzeichneten Ausgangssignale können nur als Steuersignale eingesetzt werden. Soll ein „y-Signal" zur Betätigung eines Stellgliedes verwendet werden, so muß mit diesem „y-Signal" eine Identität zur Signalverstärkung ($x =$ A) angesteuert werden, um mit dem „A-Signal" die geforderte Leistung realisieren zu können.

Setzt man anstelle der nachgeschalteten Identität eine Negation ein, so kann man für die jeweiligen Komplementärfunktion das Ausgangssignal als Leistungssignal A verwenden.

3.1.1.3 Druck- und Stromventile nach DIN-ISO 1219

Zum Aufbau pneumatischer Anlagen sind in vielen Fällen außer steuerungstechnischen Aufgaben auch regeltechnische Vorgängen zu realisieren. Bei relativ geringem Bauaufwand lassen sich dabei Druck- und Mengenregelungen durch Selbst- oder Fremdsteuerung ausführen.

3.1.1.3.1 Druckventile

Um Druckregelvorgänge auszuführen, sind pneumatische Ventile mit zwei Endstellungen und beliebig vielen Zwischenstellungen notwendig (stetig verstellbare Ventile).

Die Darstellung dieser Bauteile erfolgt durch ein Quadrat mit den Eingangs-, Ausgangs- und Steueranschlüssen. Den in das Quadrat eingezeichneten Pfeil muß man sich beweglich wie einen Ventil-Steuerkolben vorstellen, der durch Luft-

- 87 -

druck, Federkraft oder mechanische Einwirkung zwischen seinen beiden
Endstellungen hin und her bewegt wird.
(Tafel 23).

Merke: Steuer- und Regelventile werden stets in druck- und stromlosem Zustand gezeichnet.

3.1.1.3.2 Stromventile (Tafel 24)

Stromventile dienen vorwiegend der Beeinflussung von Durchflußströmen. Sie
begrenzen die Durchflußmenge oder beeinflussen das Druckniveau, wodurch
beispielsweise die Bewegungsgeschwindigkeiten und Kräfte der Stellglieder
geregelt werden können (siehe Kapitel 6.1.1.3).
Mit Hilfe der Stromventile ist es außerdem möglich, bei der Signalübertragung
Zeitverzögerungen oder Signalverlängerungen zu erreichen (siehe Kapitel 3.4.2.1).

3.1.2 Übungen

Aufgabe 9:

Ein doppeltwirkender pneumatischer Zylinder bewegt sich mit Eilgangsgeschwindigkeit in Richtung seiner Endlage, solange der Taster b1 gedrückt wird. Sobald sie erreicht wird, fährt der Kolben die Endstellung mit gedämpfter Geschwindigkeit an. Wird der Taster b1 losgelassen, geht der Zylinder in seine Ausgangslage mit gedrosselter Geschwindigkeit zurück.

Die Anlage soll in einem Raum mit niedrigem Geräuschpegel betrieben werden.

Erstellen Sie den kompletten Pneumatikplan.

Lösung:

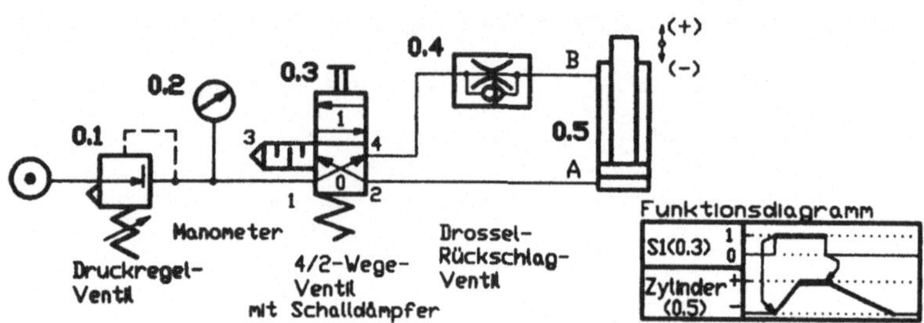

Bild 45 Pneumatischer Schaltplan

Tafel 21.1 Pneumatische Verknüpfungsglieder nach DIN-ISO 1219

Funktion	Schalt-Zeichen DIN 40 900	Pneum. Schaltzeichen DIN-ISO 1219 (Ausgangs-Signal passiv=y, aktiv=A,B)	
		Möglichkeit I.	Möglichkeit II.
Identität $x = A$		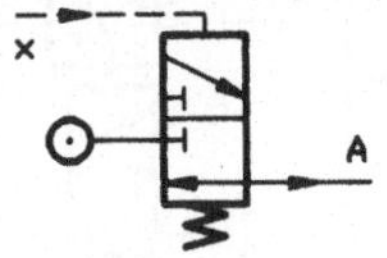	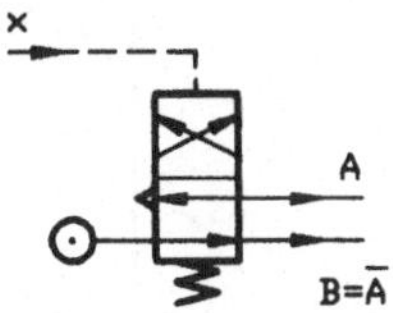
Negation $x = \overline{A}$	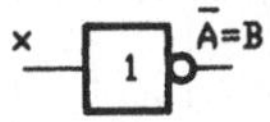	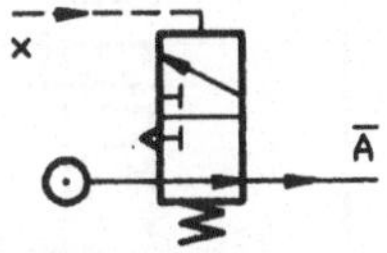	
Konjunktion $x_1 \cdot x_2 = y$	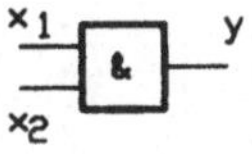	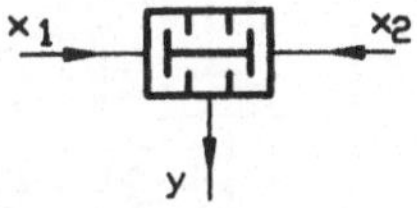	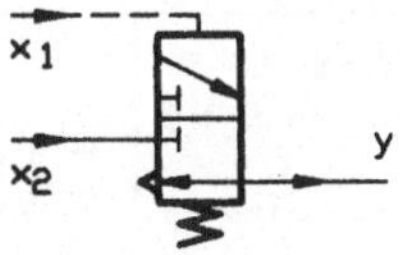
Disjunktion $x_1 + x_2 = y$	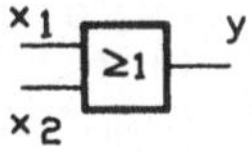	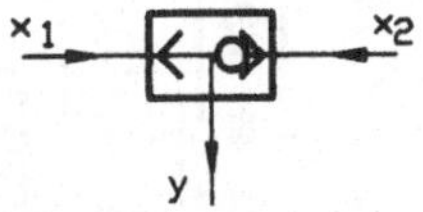	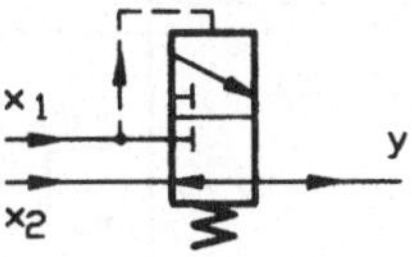
Inhibition $\overline{x}_1 \cdot x_2 = y$	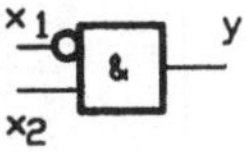	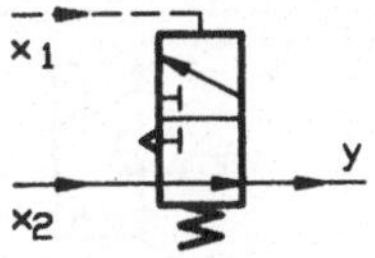	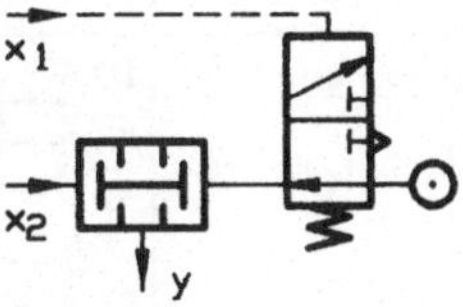
Implikation $x_1 + \overline{x}_2 = y$	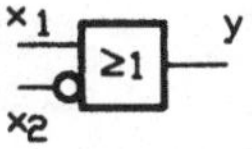	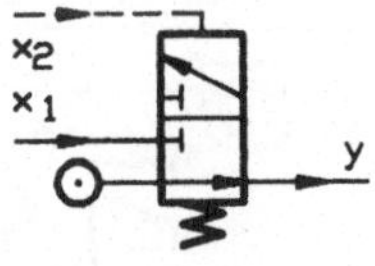	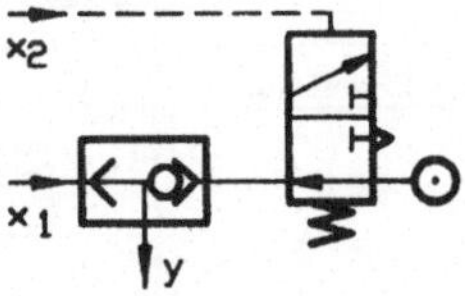

Tafel 21.2 Pneumatische Verknüpfungsglieder nach DIN-ISO 1219

Funktion	Schalt-Zeichen DIN 40 900	Pneum. Schaltzeichen DIN-ISO 1219 (Ausgangs-Signal passiv=y, aktiv=A,B)	
		Möglichkeit I.	Möglichkeit II.
NOR-Funktion I. $\overline{x_1 + x_2} = A$ II. $\overline{x}_1 \cdot \overline{x}_2 = A$	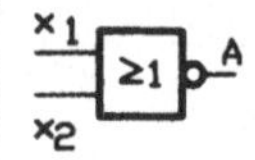 ≥ 1	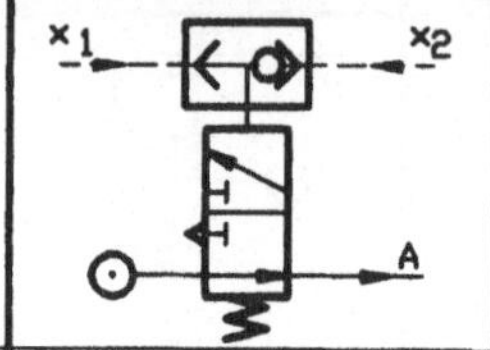	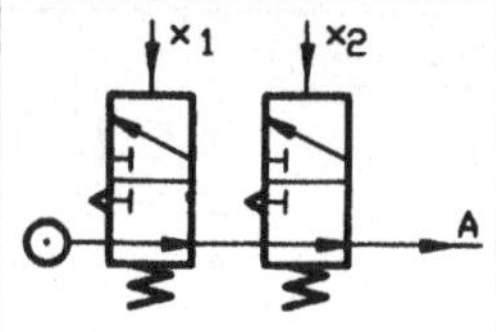
NAND-Funktion I. II. $\overline{x}_1 \cdot \overline{x}_2 = A$	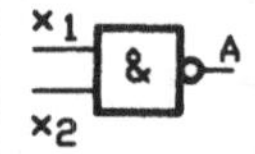 $\&$	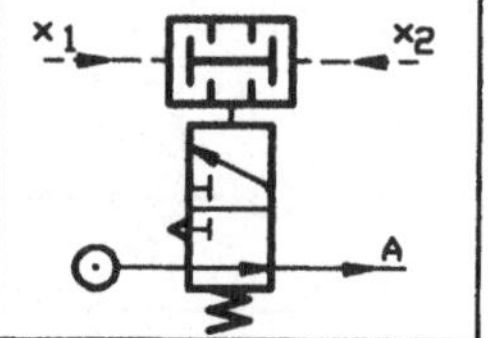	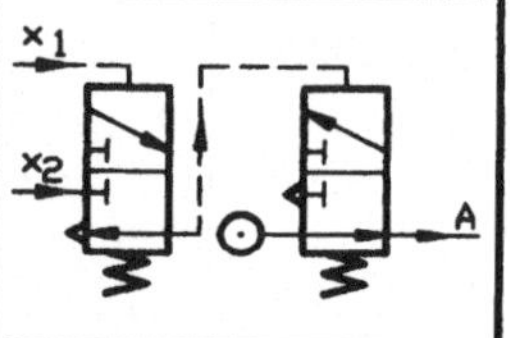
Äquivalenz $x_1 \cdot x_2 + \overline{x}_1 \cdot \overline{x}_2 = y$ I. $x_1 \cdot x_2 + \overline{x_1 + x_2} = y$ II. $(x_1 + \overline{x}_2) \cdot (\overline{x}_1 + x_2) = y$	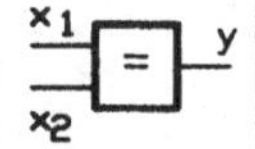 $=$	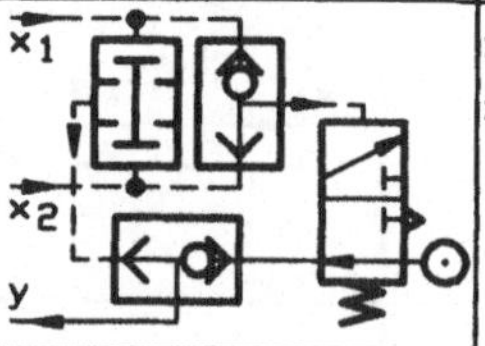	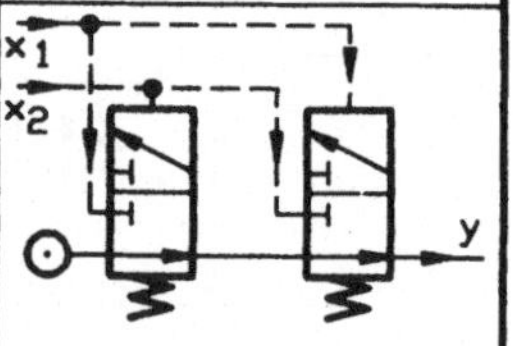
Antivalenz II. $\overline{x}_1 \cdot x_2 + x_1 \cdot \overline{x}_2 = y$ I. $(x_1 + x_2) \cdot \overline{x_1 \cdot x_2} = y$	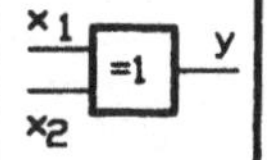 $=1$	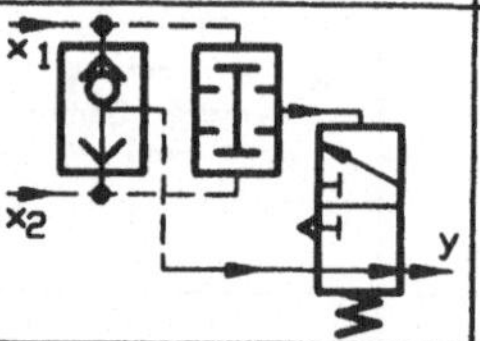	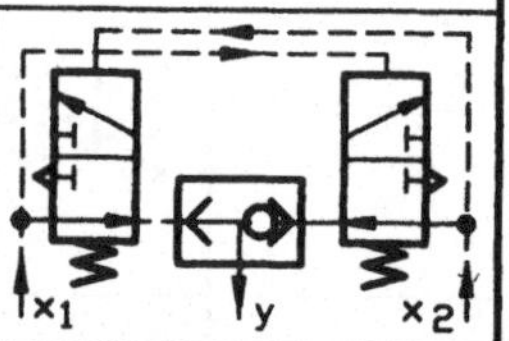
Speicher Siehe Tafel 13-6	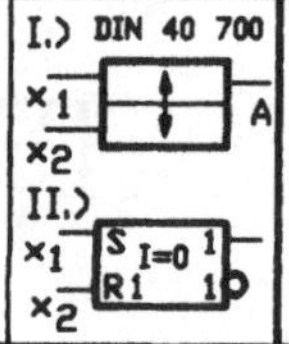 I.) DIN 40 700 II.) $S\ I{=}0$ / $R1$	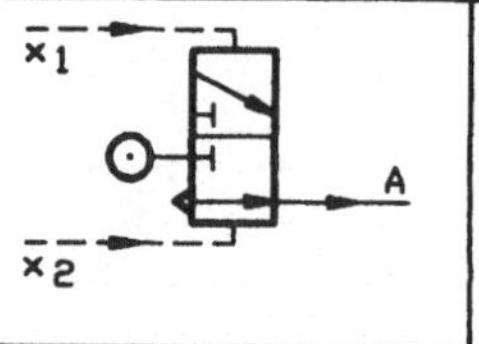	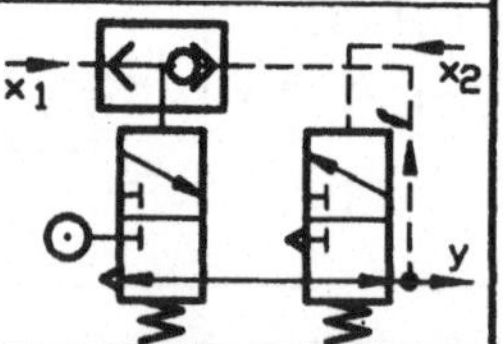
Zeitfunktion	$t_1\ 0$		

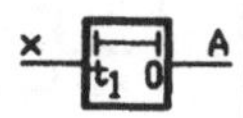

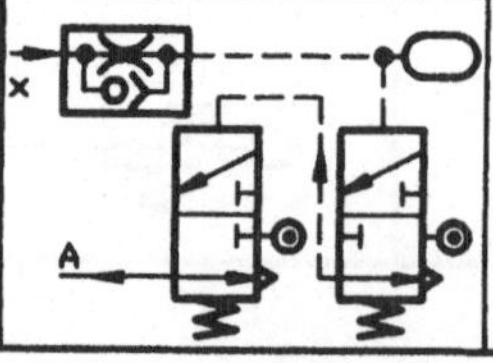

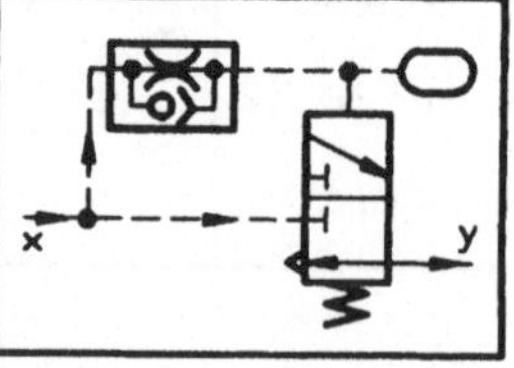

Tafel 22 Schaltzeichen von Leitungsverbindungen (DIN-ISO 1219)

Nr.	Darstellung pneumatischer Leitungen nach DIN-ISO 1219	
1	Leitung zur Energieübertragung	
2	Steuerleitungen L_1 > 10 E	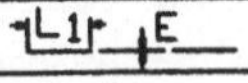
3	Entlüftungsleitungen L_2 > 5 E	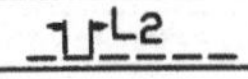
4	Stromrichtung	
5	sich kreuzende Leitungen	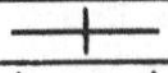
6	Leitungsverbindungen (Punkt d 5 E)	
7	elastische Verbindung	
8	Anschluß verschlossen	
9	Kupplung ohne Sperrventile	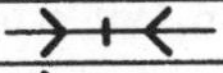
10	entkuppelte Leitung-Leitung offen	
11	Kupplung mit automat. Sperrventil m = maskuliner Kupplungsteil f = femininer Kupplungsteil	

Tafel 23.1 Grundform der Druckventile nach DIN-ISO 1219

1	in Ruhestellung Durchfluß geschlossen	
2	in Ruhestellung Durchfluß offen	
3	in Ruhestellung geschlossen jedoch 2 Zuflußmöglichkeiten	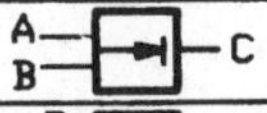
4	in Ruhestellung offen mit Rückstromanschluß der Verbraucherseite	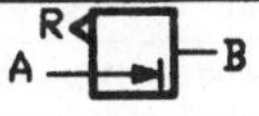

Tafel 23.2 Beispiele für Druckventile nach DIN-ISO 1219

5	Druckbegrenzungsventil Begrenzt den Druck am Eingang A durch Öffnen des Ausgangs R, gegen die Federkraft.	
6	Druckminderventil (Druckregelventil) Ausgangsdruck B wird konstant gehalten solange Druck A >Druck B ist. Druckanstieg auf Seite B wird über R ausgeglichen.	
7	Druckgefälleventil Ausgangsdruck B wird um einen festen Betrag (Δp) gegenüber dem Eingangsdruck vermindert.	

Tafel 24 Stromventile nach DIN-ISO 1219

1	Drossel mit konstanter Querschnittsverengung	
2	Drossel mit verstellbarer Querschnittsverengung	
3	Drossel mit Querschnittsverengung von A nach B, von B nach A freier Durchfluß	
4	Drossel wird durch Leitlineal verstellt	
5	Blende (wird vorzüglich in der Hydraulik eingesetzt, da der Durchfluß von der Viskosität unabhängig ist.)	
6	Blende mit konstantem Druckgefälle (Wird vorzüglich in der Hydraulik eingesetzt)	

Tafel 25 Linearantriebe und Druckmittelwandler DIN-ISO 1219

Nr.	Benennung	Erklärung	Schaltzeichen
1.	Zylinder einfach wirkend	Rückzug durch Federkraft der Arbeitsdruck wirkt nur in einer Richtung (Vorhub).	
2.	Zylinder doppelt wirkend mit einfacher Kolbenstange	der Arbeitsdruck wirkt wahlweise in beiden Richtungen. (Vor- und Rückhub)	
3.	Doppelwirkender-Zylinder mit zweiseitiger Kolbenstange	Kolbenkraft und Geschwindigkeit ist in beiden Bewegungsrichtungen gleich.	
4.	Zylinder mit einfacher Endlagendämpfung	die Dämpfung wirkt nur in einer Richtung – ist nicht einstellbar.	
5.	Zylinder mit doppelter, einstellbarer Endlagendämfung	Die Dämpfung ist beim Einfahren in beide Endlagen wirksam. Die Bremswirkung ist getrennt einstellbar.	
6.	Differential-Zylinder	Kraft und Geschwindigkeit ist ist abhängig von dem Kolben-Flächenverhältnis.	
7.	Teleskopzylinder einfachwirkend	der Arbeitsdruck wirkt nur in eine Richtung.	
8.	Teleskopzylinder doppeltwirkend	Der Arbeitsdruck wirkt wahlweise in beiden Richtungen	
8.	Druckwandler ohne Druckveränderung	Pneumatischer Druck wird in identischen hydraulischen Druck gewandelt.	Luft 2x X Y Öl 4y
9.	Hydro-Pneumatischer Vorschubantrieb	Das in dem hydaulichen Schlepp-Zylinder verdrängte Öl, ermöglicht durch die Drossel eine gleich-mäßige Vorschubgeschwindigkeit	y 2x 4x
10.	Druckübersetzer (Luft-Öl)	Einrichtung, die den Druck X in den Druck Y umwandelt. mit Druckmediumswechsel	Öl Luft Leck-Öl
11.	Druckübersetzer (Luft - Luft)	Einrichtung, die den Druck X in den Druck Y umwandelt.	X Y

Tafel 26 Pneumatik Zubehör DIN-ISO 1219

1.	VERDICHTER UND MOTOREN		
1.1	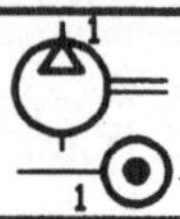 Verdichter mit konstantem Fördervolumen / Vereinfachtes Symbol: Druckquelle	1.4	 Pneumatikmotor mit einstellbarer Drehzahl
1.2	 Vakuumpumpe mit E-Motor	1.5	 Pneumatikmotor mit umkehrbarer Drehrichtung
1.3	 Pneumatikmotor	1.6	 Schwenkmotor Motor mit begrenztem Drehwinkel

2.	WARTUNGSGERÄTE UND BEHÄLTER		
2.1	 Druckbehälter	2.6	 Filter mit automatischer Entwässerung
2.2	 Speichervolumen		
2.3	 Filter	2.7	 Kühler mit Kühlflüssigkeit Zu- und Abfluss
2.4	 Wasserabscheider (manuell)	2.8	 Öler (mischt der Luft kleine Ölmengen zu)
2.5	 Wasserabscheider mit automatischer Entwässerung.	2.9	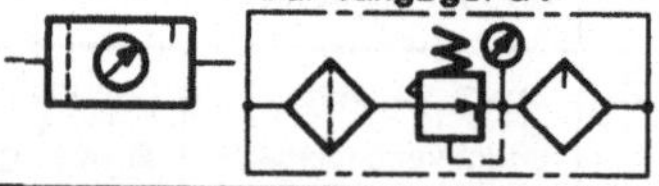 Wartungsgerät

3.	Überwachungsgeräte und Schalldämpfer		
3.1	Druckmesser	3.4	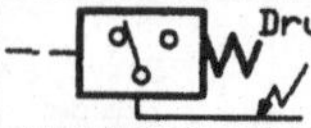 Druckschalter
3.2	Thermometer		
3.3	 Volumenstrom-Messer	3.5	 Schalldämpfer

4.	Rückschlagventile		
4.1	 Rückschlagventil mit Federkraft	4.3	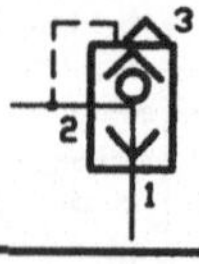 Schnellentlüftungs-Ventil.
4.2	 Rückschlagventil vorgesteuert Eingang 12 öffnet Eingang 14 schliesst		

Tafel 27 Gebräuchliche Schaltzeichen - nicht genormt

1.	2 ⊏→ 1	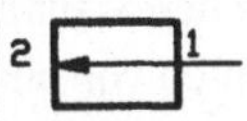 Luftschranken- Sendedüse	5.	 Staudruckgeber Signal bei Objekt- Berührung/Näherung
2.	1 ⊏→ 2	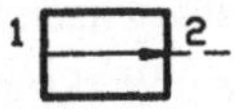 Luftschranken- Empfangsdüse	6.	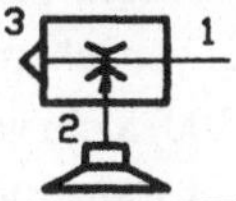 Venturidüse mit Vakuumsauger (Vakuumerzeugung)
3.	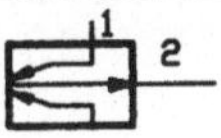	Reflexauge (Ringstrahlsensor) Signal bei Objekt- Annäherung	7.	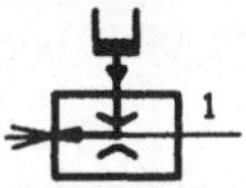 Sprühpistole
4.	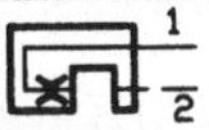	Gabelluftschranke	8.	 Signalgeber (nach DIN 40713)

3.2 Nicht genormte Schaltzeichen nach DIN 40 900

Die Darstellung pneumatischer Schaltungen mit Hilfe des logischen Signalflußplanes frei nach DIN 40 900 (siehe Tafel 28) wird seit vielen Jahren von einigen
renommierten Bauteilherstellern praktiziert. Obwohl diese Darstellungsform
sehr informativ und gut zu verstehen ist, konnte die alte Darstellung nach DIN-
ISO 1219 (früher DIN 24 300) nicht verdrängt werden. Immer mehr Werksnomen
gehen jedoch dazu über, den Steuerungsteil der Anlagen mit Hilfe des logischen
Signalflußplanes (DIN 40 900) und den Leistungsteil nach DIN-ISO 1219
darzustellen.

Auf der Tafel 28 sind 12 Darstellungsbeispiele nach DIN 40 900 im Vergleich
zu DIN-ISO 1219 aufgezeigt.

Die Darstellung von pneumatischen Haftspeicherventilen (Tafel 28,11) weicht in
der Regel von DIN 40 900 ab, sie werden bei den meisten Firmen nach der alten
Norm DIN 40 700 ausgeführt.

Bei der Schaltplanausführung nach DIN 40 900 ist zu beachten, daß Bausteine mit
einem Entlüftungsausgang oder mit Druck-lufteinspeisung entsprechend gekennzeichnet werden. In Beispiel 3 auf der Tafel 28 ist ein „UND"-Baustein ohne
eigenen Entlüftungsausgang beschrieben und in Beispiel 9 ein Bauteil mit
eigener Entlüftung (Anschluß „3").

Tafel 28 Nicht genormte Pneumatikschaltzeichen nach DIN-ISO 1219

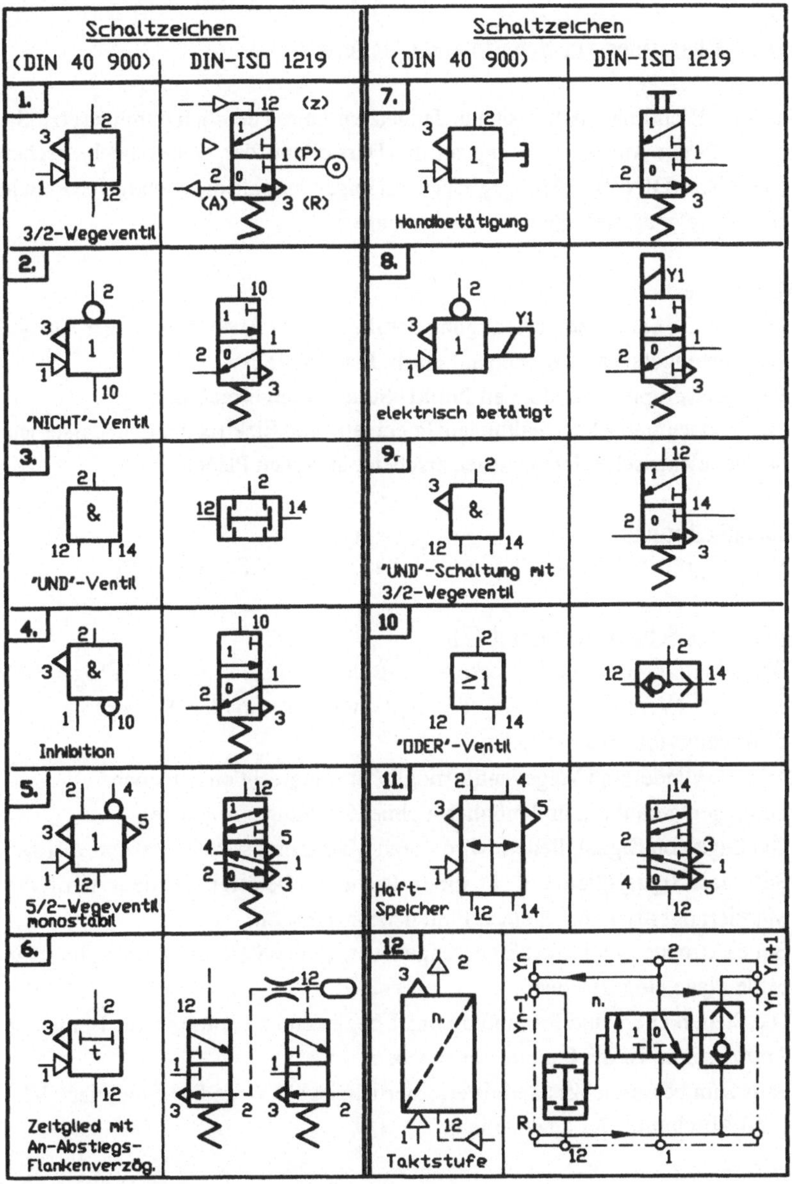

Schaltzeichen		Schaltzeichen	
(DIN 40 900)	DIN-ISO 1219	(DIN 40 900)	DIN-ISO 1219
1. 3/2-Wegeventil		**7.** Handbetätigung	
2. 'NICHT'-Ventil		**8.** elektrisch betätigt	
3. 'UND'-Ventil		**9.** 'UND'-Schaltung mit 3/2-Wegeventil	
4. Inhibition		**10** 'ODER'-Ventil	
5. 5/2-Wegeventil monostabil		**11.** Haft-Speicher	
6. Zeitglied mit An-Abstiegs-Flankenverzög.		**12** Taktstufe	

3.3 Schaltpläne nach VDI 3226

3.3.1 Richtlinien zur Schaltplandarstellung

Die VDI-Richtlinien haben sich in den letzten Jahren deutlich durchgesetzt. Sie sind in ihrem Aufbau sehr eng an die Darstellung der elektromechanischen Schaltpläne (DIN 40 713) angeglichen. Im folgenden sind die wichtigsten Regeln zur Schaltplandarstellung kurz zusammengefaßt.

Allgemeines:
- Darstellung ohne Berücksichtigung der räumlichen Anordnung in der Anlage.
- Zusammengehörige Gruppen auf einem Plan darstellen.
- Funktionsgruppen mit dünnen **Punkt-/Strichlinien** umrahmen.
- Elektropneumatische Schaltungen: Pneumatik und Elektrik getrennt darstellen, nur der elektrische Geräteantrieb erscheint in beiden Plänen.

Schaltplanformat:
- Vorzugsgröße: Höhe = 297 mm (A4); Länge $_{max}$ = 1189 mm (A0).

Aufbau des Schaltplanes (Bild 47):
- Steuerkette in einzelne Steuerketten entsprechend dem logi-schen Signalfluß aufteilen (Vergleich: Strompfad) und möglichst in der Reihenfolge des Bewegungsablaufes darstellen.
- Arbeitszylinder und Wegeventile möglichst waagrecht einzeichnen.
- Leitungen geradlinig und möglichst ohne Kreuzung einzeichnen.
- Die Lage von Signalgliedern wird durch Markierungsstriche gekennzeichnet. Soll das Signalglied nur in einer Richtung betätigt werden, wird der Markierungsstrich durch einen Pfeil gekennzeichnet. Bei elektropneumatischen Steuerungen werden die Stell- und Signalglieder in beide Pläne eingezeichnet.
- Die Steuerketten sind fortlaufend mit 1 beginnend zu numerieren. Bei jedem Antriebsglied ist die Funktion anzugeben.
- Falls zum besseren Verständnis erforderlich, ist ein Wegediagramm nach VDI 3260 Abschnitt 5.2.1 zu erstellen.

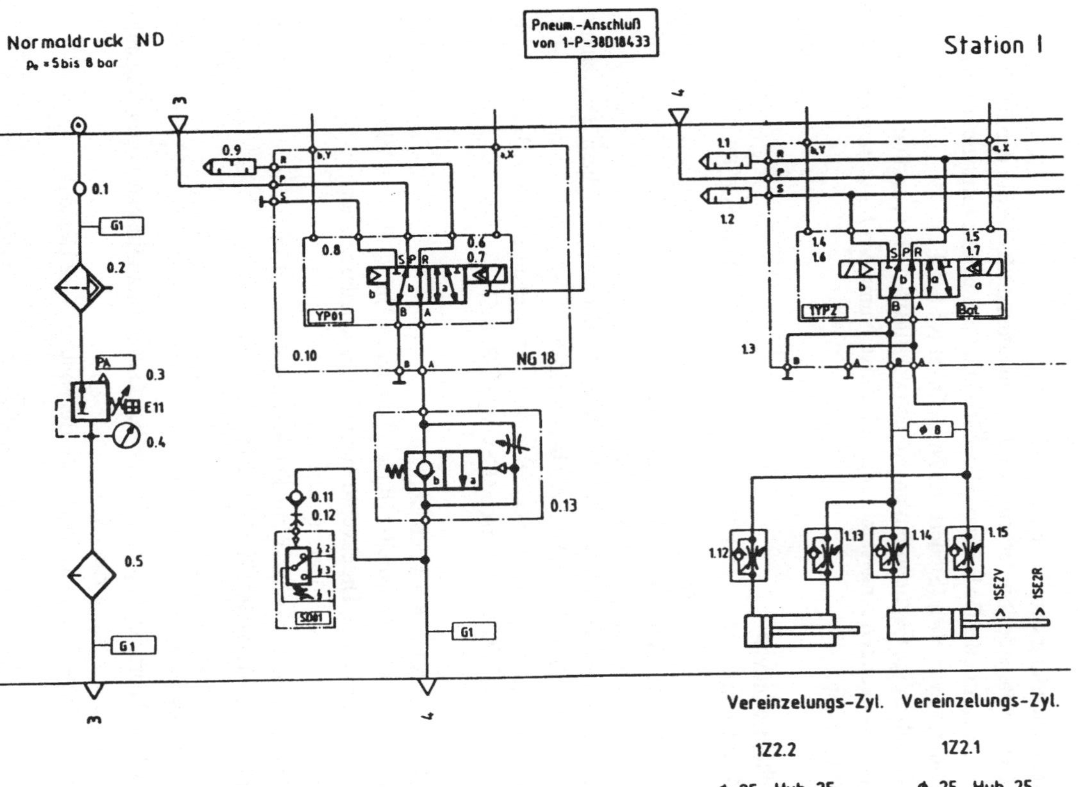

Bild 46 Anwendungsbeispiel für den Schaltplanaufbau nach VDI 3226
nach Werksnorm Fa. VW/Audi

Kennzeichnung der Geräte:
- Die Geräte jeder Steuerkette werden von unten nach oben in der Energiefluß-
richtung mit der Ordnungszahl der Steuerkette und einer fortlaufenden Geräte-
nummer versehen (Steuerkette Nr. 4, Gerät Nr. 5 : 4.5)
- Geradzahlige Gerätenummern werden vorzugsweise für „ausfahrende" Zylin-
derbewegungen eingesetzt; ungeradzahlige Nummern für „einfahrende" Bewegungen.

Schaltstellungen:
- Werden mit arabischen Ziffern bezeichnet. Nullstellung mit „0"

Kennzeichnung der Leitungen und Anschlüsse:
- Leitungen sollen numeriert werden.
- Leitungsanschlüsse sollen mit der an den Geräten angebrachten Bezeichnung
oder nach ISO 5599 gekennzeichnet werden.
- Anschlußgewinde nach ISO 228 bezeichnen (Kegelgewinde z.B. R1/4; Rohr-
gewinde z.B. G1/8; metrische Gewinde z.B. M5)

Technische Angabe bei den Geräten:
- Abmessungen der Arbeitszylinder: Durchm. x Hub (z.B. 40 x 100)
- Einstelldrucke an Druckventilen und Druckschaltern in bar.
- Zeitwerte von Verzögerungselementen in Sekunden.
- Außendurchmesser und Wanddicken von Rohren und Schläuchen: Außendurch-
messer x Wandstärke (z.B. 10 x 1).

Geräteliste:
- Alle auf dem Schaltplan dargestellten Geräte sind mindestens mit folgenden
Angaben zusammenzufassen:
Fortlaufende Nummer; Stückzahl; Benennung; Typ; Hersteller.

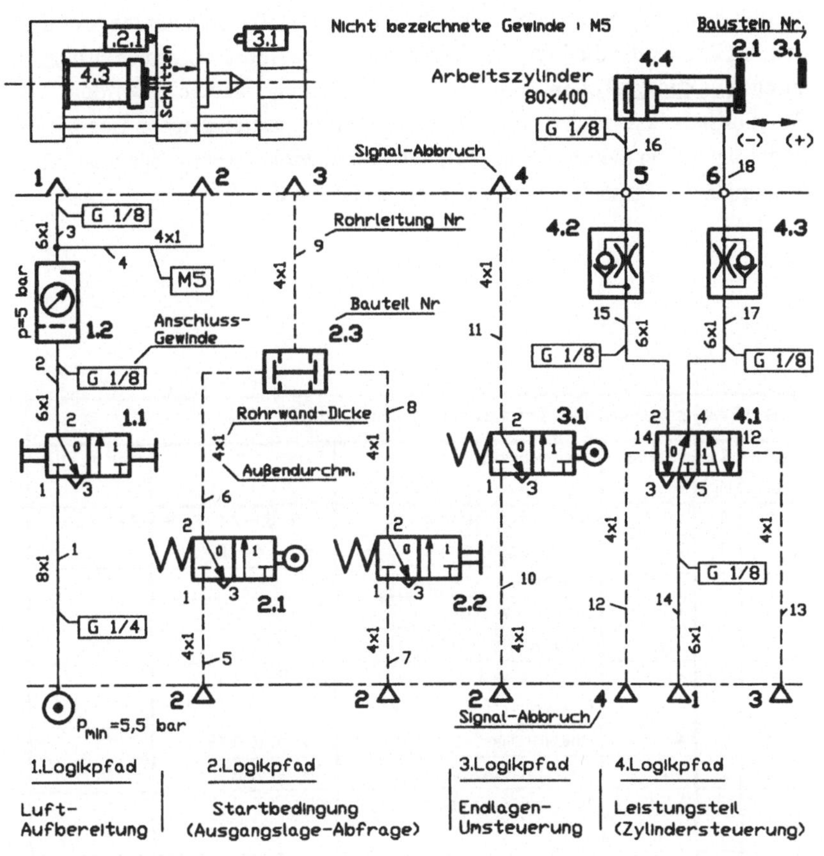

Bild 47   Schaltplandarstellung nach VDI 3226
- Bezeichnungen nach ISO 5599 -

Der in Bild 47 dargestellte Schaltplan entspricht weitgehend den Richtlinien nach VDI 3226.

So weit es für das Verständnis der Schaltung notwendig ist, kann die jeweilige Ventilfunktion oder die logische Vergatterung eines Abbruchsignales <u>zusätzlich</u> durch <u>Funktionstabellen</u> (Kapitel 2.3.2.5) deutlich gemacht werden. Die Funktionstabellen werden unterhalb der jeweiligen pneumatischen Logikpfade eingetragen. Von dieser Möglichkeit muß vor allem bei elektro-pneumatischen Schaltplänen Gebrauch gemacht werden (sieheBild 81)

Geräteliste (ohne Installationsmaterial)					
Lfd. Nr.	St. Nr.	Bauteil Nr.	Bennenung	Typ	Hersteller
1	1	1.2	Wartungsgerät	FCR S-1/4-S-B	Festo
2	1	1.1	Handhebelventil	H-3-1/4-B	"
3	2	2.1/3.1	Rollenhebelventil	R-3-M5	"
4	1	2.2	Grundventil	SV-3M-5	"
5	1	2.2	Drucktaster	T-22 S	"
6	1	2.3	UND- Glied (Zweidruck- Ventil)	ZK-PK3	"
7	1	4.1	Pneumatik- Impulsventil	CJ-5/2-1/8	"
8	1	4.1	Anschlussplatte	CA S-1/8	"
9	2	4.2/4.3	Drosselrückschlag- ventil	GR-1/8	"
10	1	4.4	Doppelwirkender Zylinder mit Endlagendämpfung	DC80 400-PPV	"
11	1	4.4	Flanschbefestigung hinten	FC100	"

Bild 48 Geräteliste zu der Schaltung in Bild 47

3.3.2 Anwendungsbeispiel für nicht genormte pneumatische Schaltzeichen

Die auf der Tafel 28 aufgezeigten Beispiele für nicht genormte pneumatische Schaltzeichen werden in der Regel <u>nur zur Darstellung der logischen Verknüpfung</u> von Steuersignalen verwendet. Das Beispiel in Bild 49 entspricht in seiner Aussage dem Schaltplan in Bild 47.

<u>Regel- und Leistungselemente</u> werden bei vielen Anwendern nach DIN-ISO 1219 gezeichnet. Bei umfangreicheren Schaltplänen ist es sinnvoll, den Logik- und den Leistungsteil auf getrennten Schaltplänen darzustellen. Die Beziehung zwischen den Schaltplänen wird durch die numerische Bezeichnung der Signalabbruchstellen (Signalausgang und Signaleingang der Logikpfade) hergestellt.

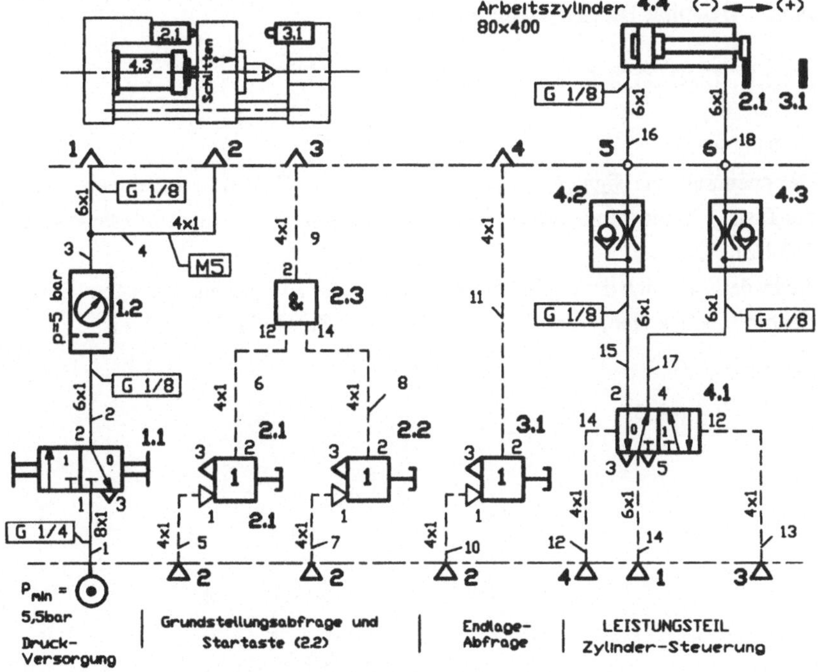

Bild 49 Anwendungsbeispiel für den Schaltplanaufbau VDI 3226
mit nicht genormten Schaltzeichen nach Tafel 28

3.4 Pneumatische Lösungsbeispiele für häufig wiederkehrende Steuerungsaufgaben

3.4.1 Kombinatorische Steuerungen

Kombinatorische Steuerungen realisieren mit Hilfe pneumatischer Bauelemente den in Kapitel 23.2 beschriebenen logischen Signalfluß (siehe Tafeln 21). Es werden verschiedene "Eingangssignale" zu einem "Ausgangssignal" verknüpft. Das logische Ausgangssignal kann zu weiteren Steuerungsaufgaben verwendet werden oder ein Verstärkerelement ansteuern und so indirekt ein Stellglied (z.B. Zylinder oder Motor) mit Arbeitsenergie versorgen.

3.4.2 Beispiele für Grundsteuerungen

3.4.2.1 UND-/ODER-Verknüpfungen

Zu Bild 50:
Der pneumatische Signalgeber H1 soll nur dann den Zustand 1 annehmen, wenn der Taster 1.1 und mindestens einer der Taster 1.2 bis 1.4 betätigt sind (siehe auch Tafel 21.1).
Außerdem soll sich der einfach wirkende Zylinder Z1 vorwärts bewegen (Wirkrichtung „+"), so lange der Signalgeber H1 den Zustand H1=1 aufweist.

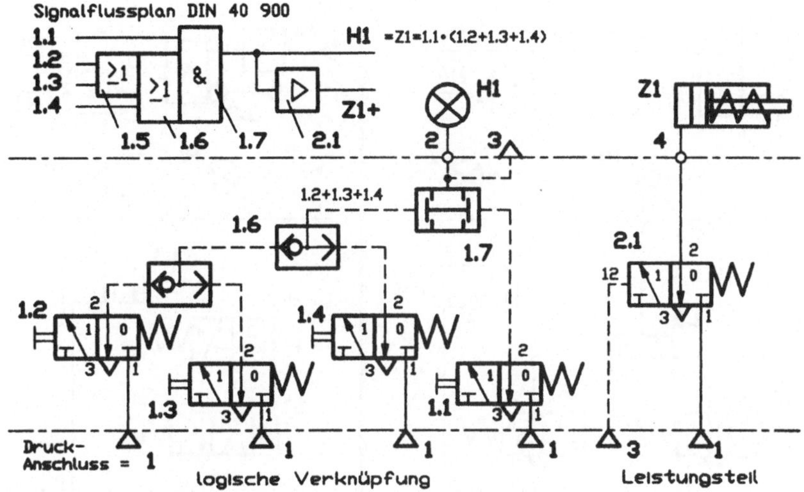

Bild 50 Pneumatische UND-/ODER-Verknüpfung mit Leistungssignal

3.4.2.2 UND-/NICHT-Verknüpfungen

<u>Funktionsbeschreibung zu Bild 51:</u>

Der pneumatische Signalgeber H1 soll den Wert H1=1 annehmen, wenn der Taster 1.1 gedrückt und der Taster 1.2 frei ist. (Siehe Tafel 21.1 - Inhibition, Möglichkeit 1 und 2). Der Signalgeber H2 soll den Wert H2=1 annahmen, wenn der Signalgeber den Zustand H1=0 aufweist.

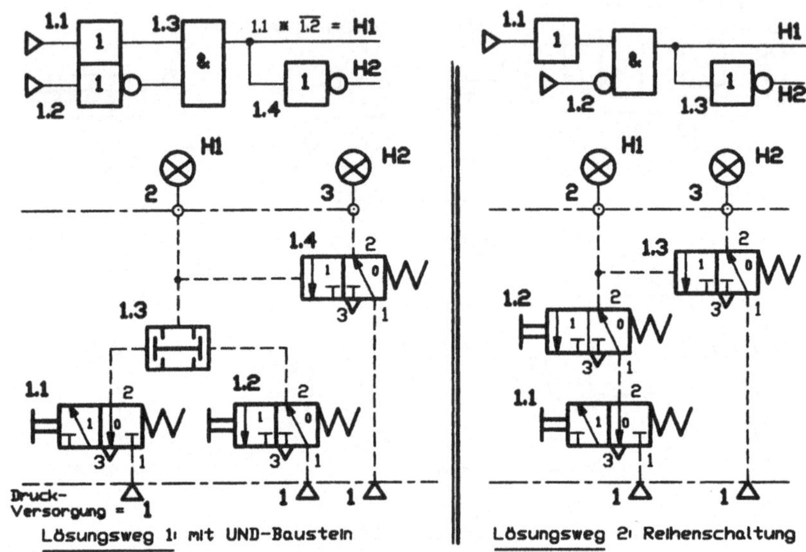

Bild 51 UND-/NICHT-Verknüpfung (INHIBITION)

Arbeitsweise der Steuerung:

Der Lösungsweg 1 verknüpft durch den „UND-Baustein" 1.3 das Ausgangssignal des Tasters 1.1 (JA-Baustein) mit dem Ausgangssignal des Tasters 1.2 (NEIN-Baustein). Diese Schaltung für das Ausgangssignal H1 entspricht dem Inhibitions-Gatter in Tafel 21.1 - Möglichkeit II. Das inhibitiv verknüpfte Ausgangssignal H1 steuert außerdem den NEIN-Baustein 1.4 über den Eingang 12 an und erzeugt das invertierte Ausgangssignal H2.

Der Lösungsweg 2 erzeugt die UND-Verknüpfung der Tastersignale durch die Hintereinanderschaltung (Reihenschaltung) der Taster 1.1 und 1.2. Die Schaltung entspricht der Möglichkeit I zur Realisierung eines „Inhibitions-Gatters" in der Tafel 21.1.

> **Merke:**
>
> 3/2-Wegeventile, die an den Anschluß "1" mit der Energieversorgung verbunden sind, werden in dem Signalflußplan nach DIN 40 900 als JA- oder NEIN-Baustein dargestellt (Baustein 1.1 und 1.4). 3/2-Wegeventile mit zwei Steueranschlüssen (Eingang 1 und 12) werden als UND- oder Inhibitions-Baustein dargestellt (Baustein 1.4). Siehe auch Tafel 28 „Nicht genormte Pneumatikschaltzeichen nach DIN 40 900/DIN ISO 1219.

In beiden Lösungswegen könnte das Ausgangssignal H2 (Abbruchstelle 3) durch entsprechende Dimensionierung des NEIN-Bausteines 1.4 als Leistungssignal ausgegeben werden.

3.4.2 Zeitschaltungen

3.4.2.1 Anstiegsflanken - Impulsformer

Funktionsbeschreibung zu Bild 52:

Das Ausgangssignal y wird identisch zu dem Eingangssignal Z ausgegeben und nach Ablauf der Zeit t1 gelöscht, wenn der Taster 1.0 länger als die Zeit t1 gedrückt wird (t1>t1). Wird der Taster 1.0 kürzer als die Zeit t1 betätigt (Tz<t1), so nimmt das Ausgangssignal y identisch zu der Eingangssignaldauer den Wert 0 an (Y=z). Siehe Zustandsdiagramm in Bild 52.

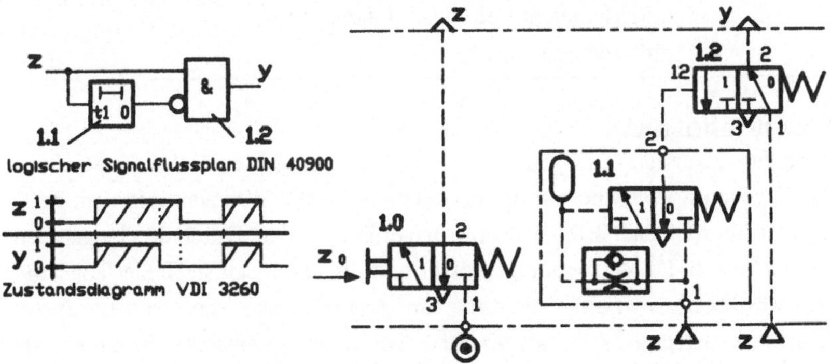

Bild 52 Anstiegsflanken-Impulsformer (DIN-ISO 1219/VDI 3226)

<u>Arbeitsweise der Steuerung</u>:

Das Steuersignal z steuert gleichzeitig den Anstiegsflankenverzögerungsbaustein 1.1 und den Inhibitionsbaustein 1.2 an. Der Weg des Eingangssignales z ist über den Baustein 1.2 frei zu dem Ausgangssignal y. In dem Baustein 1.1 ist der Durchgang für z gesperrt, bis über die Drosselstelle der Druck in dem Volumen an der Steuerseite des 3/2-Wegeventils langsam aufgebaut wird. Erreicht der Druck nach der Zeit t1 etwa 50 % des Nenndruckes, so geht das 3/2-Wegeventil in die Stellung 1 und gibt den Weg von dem Steuersignal z zu dem Steuereingang 12 des Bausteines 1.2 frei. Damit schaltet dieser Baustein auf die Stellung 1 und sperrt die Energiezufuhr zu dem Ausgang z ab (z=0).

Nimmt der Steuereingang z den Wert z=0 vor Ablauf der Zeit t1 an, so wird die Energiezufuhr für y sofort unterbrochen und über das in der Stellung 0 stehende 3/2-Wegeventil 1.2 entlüftet (y=0). Gleichzeitig wird der noch nicht vollständig aufgebaute Steuerdruck für das 3/2-Wegeventil im Baustein 1.1 über das Drosselrückschlagventil und den Baustein 1.0 entlüftet.

Durch entsprechende Dimensionierung des 3/2-Wegeventils 1.2 kann das Ausgangssignal y auch als Leistungssignal A ausgegeben werden.

Merke:

Der Entlüftungsvorgang läuft nicht unendlich schnell ab, er benötigt bei Standardbausteinen mindestens 10ms. Die Schaltdauer wird in der Regel größer

      - mit größerer Leitungslänge

      - mit kleinerem Leitungsdurchmesser

      - mit höherem Druck.

<u>Alternative Schaltung</u>:

Wenn das Ausgangssignal y nur als Steuersignal verwendet wird, könne auf das 3/2-Wegeventil verzichtet werden. Dann muß das 3/2-Wegeventil in dem Zeitgliedbaustein 1.1 als NEIN-Baustein ausgeführt werden. Durch den langsamen Druckabfall in der Verzögerungsdrossel und die daraus entstehende langsame Steuerkolbenbewegung verläuft die Abfallflanke des so erzeugten Ausgangssignales y flacher als 90 Grad. Bei Verzögerungszeiten von mehr als t=1s treten dadurch spürbare Streuungen der Verzögerungszeiten auf. Um ein sauberes, digitales Ausgangssignal zu erhalten, ist es daher empfehlenswert, in jedem Fall die aufwendigere Schaltung von Bild 52 anzuwenden.

3.4.3.2 Triggerbares monostabiles Schaltelement

Funktionsbeschreibung zu Bild 53:
Die Schaltung entspricht dem Zustandsdiagramm im Beispiel 2 der Tafel 14. Nach jeder Anstiegsflanke des Eingangssignales z nimmt das Ausgangssignal Y für die Zeit t den 1-Zustand an.

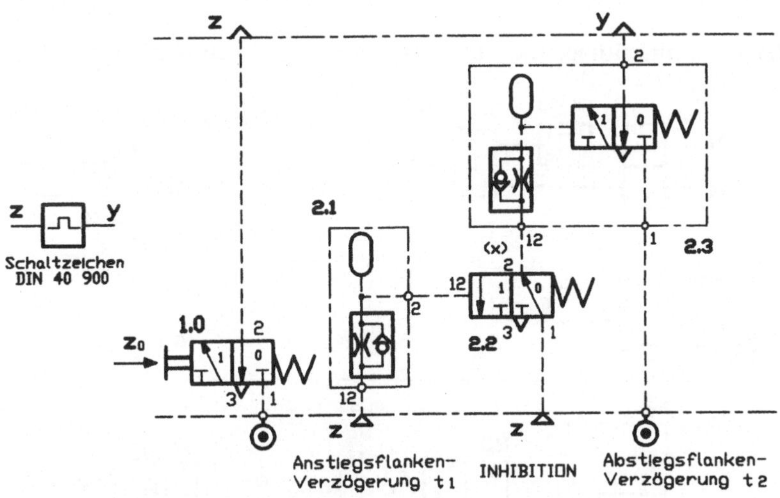

Bild 53 Monostabiles Schaltelement (triggerbar) nach
Signalflußplan aus Tafel 14.2

Arbeitsweise der Schaltung in Bild 53:
Nimmt das Signal z den 1-Zustand an, so wird sofort das Anstiegsflanken-Verzögerungsglied 2.1 angesteuert und über das 3/2-Wegeventil (Inhibition) 2.2 das 3/2-Wegeventil in dem Abstiegsflankenbaustein 2.3 auf die Stellung 1 gesetzt (Y=1).

Nach $t_1 = 0{,}25s$ läuft die Anstiegsflankenverzögerung 2.1 ab und setzt den Inhibitionsbaustein 2.2 auf die Stellung 1, - der Steuereingang 12 (Signal X) des Zeitgliedes 2.3 nimmt den 0-Zustand an. Das Ausgangssignal Y behält noch für die Zeit t_2 den 1-Zustand bei - unabhängig von der Betätigungsdauer z_0.
Geht das Signal Z während der Luafzeit t des Ausgangssignales Y auf 0- und wieder in den 1-Zustand, so läuft dem Signalwechsel von 0 auf 1 dei Zeit t erneut an.

Einschränkend für die Funktion der Steuerung gilt:
Die Signaldauer des Signales z muß länger als die Zeit $t_1 = 0{,}2s$ den 1-Zustand halten.

3.4.3.3 Laufzeitüberwachung (Anstiegsflanken-Impulsformer)

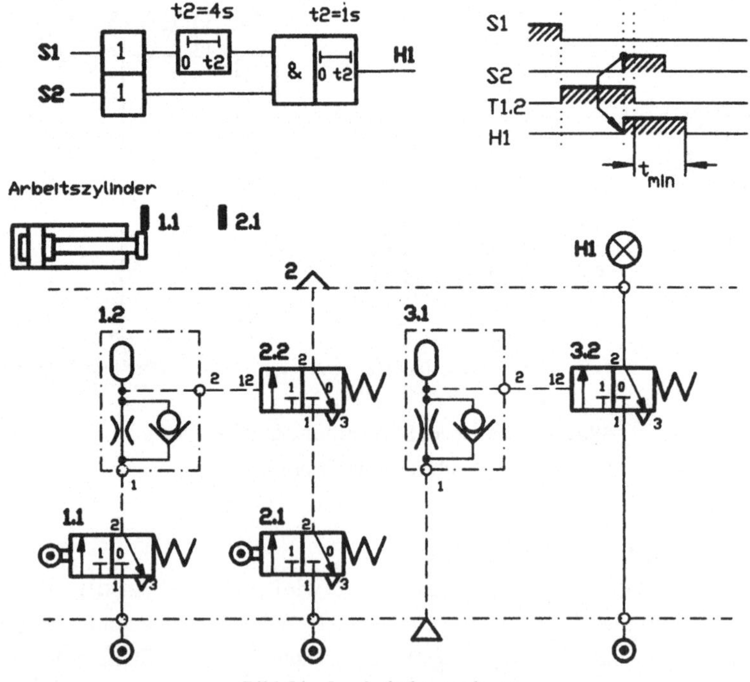

Bild 54   Laufzeitüberwachung

<u>Funktionsbeschreibung</u>: Der Zylinder muß in der Zeit $1 < 4s$ den Grenztaster S1.2 nach dem Verlassen des Grenztasters S 1.1 betätigen. Wird der Taster 1.2 innerhalb der vorgeschriebenen Zeit erreicht, so muß der Signalgeber H2 mindestens für die Zeit $t_{min} = 1s$ den Zustand $H1 = 1$ annehmen.

<u>Arbeitsweise der Steuerung:</u>

Wenn der Taster 1.1 gedrückt wird, geht das 3/2-Wegeventil 2.2 sofort in die Stellung 1. Wird der Taster 1.1 wieder gelöst (0-Stellung), so wird der Steuereingang 12 des Ventils 2.2 nur langsam über die Drossel entlüftet; das Ventil 2.2 bleibt noch für die Zeit $t = 4s$ in der Stellung 1. Wenn während dieser Zeit t der Taster 2.1 betätigt wird, so nimmt die Abbruchstelle 2 den Signalzustand 1 an und stellt über das Drosselrückschlagventil 3.1 das 3/2-Wegeventil 3.2 in die Stellung 1. Dadurch nimmt auch der Signalgeber H1 den Zustand $H1 = 1$ an. Der Signalgeber H1 behält den 1-Zustand, so lange das 3/2-Wegeventil in der Stellung 1 steht und der Taster 2.1 gedrückt ist. Ist diese Bedingung nicht mehr erfüllt, wird die Steuerleitung der Abbruchstelle 2 entlüftet. Damit wird auch der Steueranschluß 1.1 des 3/2-Wegeventils 3.2 über die Drossel des Zeitgliedes 3.1 innerhalb der Zeit $t = 1s$ entlüftet - das Ventil fällt in die 0-Stellung zurück.

3.4.4 Schaltungen mit Speicherelementen

3.4.4.1 Monostabiles Kippglied (Ampelschaltung)

Funktionsbeschreibung zu Bild 55:

Der pneumatische Signalgeber nimmt den Signalzustand H1=1 für die Zeit t=3s an, wenn das 3/2-Wegeventil (Taster 1) nicht in der Stellung 1 steht und gleichzeitig das 3/2-Wegeventil (Taster 1.2) von der Stellung 0 in die Stellung 1 gedrückt wird. Die Ausgangssignaldauer t ist unabhängig von der Betätigungsdauer des Tasters 1.1 oder 1.2. Solange der Signalgeber den Zustand H1=1 aufweist, wird das Leistungssignal A ausgegeben.

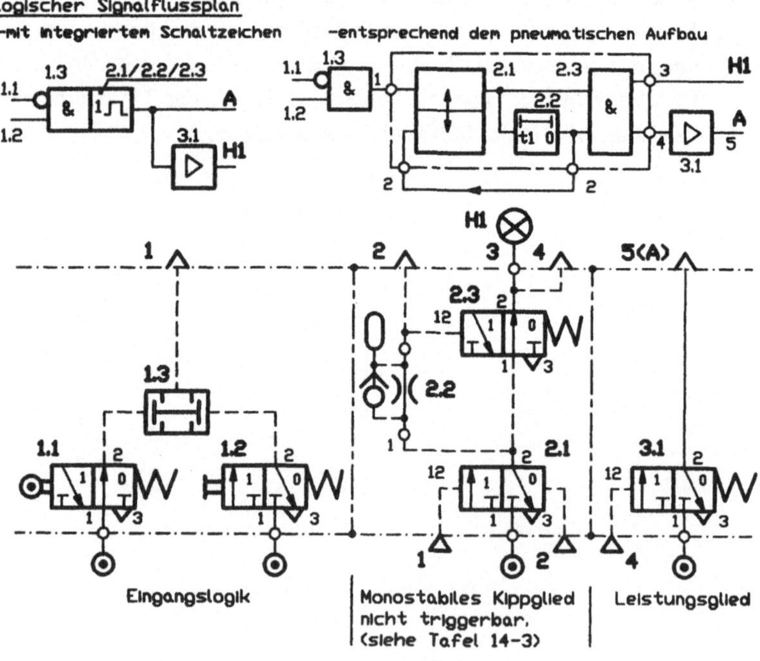

Bild 55 Schaltung mit monostabilem Kippglied

<u>Arbeitsweise der Steuerung auf Bild 55:</u>

Die Schaltung ist entsprechend dem logischen Signalgeber in Tafel 14 für das nicht triggerbare Kippglied aufgebaut. Anstelle des RS-Kippgliedes wird bei pneumatischen Schaltungen in der Regel ein Impulswegeventil (Bauteil 2.1) eingesetzt. Diese Bausteine sind Haftspeicherventile und entsprechen damit den Schaltzeichen Typ 6 in der Tafel 13. Das in dem Logikpfad 2 erzeugte Signal für den Signalgeber H1 (Abbruchstelle 3 und 4) kann nur als statisches Steuersignal verwendet werden, da sonst der Ablauf des Zeitgliedes gestört würde. In dem Baustein 3.1 wird das Steuersignal verstärkt und in das identische Leistungssignal A gewandelt.

3.4.4.2 Astabiles Kippglied (mit Startrichtimpuls)

<u>Funktionsbeschreibung zu Bild 56:</u>

So lange die Taster 1.1 und 1.2 in der Stellung 0 stehen oder beide Taster betätigt sind (Exklusiv-UND-Schaltung), nimmt der Signalgeber H1 sofort für die Zeit t_{ein}=0,8s den Signalzustand H1=0 an. Nach Ablauf der Zeit t1 geht der Signalgeber H1 für die Zeit t_{aus}=0,5s in den Zustand H1=0 (Blinklichtschaltung). Wenn die <u>Exklusiv-UND-Bedingung nicht mehr erfüllt</u> ist, bleibt das Ausgangssignal in dem 0-Zustand, oder nimmt ihn sofort an (siehe Tafel 14, Beispiel 5).

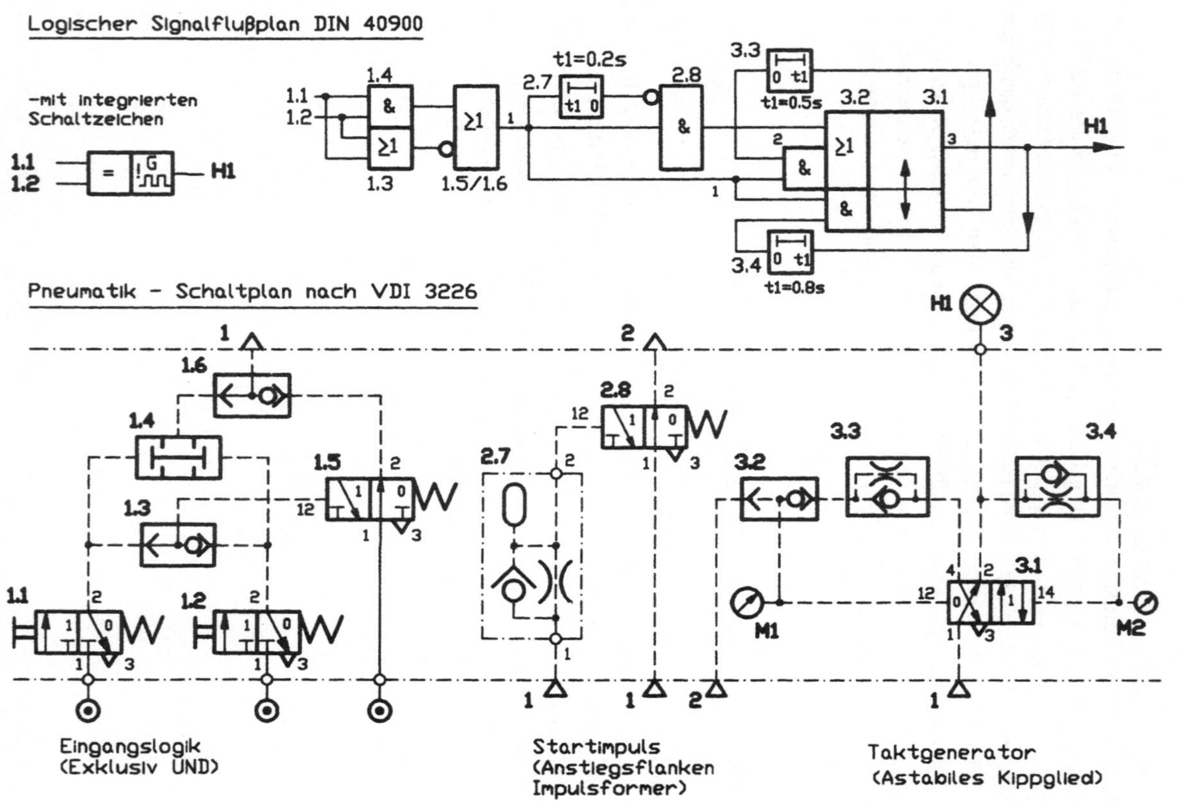

Bild 56 Schaltung mit astabilem Kippglied (mit einem Impulsspeicherventil)

<u>Arbeitsweise der Steuerung:</u>

Abweichend von dem logischen Signalflußplan in Tafel 14-5 wird in diesem Beispiel ein Speicher mit Haftverhalten (siehe Tafel 13-6) eingesetzt.

Wenn der Signalzustand das Exklusiv-UND-Signal an der Abbruchstelle 1 von dem 0- in den 1-Zustand geht, setzt der Startimpuls an der Signalabbruchstelle 1 über den ODER-Baustein 3.2 das Impulsspeicherventil (Speicherelement mit Haftverhalten) 3.1 in die Stellung 1. Dadurch nimmt der Signalgeber H1 sofort den Zustand H1=1 an. Außerdem wird das Zeitglied 3.4 angesteuert. Nach Ablauf der Zeit t_{ein}=0,8s wird das Impulsspeicherventil 3.4 in die Stellung 0 umgesteuert. Der Signalgeber H1 geht jetzt wieder in den Zustand H1=0 zurück. Gleichzeitig wird über dem Ausgang y des Speicherventils 3.1 das Zeitglied 3.3 angesteuert. Nach Ablauf der Zeit t_{aus}=0,5s wird das Speicherventil 3.1 über den ODER-Baustein 3.2 wieder in die 0-Stellung gesetzt - der Signalgeber geht wieder in den Zustand H1=1.

Das Umsteuern des Speicherventils ist nicht unkritisch, da sich das Steuersignal selbst entlüftet, in dem es den Steuerkolben umsteuert, ohne bereits den vollen Arbeitsdruck erreicht zu haben (Bild 57). Bei größeren Verzögerungszeiten (t>s) wird dadurch der Steuerkolbenring nicht voll ausgefahren. Je nach der Bauart des Speicherventils kann dadurch eine Verringerung der Durchflußmenge auftreten. Bei Kolbenventilen mit „überdeckenden" Steuerkanten (siehe Kapitel 5.1.1) kann der Taktgenerator zum Stillstand kommen.

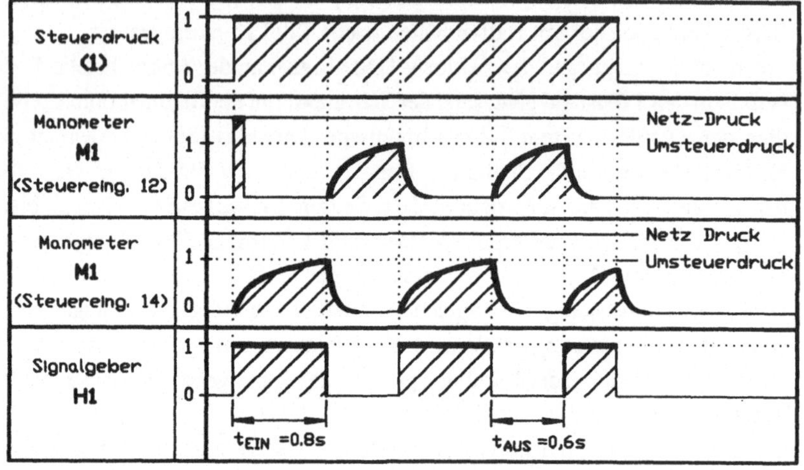

Bild 57   Steuerdruckdiagramm für astabiles Kippglied in Bild 56

Um eine korrekt digital arbeitende Schaltung aufzubauen, müssen zwei Impulsspeicherventile eingebaut werden, die sich gegenseitig voll ansteuern. Diese in
Bild 58 dargestellte Steuerung gewährleistet in allen Betriebszuständen ein
stabiles Verhalten.

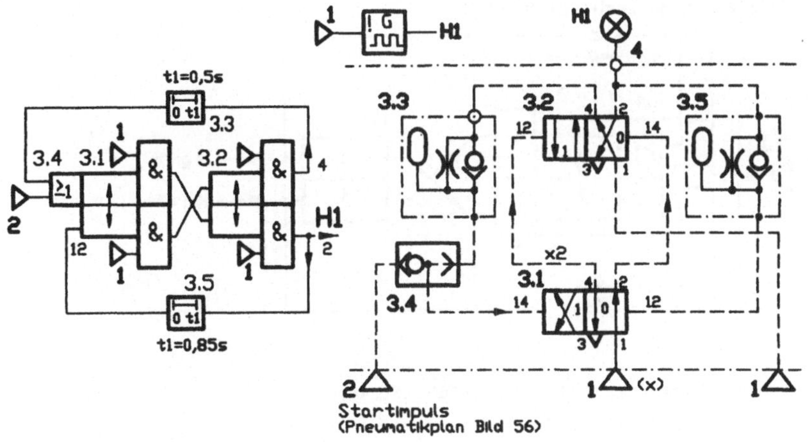

Bild 58 Astabiles Kippglied mit zwei Impulsspeicherventilen

3.4.3.3 Binärstufenschaltung (T-Kippglied)

<u>Funktionsbeschreibung zu Bild 59:</u>

Bei jedem Zustandswechsel des Tasters 1.1 von 0 auf 1 soll auch der Signalgeber $H_{grün}$ seinen Zustand wechseln. Der Signalgeber H_{rot} hat stets den Zustand $H_{rot}=1$, wenn der Signalgeber $H_{grün}=0$ ist ($H_{grün}=H_{rot}$) (Siehe Funktionsdiagramm in Tafel 14 - 1). Außerdem soll sich der doppelt wirkende Zylinder bei $H_{grün}=1$ in Richtung seiner Endlage (+) bewegen und dort bei $H_{rot}=1$ in Richtung der Ausgangsstellung (-) wirken.

Beim Einschalten der Druckluftversorgung soll der Zylinder in derselben Richtung wirken, in welcher er beim Abschalten der Energieversorgung wirkte.

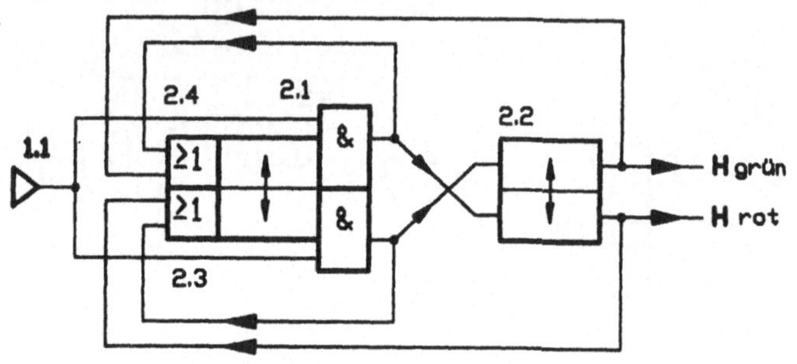

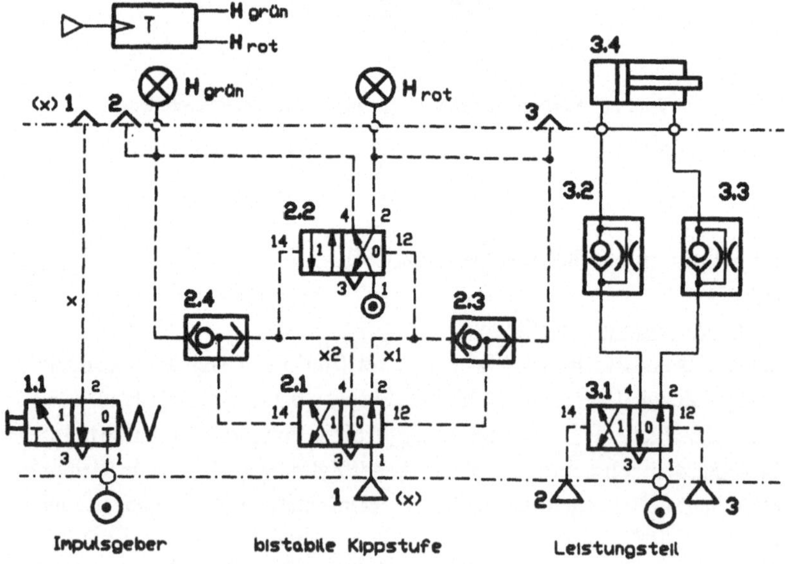

Bild 59 Schaltplan mit bistabiler Kippstufe

<u>Arbeitsweise der Binärschaltung in Bild 59:</u>

Der Binärteiler, auch Binärstufe, Dual- oder Frequenzteiler genannt, ist ein relativ häufig eingesetztes Steuerungselement für Zählschaltungen, das eingehende Steuersignalimpulse im Verhältnis 2:1 untersetzt. Die bistabile Kippstufe wird auf dem Schaltprinzip der astabilen Kippstufe aufgebaut, das heißt durch Speicherelemente mit rückgekoppeltem Signalausgang, wobei eine freie Oszillation des Systems verriegelt werden muß.

Bei der Verwendung von Speichern mit Haftverhalten (kolbengesteuerte Impulsventile) nutzt man die Eigenart des Haftverhaltens der kolbengesteuerten Wegeventile (siehe Kapitel 5.1.1). Diese Ventile bleiben, solange das „Setzsignal" noch anliegt in der gesetzten Stellung; auch dann, wenn das „Löschsignal" den Wert „1" annimmt.

Legt man die in Bild 58 dargestellte Schaltung für ein astabiles Kippglied zugrunde, so kann man die Astabilität stoppen, in dem das Vorbereitungsimpulsventil 3.1 mit seinem Ausgangssignal x_1, x_2 rückgekoppelt wird (Bild 59) und damit erst dann seine Stellung verändern kann, wenn das Eingangssignal (1) den Wert x=0 angenommen hat.

Mit x=0 nehmen auch die Signale x_1 und x_2 den Wert 0 an, wodurch die Rückkoppelung des Ausgangssignales $H_{grün}$ oder H_{rot} auf das Vorsteuerimpulsventil 2.1 wirksam werden kann und diese umgeschaltet wird. Ein neues x-Signal wird somit das Ausgangsimpulsventil 2.2 bereits durch seine Signalanstiegsflanke umsteuern. Dadurch wird die Schaltung von der <u>Impulsdauer des Eingangssignales x unabhängig.</u>

3.4.3.4 Logischer Aufbau der dualcodierten Zählschaltung

Zählschaltungen lassen sich mit allen pneumatischen Systemen aufbauen. Der Kostenaufwand ist jedoch in jedem Fall gegenüber den elektrischen Systemen relativ groß.

<u>Durch Hintereinanderschaltung von Binärstufen</u> erhält man einen <u>dualcodierten Zähler,</u> der bei n Binärstufen 2^n Signalkombinationen erzeugt. Bei einem dreistufigen System x (Bild 62) erhält man aus den Signalausgängen (y_1, y_2, y_3) durch entsprechende Verknüpfung $2^3=8$ Signalkombinationen (Bild 81).

Jedes Ausgangssignal $z_n=1$ dauert nur solange bis das nächste Eingangssignal $n_{n+1}=1$ wird.

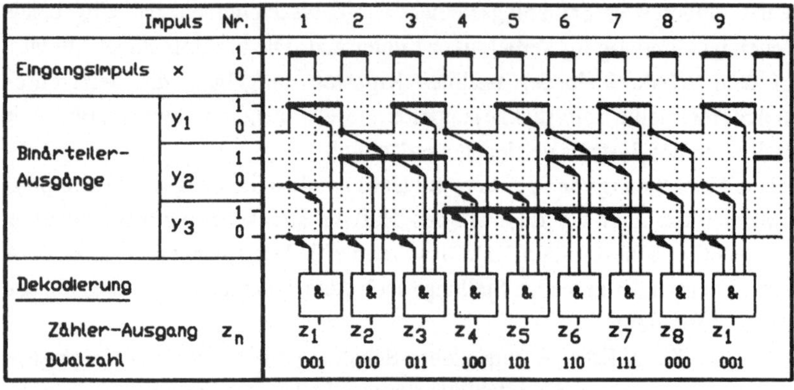

Bild 60   Signalausgänge von 3 hintereinander geschaltet
Binärteiler mit Decodierverknüpfung.
(Dualcodierter Zähler Bild 62)

In Bild 61 werden einige Beispiele mit Schaltsymbolen nach DIN 40 900 und der zugeordneten Booleschen Gleichung für die Decodierungsverknüpfung aus Bild 60 angegeben.

$$z_1 = y_1 \cdot \overline{y_2} \cdot \overline{y_3}$$

$$z_2 = \overline{y_1} \cdot y_2 \cdot \overline{y_3}$$

$$z_8 = \overline{y_1} \cdot \overline{y_2} \cdot \overline{y_3}$$

Bild 61   Schaltzeichen und Boolesche Gleichung für
Decodierungsverknüpfung nach Bild 60

<u>Pneumatische Zählwerke</u> werden vor allem dann wirtschaftlich auf Binärstufen (Binärteilern) aufgebaut, wenn man nur wenige decodierte Ausgangssignale braucht. In Bild 62 und 63 wird nur das Ausgangssignal Z_2 und Z_8 ausgegeben.

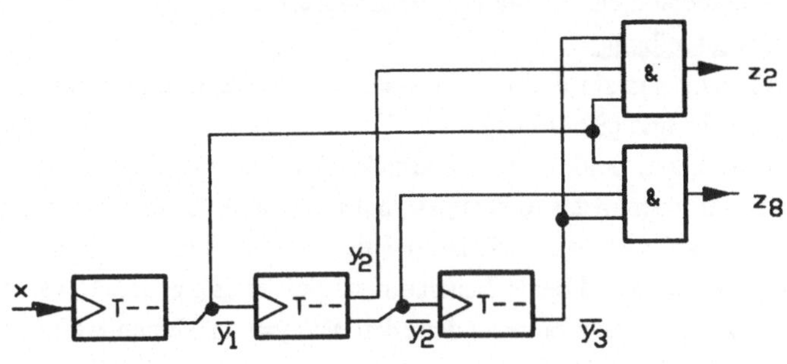

Bild 62   Dreistufige dualcodierte Zählerschaltung
(DIN 40 900) (Decodierung siehe Bild 61)

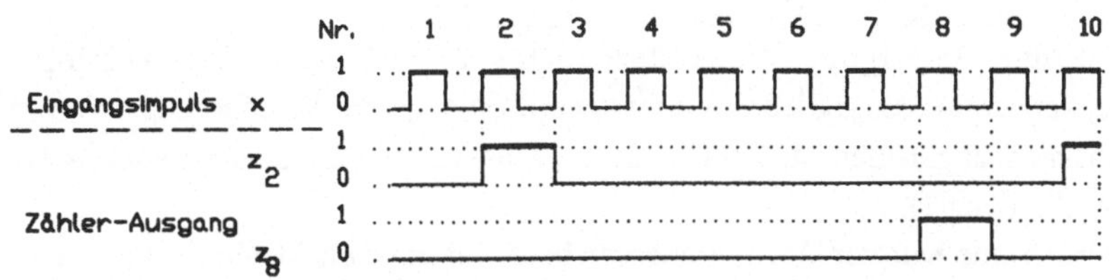

Bild 63   Funktionsdiagramm der dualcodierten Zählschaltung in Bild 62

Der in Bild 62 dargestellte Zählerlogikplan kann durch Hintereinanderschalten pneumatischer Binärstufen in Bild 59 ausgeführt werden.

3.4.4.5   Zweihandsicherheitssteuerung (Bild 64)

Die pneumatische Zweihandsicherheitssteuerung kommt dort zum Einsatz, wo
die Bedienerperson einer Unfallgefahr ausgesetzt ist.

<u>unktionsbeschreibung:</u>

1. Das Ausgangssignal y darf nur dann y=1 werden, wenn beide Tasten gleichzeitig gedrückt sind (S2.1/S3.1).
2. Wird, nachdem beide Tasten gedrückt sind und y=1 ist, eine der Tasten
   losgelassen, so muß das Ausgangssignal sofort auf y=0 gehen. Das Ausgangssignal y darf erst dann wieder positiv werden, wenn auch die 2. Taste
   losgelassen wird und beide Tasten erneut gleichzeitig gedrückt werden.
3. Das Ausgangssignal y kann nur dann den Wert y=1 annehmen, wenn die Tasten
   gleichzeitig, das heißt mit einer maximalen Ansprechzeitdifferenz von 0,2-
   0,5s gedrückt werden.
4. Beim Einschalten der Energieversorgung muß das Ausgangssignal in jedem
   Fall den Wert y=0 annehmen.

<u>Arbeitsweise der Sicherheitssteuerung in Bild 64:</u>

Mit der Betätigung eines der Taster 2.1/3.1 wird das Anstiegs-
flankenverzögerungsglied 3.3 angesteuert. Solange die Verzögerungszeit von
0,5s nicht abgelaufen ist, bereitet das Ausgangssignal 3 das Speicherventil 4.1.1
vor (Stellung 1).

Werden innerhalb der Verzögerungszeit beide Taster gedrückt, nimmt die Signalabbruchstelle 2 den Zustand 1 an und versetzt das Ausgangssignal Hz über das
vorbereitete Wegeventil 4.1.1 in den 1-Zustand.

Erlischt nach Ablauf von 0,5s das Signal 3, so wird das Wegeventil 4.1.1 weiter
über den ODER-Baustein 4.1.2 gehalten, solange das Signal 2 den Zustand 1
behält (beide Taster 2.1/3.1 gedrückt). Ist die UND-Bedingung nicht mehr erfüllt,
wird das Signal 2 über das Schnellentlüftungsventil 2.3 entlüftet werden. Damit
nimmt sofort das Ausgangssignal 4/5 den Wert 0 an und das Speicherventil 4.1.1
fällt in die Stellung 0 zurück.

Das Ausgangssignal z kann nur als statisches Steuersignal und nicht als Leistungssignal verwendet werden.

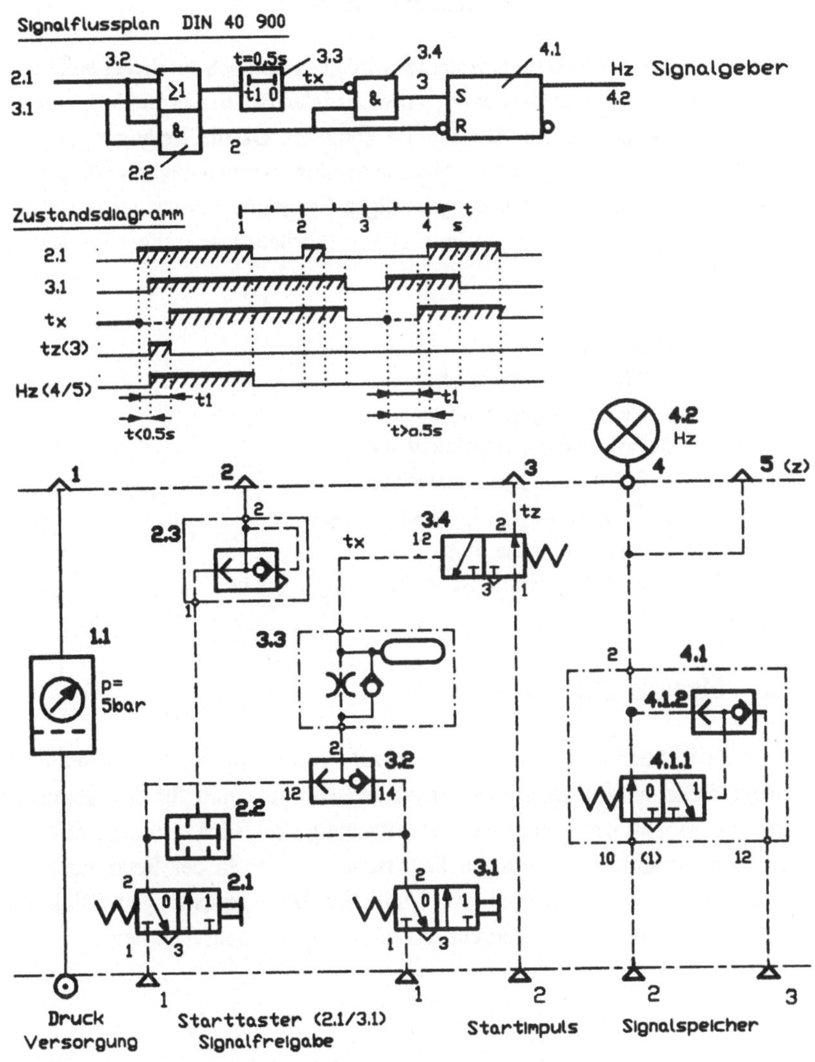

Bild 64   Pneumatische 2-Hand-Sicherheitsschaltung

3.5 Steuerungsarten in der Pneumatik

Der Fortschritt eines Steuerungsablaufes wird grundsätzlich durch manuelle zeit- oder wegabhängige Signale bewirkt, wobei in vielen Fällen alle drei Möglichkeiten in einer Steuerung zur Anwendung kommen. Da die Erzeugungsart der Signale für den Steuerungsaufbau entscheidend ist, werden die Steuerungen im Sprachgebrauch nach der bei der jeweiligen Steuerung primär angewendeten Signalerzeugungsmethode bezeichnet. Die ausführliche Steuerungsbezeichnung ist in DIN 19 237 festgelegt.

Steuerungssysteme:

      1. Manuelle Steuerung,

      2. Zeitabhängige Folgesteuerung,

      3. Programmschaltwerksteuerung,

      4. Schrittschaltwerksteuerung,

      5. Wegeabhängige Folgesteuerung,

      6. Taktkettensteuerung,

      7. Elektro-pneumatische Steuerungen (siehe Kap. 4)

3.5.1 Manuelle Steuerungen

Manuelle Steuerungen kommen nur dort zur Anwendung, wo die notwendigen Steuersignale in zeitlich großen Abständen auftreten und für den gesamten Steuerungsablauf nur wenige Signale notwendig sind. Eine sehr sinnvolle Anwendung manueller Steuerungen liegt beispielsweise in der Betätigung von einfachen Spanneinrichtungen oder ähnlichen Hilfsvorrichtungen (Bild 65), deren Sinn primär in der körperlichen Entlastung des Menschen liegt.

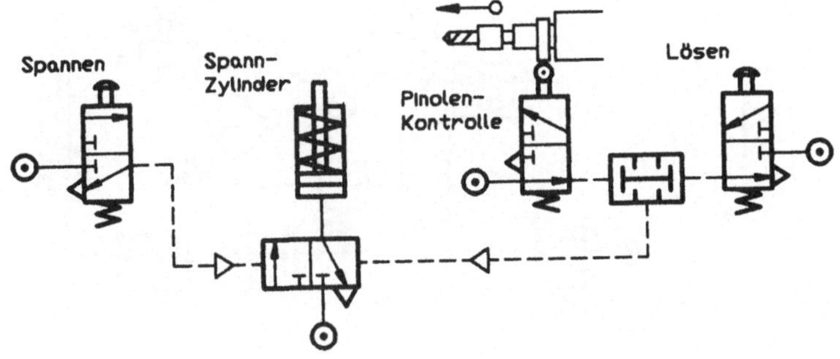

Bild 65   Pneumatische Spannung für eine Bohrvorrichtung

Beschreibung Bild 65:

Lösen der Spannung ist nur möglich, wenn die Bohrpinole in ihrer oberen Endlage den Kontrolltaster drückt.

Bei dieser dargestellten Steuerung wird der Fortschritt des Steuerungsablaufes durch manuelle Betätigung der Signalgeber „Spannen" und „Lösen" erreicht. Durch den Kontrolltaster ist die Steuerung gegen Fehlschaltungen (Lösen des Werkstückes während des Bohrvorganges) verriegelt.

3.5.2   Zeitabhängige Folgesteuerung

Zeitabhängige Folgesteuerungen werden in reiner Form relativ selten eingesetzt, als Teilsteuerung in anderen Systemen können sie jedoch häufig mit Vorteil angewendet werden. Der Einsatz kann vor allem dann recht günstig sein, wenn der Steuerungsablauf primär durch Wartezeiten gekennzeichnet ist und die Bewegungen nicht in exakter Wegeabhängigkeit stehen oder durch Festanschläge nach kurzer Wegstrecke begrenzt sind.

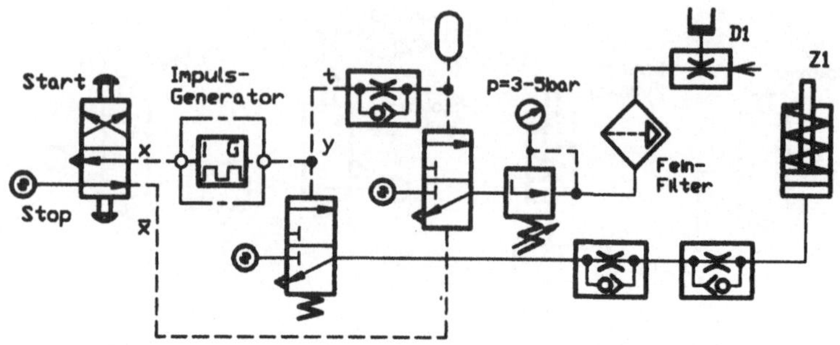

Bild 66   Zeitabhängige Folgesteuerung für eine Farbspritzanlage

Start: Farbpistole oszilliert durch Z1. Injektordüse wird zeitverzögernd (t) angesprochen.

Stop: Injektordüse D1 wird sofort drucklos, Z1 geht sofort in seine Ausgangslage zurück.

In dem Beispiel in Bild 66 kann der Inpulsgenerator für die Oszillation nach den Schaltplänen in Bild 58 gebaut werden. Einige Herstellerfirmen bieten jedoch vor allem im Niederdruckbereich komplette Impulsgeneratoren als Baustein an, die häufig wesentlich preiswerter und funktionsstabiler als die aus Einzelelementen zusammengesetzten Steuerungen sind.

3.5.3   Programmschaltwerksteuerung

Programmschaltwerke für Zeitplansteuerungen sind ebenfalls zeitabhängige Steuerungen, die ihre Folgeimpulse durch konstant umlaufende Nockenwellen oder Nockenketten erzeugen. Diese Steuerungsart wird dort eingesetzt, wo mit der Steuerungsanlage mehrere Ablaufprogramme durch das Wechseln der Nokkenwelle gefahren werden sollen.

Programmschaltwerksteuerungen werden durch ihren einfachen Steuerungsaufbau und ihre geringe Störanfälligkeit, selbst bei ungünstigen Umweltverhältnissen und fehlendem Fachpersonal auch heute noch gelegentlich eingesetzt. Viele

Anwendungsfälle werden durch SPS-Pneumatiksteuerungen abgedeckt. Durch die Verwendung von „Spreiznocken" (Bild 67) oder überlappenden Kettennocken kann die Impulsdauer nach den jeweiligen Bedürfnissen eingestellt werden, so daß sich in vielen Fällen Speicherventile erübrigen und die Stellglieder direkt mit den Nockenventilen angesteuert werden können. Sind Wegrückmeldungen von dem Stellglied notwendig, so ist es meist vorteilhaft, über das Programmschaltwerk nur einen Setzimpuls an ein Speicherglied zu geben.

Serienmäßige Programmschaltwerke, wie sie beispielsweise von der Firma FESTO angeboten werden, haben an der Nockenwelle Drehzahlen von 0,5 bis 75 min^{-1}.

Bei den Ausführungen der Programmschaltwerke mit nockenbestückten Steuerketten, die theoretisch beliebig verlängert werden können, werden Umlaufzeiten von 6 min^{-1} bis zu 1/24 min^{-1} angegeben. Mit diesen Geräten ist es möglich, bis zu 20 unabhängige pneumatische oder elektrische Signale anzusteuern.

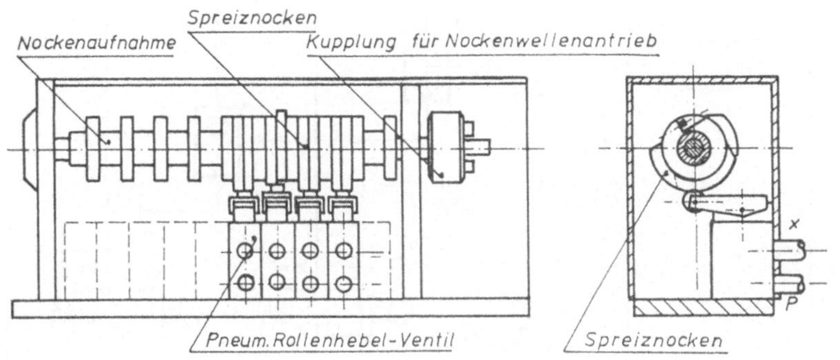

Bild 67 Programmschaltwerk mit Nockenwelle

Als Antriebselement werden sowohl regelbare Gleichstrommotoren als auch Pneumatikmotoren verwendet.

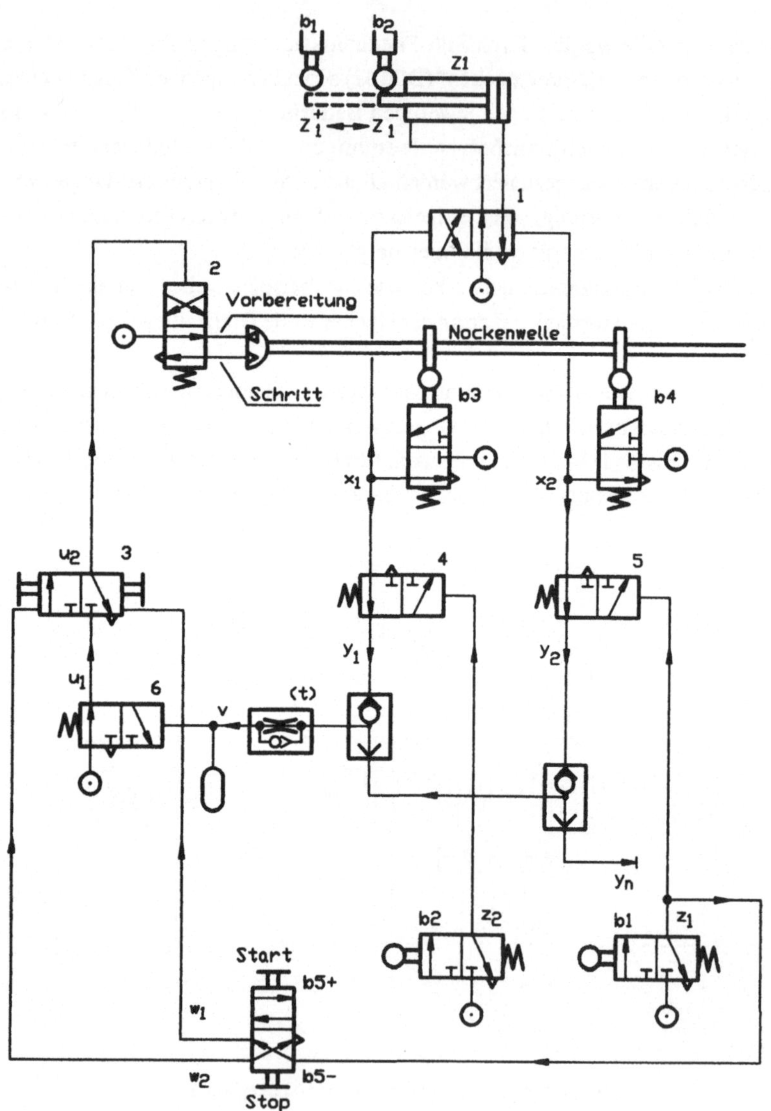

Bild 68 Zylindersteuerung durch Schrittschaltwerk

3.5.4 Schrittschaltwerksteuerung

Der Aufbau eines Schrittschaltwerkes ist bis auf den Antrieb identisch mit dem Programmschaltwerk für Zeitplansteuerungen (Bild 68). Schrittschaltwerke werden üblicherweise nur mit Nockenketten ausgeführt und laufen nicht wie bei dem Programmschaltwerk kontinuierlich durch, sondern bewegen sich nach jedem ausgeführten Steuerbefehl (Befehlsquittierung) um einen bestimmten Winkel der Antriebswelle weiter.

Dieses Steuerungssystem ist also ein wegeabhängiges, programmierbares Steuerungssysten, dessen Bauaufwand für den Schaltwellenantrieb durch die Schrittschaltsteuerung (Bild 68) etwas aufwendiger als bei dem Programmschaltwerk für Zeitplansteuerungen wird.

Der Vorteil von Programmschaltwerken gegenüber der in 3.5.6 beschriebenen Taktkettensteuerung, die ebenfalls durch die Quittierung ausgeführter Bewegungen weitergeschaltet wird, liegt in der leichten Auswechselbarkeit der Programmnockenwellen bzw. der Steuerketten.

Die Anwendung von Schrittschaltwerken ist nur dort sinnvoll, wo das rasche und problemlose Umprogrammieren der Steuerung erforderlich ist und die Elektro-(SPS)-Pneumatiksteuerung nicht eingesetzt werden kann. Ein gewichtiger Grund dafür ist häufig die fehlende Qualifikation des Wartungspersonals.

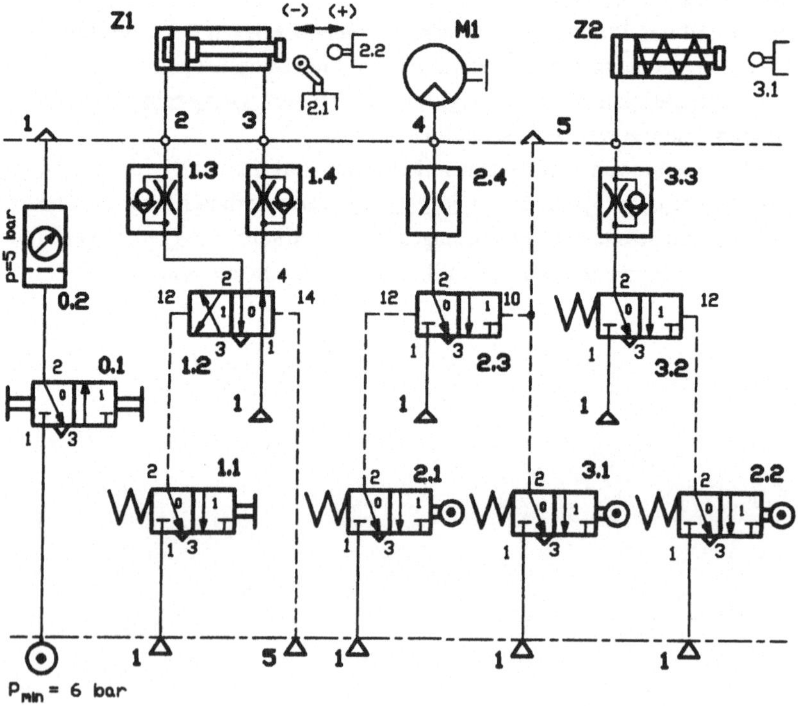

Funktionsdiagramm

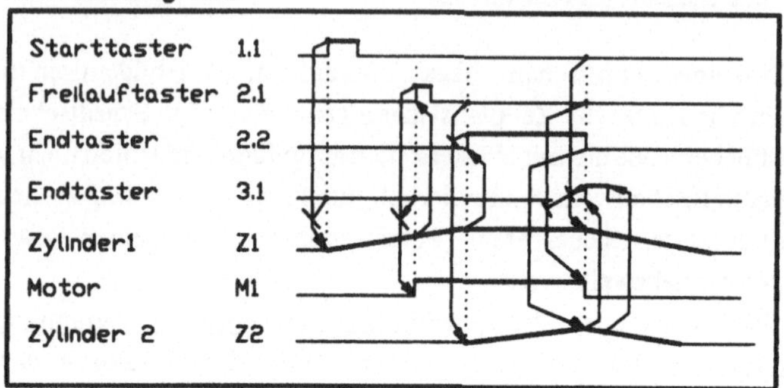

Bild 69 Pneumatikplan für „wegeabhängige Folgesteuerung" mit Funktionsdiagramm

3.5.5 Wegabhängige Folgesteuerung

<u>Funktionsbeschreibung zur wegeabhängigen Folgesteuerung</u> (Bild 69)

1. Folge: Der Startimpuls von dem Taster 1.1 setzt das Speicherventil 1.2 in die Stellung 1, wenn der Taster 3.1 nicht gedrückt ist (Haftspeichereffekt siehe Tafel 13-6). Der Zylinder Z1 bewegt sich vorwärts.

2. Folge: Der Zylinder Z1 betätigt kurz den Freilauftaster 2.1, wodurch das Speicherventil 2.3 umgesteuert wird, wenn der Taster 3.1 nicht gedrückt ist. Der Pneumatikmotor M1 läuft an.

3. Folge: Der Zylinder Z1 drückt in seiner Endlage den Endtaster 2.2. Der Endtaster betätigt das Verstärkerventil 3.2. Der Zylinder bewegt sich vorwärts.

4. Folge: Der Zylinder Z2 drückt in seiner Endlage den Grenztaster 3.1 und löscht dadurch die Speicherventile 1.2, wenn der Taster 1.1 nicht gedrückt ist und der Speicher 1.3, wenn der Taster 2.1 nicht gedrückt ist, wodurch der Pneumatikmotor M1 stillgesetzt wird und der Zylinder Z1 in seine Ausgangslage zurückgeht.

5. Folge: Sobald sich der Zylinder Z1 zurückbewegt, wird der Endtaster 3.1 gelöst, das Verstärkerventil 3.2 wird dadurch entlüftet, der Zylinder Z2 geht somit ebenfalls in seine Ausgangslage zurück. Die Einrichtung ist wieder startbereit.

Bei dieser Steuerungsart sind über den ganzen Ablauf alle Sensoren (Taster) aktiv. Dadurch kann dieses System nur dann sinnvoll eingesetzt werden, wenn durch eine Fehlbetätigung keine Unfallgefahr besteht und jeder Taster nur einmal im Ablauf abgefragt werden muß. Um aus diesem Grund eine Fehlschaltung beim Rücklauf zu vermeiden, muß der Taster 2.1 als mechanischer Freilauftaster ausgeführt werden. Außerdem können Impulsspeicherventile (1.2/2.3) nur dann eingesetzt werden, wenn das Ventil jeweils nur von einem Steuersignal angesteuert wird.

3.5.6 Taktstufentechnik (Ablaufkette)

3.5.6.1 Aufbau der pneumatischen Taktkette

Die bisher beschriebenen Steuerungsarten erfordern je nach dem Umfang der Steuerungsaufgabe einen beträchtlichen Konstruktions- und Entwicklungsaufwand. Durch den methodischen Aufbau der Taktstufentechnik wird Zeit für die Schaltplanerstellung, die Anpassungsarbeit an das Gerät und der Aufwand für Änderungen erheblich reduziert.

Die Arbeitsweise der pneumatischen Ablaufkette entspricht völlig dem in Kapitel 2.3.3.3 beschriebenen logischen Signalflußplan (DIN 40 900) für Ablaufketten (Bild 27 und 28). Die Funktion der Taktkette kann durch den in Kapitel 2.3.3.4 vorgestellten Ablaufplan (DIN 40 719) beschrieben werden.

Jedes Glied der pneumatischen Taktkette (Taktstufe) entspricht dem Schrittsymbol. Der Leistungsteil wird durch das Befehlssymbol des Ablaufplanes nach DIN 40 719 dargestellt (siehe Bild 70). Die einzelne Taktstufe wird von den Pneumatikherstellern als kompletter Baustein angeboten (siehe Kapitel 7.3.2).

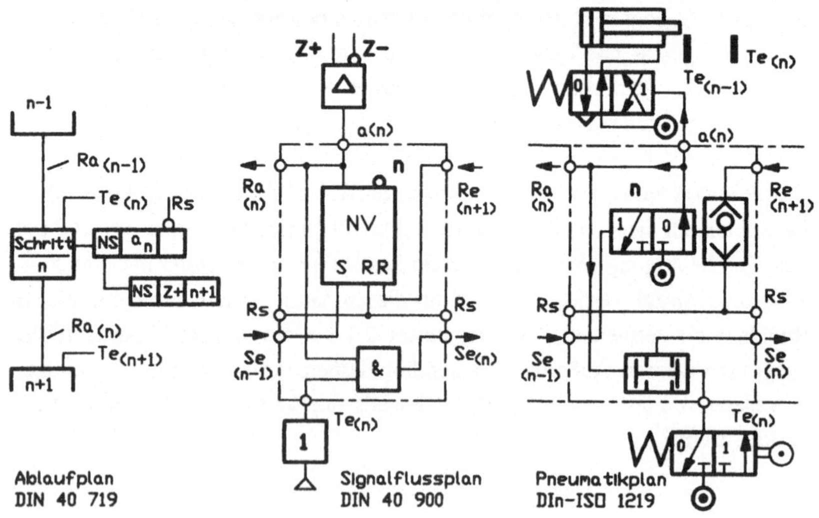

Bild 70 Schaltplandarstellungsarten der Taktstufe

In den Schaltplänen auf den Bildern 70 und 28 wird die <u>Arbeitsweise der Taktkette</u> deutlich dargestellt:

1. Das Ausgangssignal a_n (Bild 70) wird erst dann ausgegeben, wenn der vorangegangene Schritt (Taktstufe) durch die Betätigung des Tasters (n-1) die Erledigung des Befehls $a_{(n-1)}$ mit dem Signal $Se_{(n-1)}$ quittiert. Der Ausgang a_n stellt das vorgesteuerte 4/2-Wegeventil in die Stellung 1, damit bewegt sich der Zylinder vorwärts.

2. Das Ausgangssignal a_n löscht über den Signalausgang Ra dieTaktstufe n-1 $(a_{n-1})=0$.

3. Das Ausgangssignal a_n bereitet die die Aktivierung der Taktstufe n+1 über den UND-Baustein vor.

4. Fährt der Zylinder auf den Taster Te(n) auf, so kann die nächste Taktstufe (n+1) durch das Signal Se(n) gesetzt werden, die den Speicherbaustein der Stufe n löscht.

Durch diesen logischen Aufbau wird ein <u>Befehl erst dann aufgerufen, wenn der vorangegangene Befehl abgearbeitet und quittiert ist.</u> Da immer nur der Sensor Zugang zur Steuerung hat, der den nächsten Schritt auslösen muß, gibt dies dem System eine hohe Funktionssicherheit.

<u>Richtsignal</u>: Wenn die Druckversorgung während des Programmablaufs abgeschaltet wird, behalten die Haftspeicherventile ihren augenblicklichen Zustand bei. In diesem Fall kann die Taktkette erst dann gestartet werden, wenn das Richtsignal RS die Speicher in die richtige Stellung setzt. In Bild 71 werden die Stufen n_1 bis n_3 gelöscht (Stellung 0). Der Speicher der Endstufe n_4 wird auf die Stellung 1 gesetzt. Dadurch geht der Zylinder Z1 in die Ausgangslage. Der Zylinder Z2 wird über das ODER-Ventil durch das RS-Signal zurück gerufen.

<u>Aufgabe 16</u>:

Erstellen Sie den pneumatischen Schaltplan nach DIN ISO-1219 nach der Aufgabenstellung der Aufgabe 13. Der Schaltplan soll dem Logikplan in Bild 28 einschließlich dem Taktstufenrichtsignal entsprechen.

Lösung siehe Bild 71.

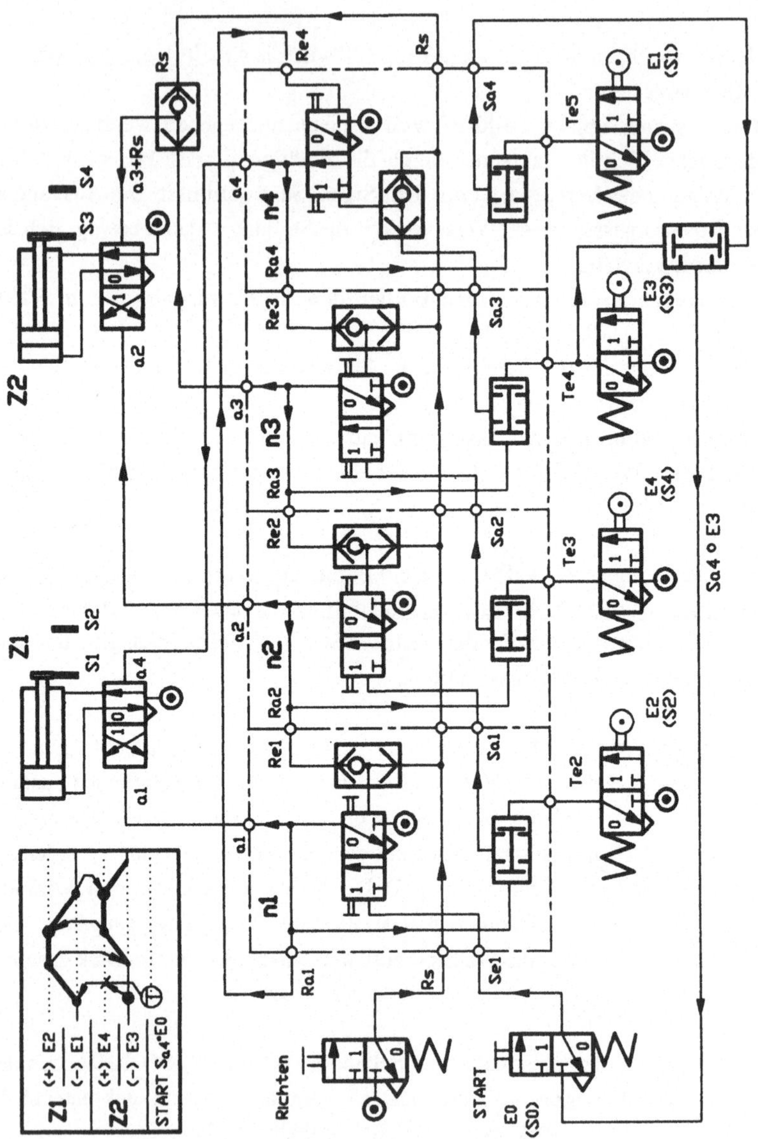

Bild 71   Pneumatische Taktkettensteuerung nach Logikplan
von Aufgabe 13 (Bild 28)

3.5.6.2 Peripheriesteuerteil für die Taktkette

Die Taktkette wird durch Aneinanderreihen der Taktstufenbausteine (Bild 70) gebildet. Für jeden Schritt im Programmablauf muß eine Taktstufe gesetzt werden. Damit ist die gesamte „Ablauflogik" installiert. Der Leistungsteil-, die Sensorik-, die Not-Aus-Logik und der Einschaltrichtimpuls muß jedoch auf die jeweilige Steuerungsaufgabe individuell aufgebaut werden. Der pneumatische Schaltplan von Aufgabe 16 in Bild 71 zeigt eine einfache funktionsfähige Ablaufsteuerung mit geringem Anwendungskomfort.

Die in Bild 72 bis 74 dargestellte Steuerung hat den gleichen Programmablauf wie in Aufgabe 16 (Bilder 28 und 71), sie ist jedoch mit einer wesentlich anspruchsvolleren Peripherietechnik ausgestattet:

Not-Aus:
Bei der Betätigung der Not-Aus-Taste (2.1) soll die gesamte Steuerung entlüftet werden. Die Druckluftversorgung kann erst wieder aktiviert werden, wenn die gesamte Druckluftversorgung durch das Ventil 1.1 aus- und wieder eingeschaltet wird.

Beim Einschalten des Hauptventils (1.1) ist die Luftversorgung zur Steuerung (Abbruchstelle 2) durch das Ventil 2.5 zunächst abgesperrt. Gleichzeitig strömt die Steuerdruckluft durch das Not-Aus-Ventil, setzt sofort das Speicherventil 2.3 in die Stellung 1. Damit wird das Ventil 2.5 ebenfalls in die Stellung 1 gebracht, und so die Druckluftversorgung für die Steuerung freigegeben. Mit einer Verzögerung von 0,5 Sekunden wird an dem Speicherventil 2.3 der Steuereingang 10 ebenfalls mit Druck beaufschlagt. Da der Steuereingang mit demselben Druck belastet ist, kann keine Stellungsänderung an dem Ventil bewirkt werden.

Bei Betätigung der Not-Aus-Taste 2.1 wird das Speicherventil 2.5 durch den weiter unter Druck stehenden Steuereingang 10 auf die Stellung 0 gesetzt, damit wird der Logikpfad bis zu dem Steuereingang 12 von dem Ventil 2.5 entlüftet und dadurch die gesamte Steuerung drucklos. Die Druckbeaufschlagung an dem Steuereingang 10 an dem Speicherventil 2.3 bleibt weiter im 1-Zustand, dadurch kann die Druckversorgung, auch nach dem Lösen der Not-Aus-Taste, nicht mehr aufgebaut werden.

Druckversorgung der Leistungselemente in Bild 73/74

Beim <u>Einschalten der Energieversorgung</u> (Wegeventil 1.1) wird zunächst die Steuerluft über die Abbruchstelle 2 freigegeben. Der Zugang zu den vorgesteuerten 5/2-Wegeventilen 12.2 und 13.2 wird zunächst durch das vorgesteuerte <u>3/2-Wegeventil 11.3 versperrt</u>. Die <u>Freigabe erfolgt erst</u>, wenn in der Taktkette die letzte Stufe gesetzt ist (Abbruchstelle 9=1) und der Spannzylinder Z1 in seiner Ausgangsstellung steht (S1=1), oder der Richtimpuls (10.1) gegeben wird, (Abbruchstelle 10=1). Durch das Freigabesignal wird das Ventil 11.3 über die ODER-Glieder 11.1/11.2 in die Stellung 1 gesetzt. Der Druckanstieg am Ausgang 2 des Ventils 11.3 wird über den ODER-Baustein 11.2 rückgekoppelt. Das System geht dadurch in Selbsthaltung. Es entspricht dem RS-Kippglied 2 in der Tafel 13.

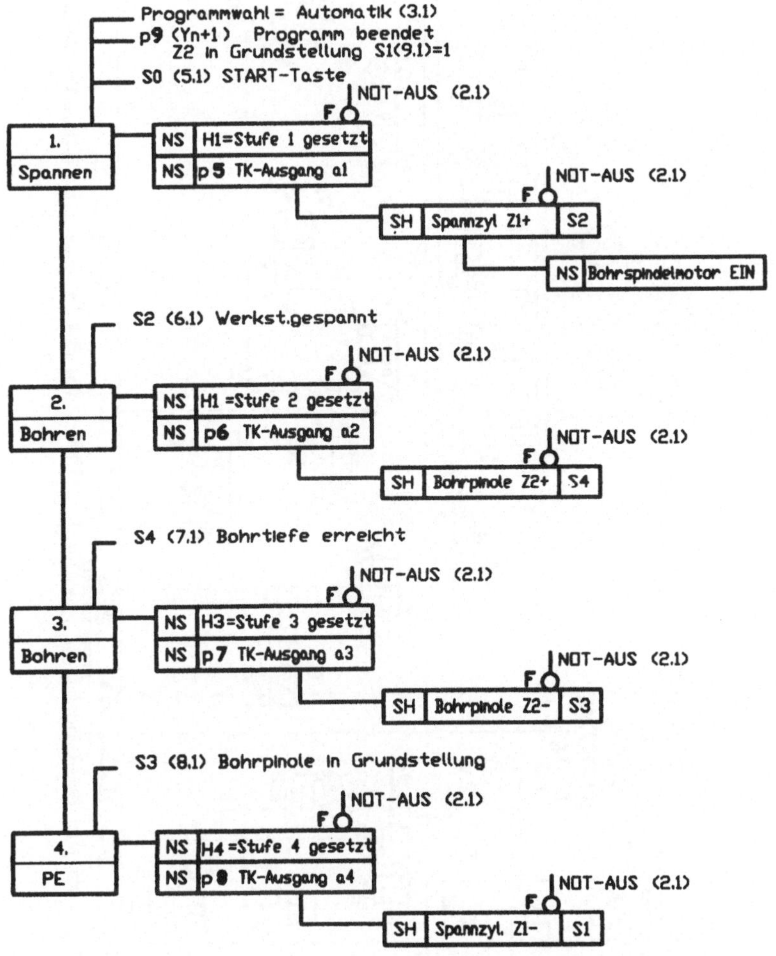

Bild 72 Funktionsplan DIN 40 719 für Bohrvorrichtungs-Taktkettensteuerung

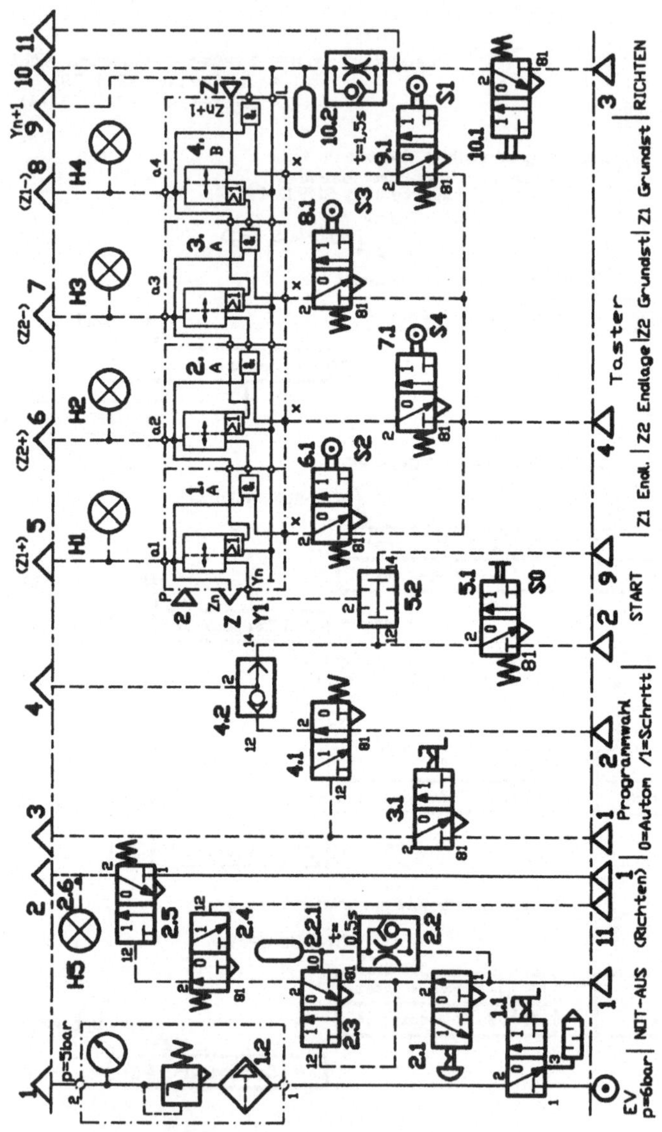

Bild 73 Bohrvorrichtungs-Taktkettensteuerung mit
Richtimpuls, NOT-AUS und Programmwahl

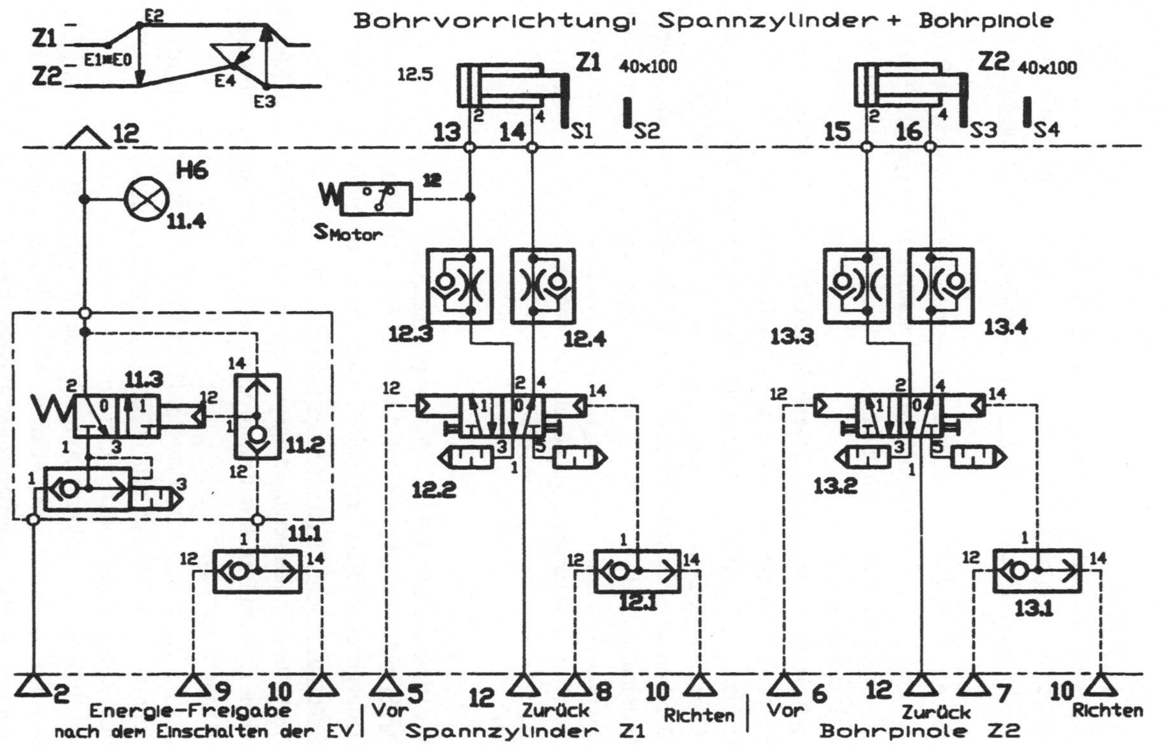

Bild 74   Schaltplan für den Leistungsteil für die
Taktkettensteuerung einer Bohrvorrichtung

<u>Richten (Bild 73):</u>

Wenn beim Einschalten der Energieversorgung die Startbedingung nicht erfüllt ist, muß das Programmwahlspeicherventil 3.1 in die Stellung 1 (Schrittprogramm) gedrückt werden. Jetzt kann die <u>Richttaste</u> (Baustein 10.1) <u>kurz gedrückt</u> werden:

- Über die Abbruchstelle 11 und den Bausteinen 2.4 und 2.5 wird die Steuerluftversorgung (außer für den Richtvorgang) sofort unterbrochen. (Die Leistungsluftversorgung ist noch durch die fehlende Startbedingung über den Baustein 11.3 entlüftet).
- <u>Die Taktstufenspeicher 1 bis 3</u> werden durch das „Richtsignal" gelöscht. Damit nehmen die Ausgangssignale a_1, a_2 und a_3 den Wert 0 an.
- <u>Die letzte Taktstufe</u> wird gesetzt. Durch die entlüftete Steuerluftversorgung (Abbruchstelle 2) haben alle Ausgangssignale noch den 0-Zustand.
- Die Leistungsbausteine 11.3, 12.2 und 13.2 (Bild 74) werden über die Abbruchstelle 10 von dem Richtsignal angesteuert, sie können aber nicht gesetzt werden, da die Leistungsluft über den Baustein 11.3 noch entlüftet ist (12). Ohne Leistungsenergie könnte die Ventilvorsteuerung nur dann arbeiten, wenn die Vorsteuerung eine Hilfsluftzufuhr hätte (siehe Tafel 20/8.4 und Bild 99)

<u>Die Richttaste (Baustein 10.1) wird wieder gelöscht:</u>

- <u>Das Signal an der Abbruchstelle 1</u> wird sofort über den Baustein 10.1 entlüftet. Damit gehen die 3/2-Wegeventile 2.4 und 2.5 in ihre 0-Stellung und geben so die <u>Steuerluftversorgung an der Abbruchstelle 2 frei</u>.
- Das Abstiegsflankenverzögerungsglied (Baustein 10.2) hält noch das Richtsignal für die Zeit von 1,5 s. Damit bleibt das Richtsignal über die Signalabbruchstelle 10 weiter wirksam.
- <u>Das RS-Speichersystem</u> (Baustein 11.2/11.3) wird durch das 1-Signal an der Abbruchstelle 10 <u>über den ODER-Baustein 11.1 gesetzt</u>. Die Leistungsenergieversorgung ist damit aktiviert.
- Mit Hilfe der Leistungsluft (Abbruchstelle 12) wird jetzt das Richtsignal auch an den Leistungsventilen wirksam. Alle Zylinder gehen in ihre Ausgangsstellung, die Startvoraussetzung wird geschaffen.

Ist beim Einschalten der Druckluftversorgung (Baustein 1.1) die Startvoraussetzung bereits erfüllt, dann ist auch an der letzten Taktstufe das Ausgangssignal $y_{n+1}=1$ (Abbruchstelle 9). Damit wird die Leistungsluftversorgung (Abbruchstelle 11) sofort über den ODER-Baustein 1.1 freigegeben.

<u>Programmwahl (Bild 73)</u>:
<u>Für den automatischen Programmablauf</u> muß das Programmwahlspeicherventil (3.1) in der Stellung 0 stehen. Über den ODER-Baustein 4.2 wird dadurch die Abbruchstelle 4 in den 1-Zustand gesetzt. Die Taster 1 bis 4 sind dadurch ständig betriebsbereit; das Programm kann ungehindert ablaufen.

<u>Für die schrittweise Programmbearbeitung</u> muß das Programmwahlspeicherventil in der Stellung 1 stehen. Jetzt nimmt die Abbruchstelle 4 nur solange den 1-Zustand an, solange die Starttaste 5.1 betätigt ist. Die <u>Taktkette</u> kann dadurch <u>erst dann weiterschalten</u>, wenn der jeweilige Schritt abgearbeitet ist und die <u>Starttaste 5.1</u> gedrückt wird.

Tafel 29 Schaltschema für Sonderanwendung der Taktkette

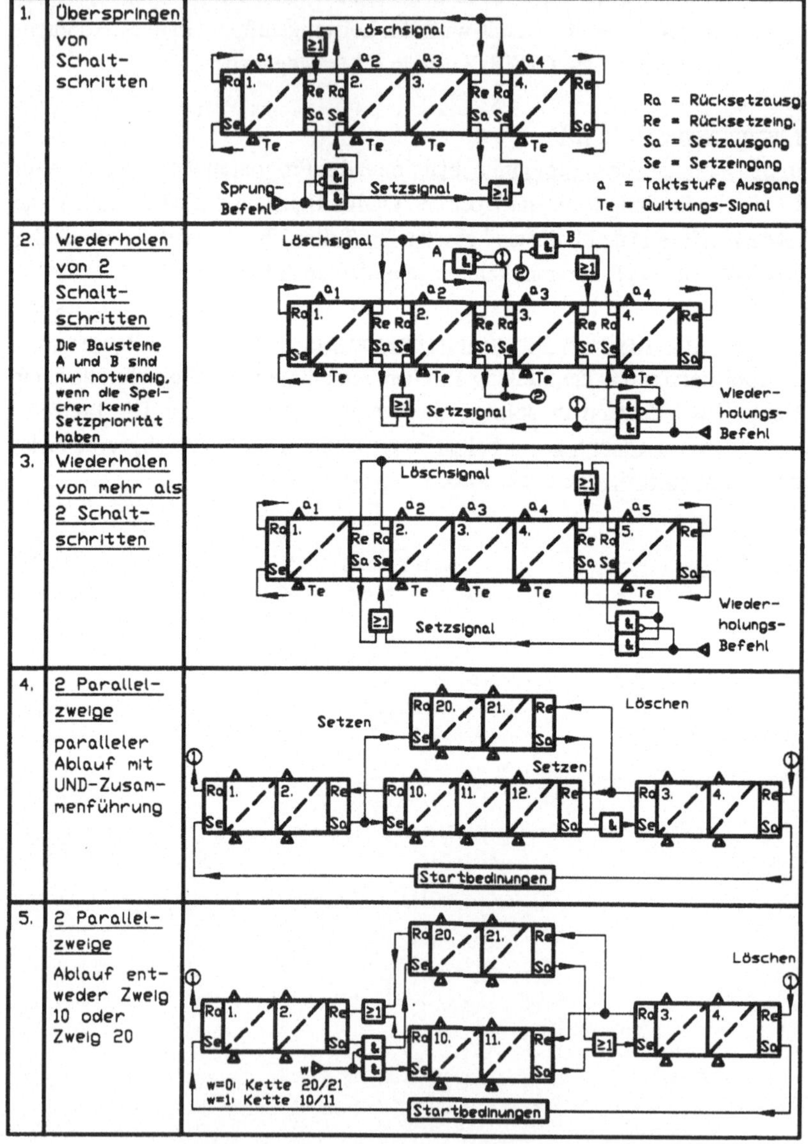

3.6 Energieversorgungssteuerung

3.6.1 Luftaufbereitung (Bild 76)

Die Druckluft für pneumatische Steuerungen wird in der Regel aus dem Druck-
luftnetz entnommen. Durch unterschiedliche oder stoßweise Luftentnahme durch
die an das Netz angeschlossenen Verbraucher unterliegt der Netzdruck starken
Druckschwankungen. Außerdem werden Schmutz, Öl- und Rostpartikel durch
die Luft mitgerissen. Vor jeder Steuerung muß daher ein <u>Druckminderventil</u>
(Bauteil 1.3) und ein <u>Schmutzfilter</u> (Bauteil 1.2) installiert werden.

Da expandierende Druckluft abkühlt und damit weniger Wasserdampf aufneh-
men kann (Kapitel 2.2.2.6), muß zunächst ein <u>Wasserabscheider</u> eingebaut
werden. In der Regel wird der Luftfilter und der Wasserabscheider als ein
integriertes Bauteil ausgeführt (Bauteil 1.2). Werden durch die Steuerung
Pneumatikzylinder mit einer Geschwindigkeit über 1 m/s betrieben, sollte die
Druckluft mit Ölnebel versetzt werden, um eine Erhitzung und Beschädigung der
Dichtungen zu vermeiden. Bei Zylindergeschwindigkeiten unter 0.01 m/s sollte
die Luft ebenso geölt werden, um das Stip-Slic-Verhalten des Zylinders zu
verbessern.

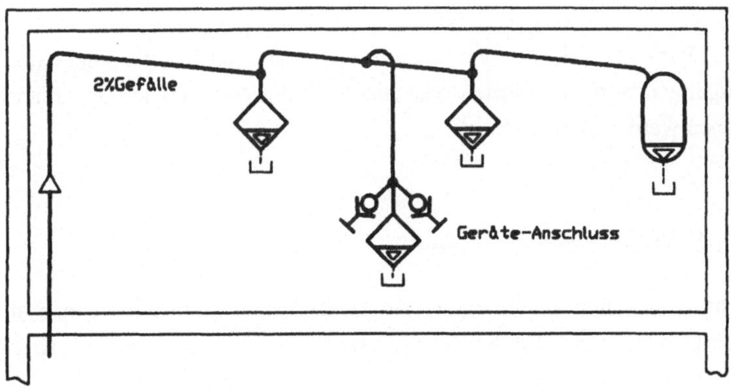

Bild 75 Installationsschema der Druckluftverteilung

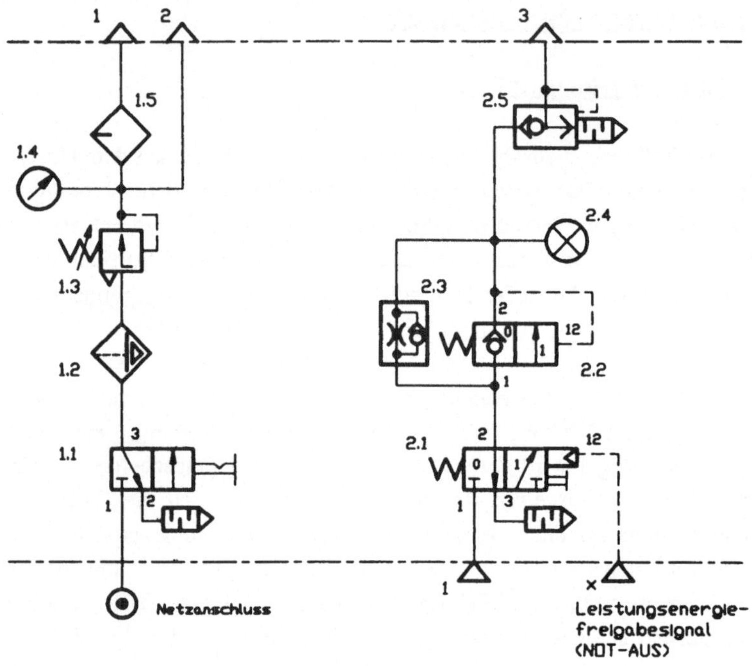

Bild 76   Schaltplan für die Druckluftversorgung der Steuerung

Geölte Druckluft sollte nur den Bauteilen zugeführt werden, die unter extremen Bedingungen betrieben werden. Alle anderen Bauteile sollten mit ungeölter Luft betrieben werden (Abbruchstelle 2).

3.6.2   Druckluftfreigabe (Bild 76)

- Beim Einschalten der Energieversorgung (Bauteil 1.1) wird zunächst die Steuerluftversorgung für die Richtsignale in den 1-Zustand gesetzt (Abbruchstelle 2).
- Das Richtsignal für die Leistungsenergiefreigabe x setzt das 3/2-Wegeventil 2.1 in den 1-Zustand.

- Über das Drosselrückschlagventil 2.3 wird der <u>Systemdruck langsam aufgebaut</u>. Nicht in ihrer Ausgangslage stehende Zylinder bewegen sich durch das vorangegangene Richtsignal langsam in ihre Grundstellung.
- Wenn der <u>Systemdruck aufgebaut</u> ist, wird das <u>Sperrventil</u> 2.2 über den Steuereingang 12 in die Stellung 1 gesetzt. Die Energiezufuhr ist jetzt frei. Der Signalgeber 2.4 zeigt die Betriebsbereitschaft an.
- Wird das Signal „NOT-AUS" ausgegeben, so geht das Steuersignal x in den 0-Zustand. Damit wird über das Schnellentlüftungsventil 2.5 die Leistungsdruckluftversorgung sofort entlüftet.

4 Elektropneumatische Steuerung

In den Anwendungsbereichen der Rationalisierungs- und Fördertechnik werden überwiegend elektro-pneumatische Steuerungen eingesetzt. Die Sensorik sowie die Aufgabe der logischen Verknüpfung und die Informationsspeicherung werden mit Hilfe der Elektrotechnik ausgeführt. Die Aktorik und Teilgebiete der Betriebssicherheitsstrategie werden durch den pneumatischen Teil der Steuerung realisiert. Die Ausführung elektrischer Steuerungen erfolgt bei einfachen logischen Aufgaben mit einer geringen Anzahl von Schaltschritten; heute noch wirtschaftlich mit den elektro-mechanischen Schützensteuerungen. Umfangreichere Steuerungsaufgaben werden vorzugsweise mit Hilfe von SPS-Steuerungen installiert.

4.1 Elektropneumatischer Schaltplan

Der elektrische und der pneumatische Teil einer Steuerung wird grundsätzlich in völlig getrennten Schaltplänen dargestellt.
Der elektrische Schaltplan wird in Kapitel 4.1.1 nach DIN 40 713 beschrieben.
Der pneumatische Schaltplan VDI 3226 wird in Kapitel 3.3 behandelt.
Die Beziehung zwischen beiden Plänen wird nur durch die alphanumerische Kennzeichnung der gemeinsamen Bauelemente hergestellt (Kapitel 4.1.1.2). Der Betätigungsmagnet dieses Ventils erscheint zum Beispiel sowohl im pneumatischen als auch im elektrischen Schaltplan mit derselben alphanumerischen Kennzeichnung (siehe Bild 80/81).

4.1.1 Elektromechanik-Schaltplan DIN 40 713

Der Schaltplan für elektromechanische Steuerungen nach DIN 40 713 wird auch als Kontaktplan bezeichnet. Damit können nicht nur die elektromechanischen „Schützensteuerungen" dargestellt werden. In einer modifizierten Darstellungsform nach DIN 40 239 ist der Kontaktplan (KOP) die auf der Welt am häufigsten praktizierte Programmiersprache für speicherprogrammierbare Steuerungen.

Mit Hilfe des Kontaktplanes kann der logische Signalfluß der Steuerung mit derselben Aussagekraft wie in dem Signalflußplan nach DIN 40 900 oder in dem pneumatischen Schaltplan nach DIN-ISO 1219 beschreiben werden (Tafel 30).

Tafel 30 Vergleich systemgebundener und systemunabhängiger
logischer Verknüpfungen

Benennung (Gatter)	Algebra DIN 66 000 (DIN 5474)	Signalfluss-Plan (FUP) DIN 40 900	Pneumatik – Hydrauluk DIN-ISO 1219	Elektro-mechanik DIN 40 713	Kontaktplan (KOP) DIN 19 236
JA Idendität	$a = b = a$				
NEIN Negation	$a = b = \bar{a}$				
UND Konjunktion	$a \cdot b = c$				
ODER Disjunktion	$a + b = c$				

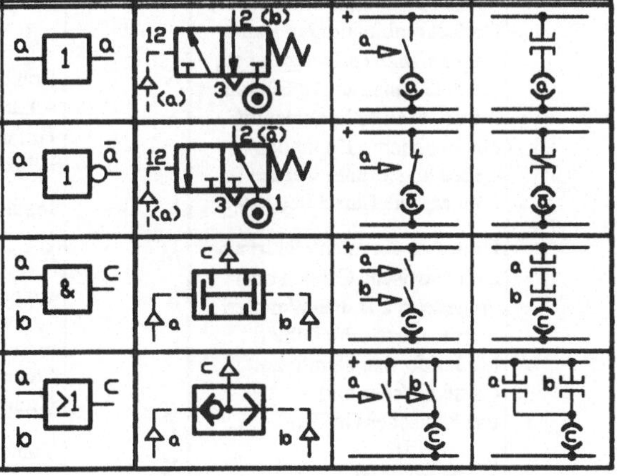

4.1.1.1 Schaltzeichen und Kennzeichnung elektrischer Schaltglieder

Die elektromechanischen Schaltzeichen werden nach DIN 40 713 dargestellt. Die Anschlußbezeichnungen und Kennzahlen der Niederspannungsschaltgeräte erfolgt nach DIN EN 50 005 und DIN EN 50 011 bis 50 013. Auf Tafel 32 sind die wichtigsten Schaltzeichen und Bezeichnungen zu entnehmen.
Die Benennung der Schaltglieder und Betriebsmittel erfolgt durch Kennbuchstaben, damit kann jedes Bauelement identifiziert und angesprochen werden. Die Benennung erfolgt für die Elektropneumatik vorzugsweise nach DIN 40 719 Teil 2 Kennzeichnungsblock 3A. In der Tafel 32 sind die wichtigsten

Bezeichnungen aufgeführt. Weitere Benennungen sind in DIN 41 020 und DIN 49 290 festgelegt.

Tafel 31 Kennzeichnung elektrischer Betriebsmittel DIN 40 719 Teil 2

Kenn-buchstabe	Art des Betriebsmittels (Beispiele)	Kenn-buchstabe	Art des Betriebsmittels (Beispiele)
A	Baugruppen, Teilbaugruppen, Verstärker, Magnetverstärker, Gerätekombinationen, Baugruppen und Teilbaugruppen, die eine konstruktive Einheit bilden, aber nicht eindeutug einem anderen Kennbuchstaben zugeordnet werden können, wie Einschübe usw.	H	Meldeeinrichtungen, optische und akustische Meldegeräte, z.B. Signallampen
B	Umsetzer von nichtelektrische auf elektrische Größen oder umgekehrt z.B. PE-Wandler, thermoelektrische Fühler, Meßumformer sämtlicher physikalischer und mechanischer Größen	K	Relais, Schütze, Leistungsschütze, Hilfsschütze, Hilfsrelais, Zeitrelais, Blinkrelais und Reed-Relais
		L	Induktivitäten, Drosselspulen
		M	Motoren
		R	Widerstände
C	Kondensatoren	S	Schalter, Wähler, Steuerschalter, Taster, Grenztaster
E	Beleuchtungseinrichtungen	T	Transformatoren
F	Schutzeinrichtungen, Sicherungen, Druckwächter	X	Klemmen, Stecker, Steckdosen, Trennstecker- und Steckdosen, Prüfstecker, Klemmleisten, Löleisten, Koaxstecker, Buchsen, Programmierstecker, Kreuzschienenverteiler
G	Generatoren, Stromversorgungen, Frequenzwandler, Batterien, Oszillatoren, Umformer, Ladegeräte, Netzgeräte, Stromrichtergeräte, Taktgeneratoren	Y	elektrisch betätigte mechanische Einrichtungen, Bremsen, Kupplungen, Druckluftventile

Tafel 32.1 Elektrische Schaltzeichen DIN 40 713 (DIN EN 50 005)

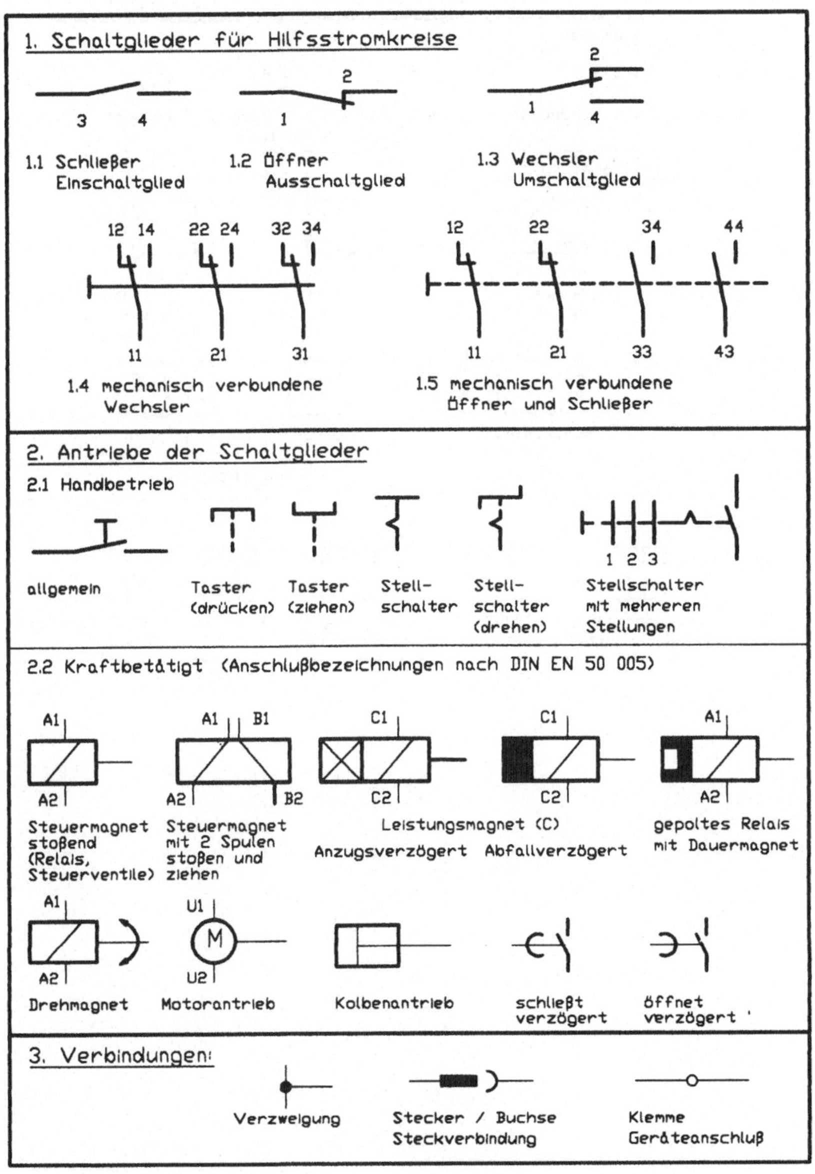

Tafel 32.2 Elektrische Schaltzeichen nach DIN 40 713

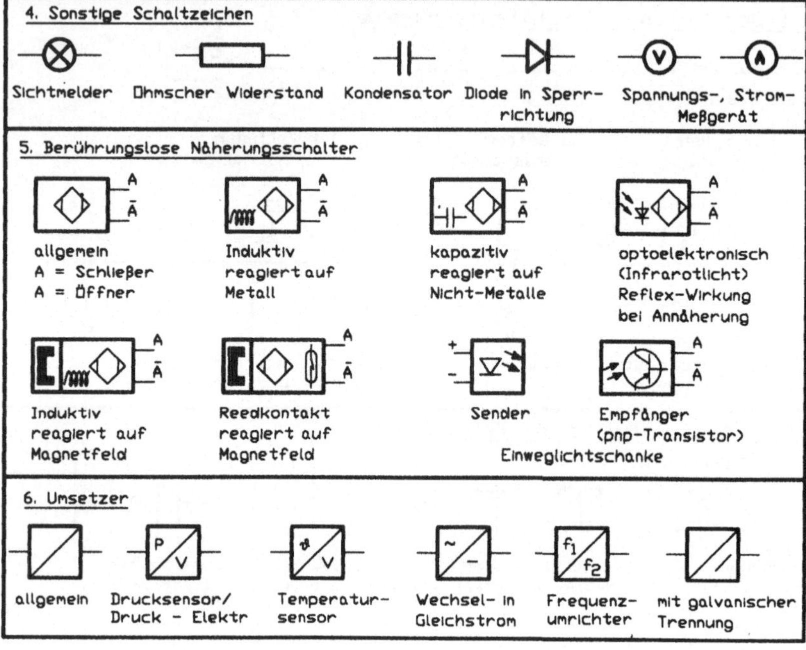

4.1.1.2 Darstellung elektromechanischer Schaltpläne DIN 40 719

Elektromechanische Schaltpläne werden nach DIN 40 719 Teil 3 als "Stromlauf-plan" bezeichnet. Dabei wird die Schaltung nach Stromlaufpfaden vollständig aufgelöst dargestellt.

Alle elektrischen Bauteile und Leitungen werden eingezeichnet und im Sinne des logischen Signalflusses angeordnet. Die tatsächliche räumliche Lage bleibt unberücksichtigt. Ebenso werden mechanisch gekoppelte Kontakte bei Schützen und Schaltern völlig getrennt, entsprechend ihrer logischen Funktion dargestellt. Die Erkennung der Gerätezugehörigkeit der Kontakte wird durch den "Kontakt-belegungsplan" und die alphanumerische Bezeichnung ermöglicht (Bild 77). Die alphanumerische Bezeichnung der Bauelemente erfolgt vorzugsweise nach DIN 40 719 Teil 2 (Bild 76).

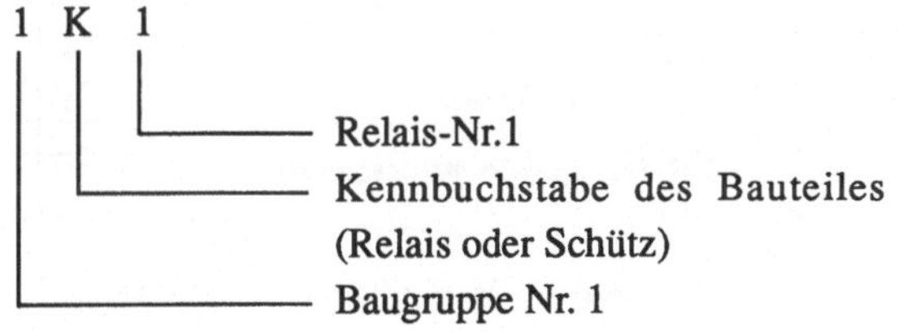

Bild 76 Bezeichnungsbeispiel

Unterhalb den Schützenspulen der Relais wird der dazugehörige Kontaktbelegungsplan angeordnet. In der Regel wird die graphische Darstellung der Kontaktanordnung nicht gezeichnet, da der Informationsgehalt der Belegungstabelle voll ausreichend ist.

Merke:

   1.) Alle Kontakte werden in <u>druck- und stromlosem Zustand gezeichnet</u>.

   2.) Kreuzende Leitungen möglichst vermeiden.

   3) Verzweigende Leitungen werden durch einen Punkt verbunden.

   4) Der Signalfluß wird von + (oben) nach - (unten) gezeichnet.

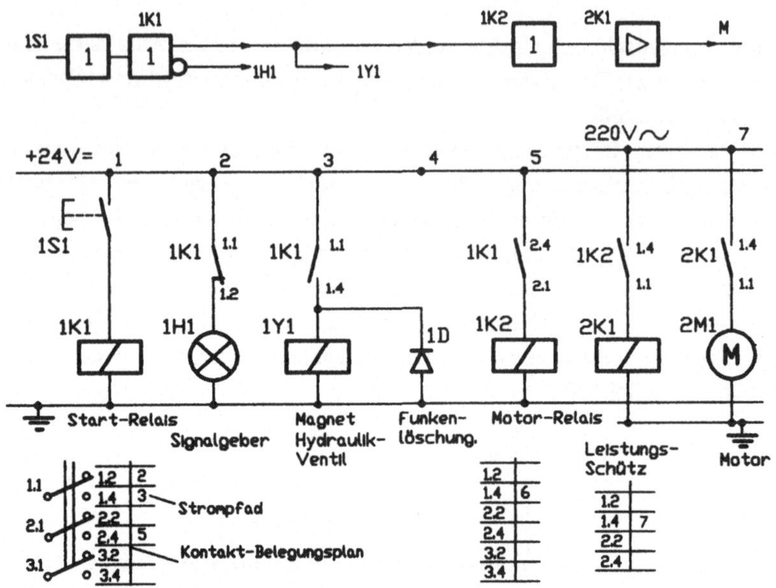

Bild 77   Muster-Stromablaufplan nach DIN 40 719 Teil 3

4.1.1.3 Funkenlöschung

Beim Abschalten von Gleichstrommagneten an Ventilen und Kupplungen entstehen kurzzeitig in der Spule sehr hohe Spannungsspitzen auf der Nulleiterseite, die zur Funkenbildung an den Schalterkontakten führen. Durch diese Funkenbildung werden in kurzer Zeit die Kontakte zerstört.

Durch Parallelschalten einer Diode mit dem Magneten wird die Funkenbildung auf ein für die Kontakte erträgliches Maß reduziert. Bei Schützenspulen und Magnetventilen bis etwa 0,5 (A) hat sich unter anderem der Diodentyp BAX 12 recht gut bewährt (Zur Funkenlöschung nur sehr schnelle Dioden verwenden).

Die Funkenlöschung durch Dioden ist wirksam und billig, sie kann jedoch bei leistungsstarken Magneten (y) zu erheblichen Abfallverzögerungen führen.

Eine weitgehende Verhinderung der Funkenbildung (Funkentstörung) bei sehr schnellem Spannungsabfall, auch bei leistungsstarken Magnetspulen, wird durch das Parallelschalten eines RC-Gliedes erreicht (siehe Bild 78   ).

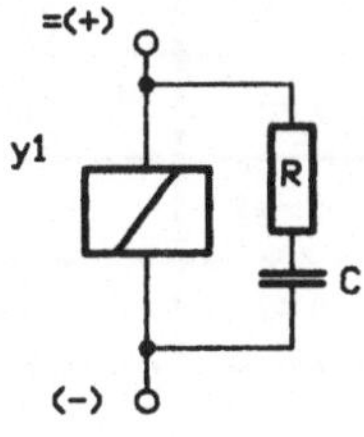

Bild 78.1 Funkenlöschung mit RC-Glied

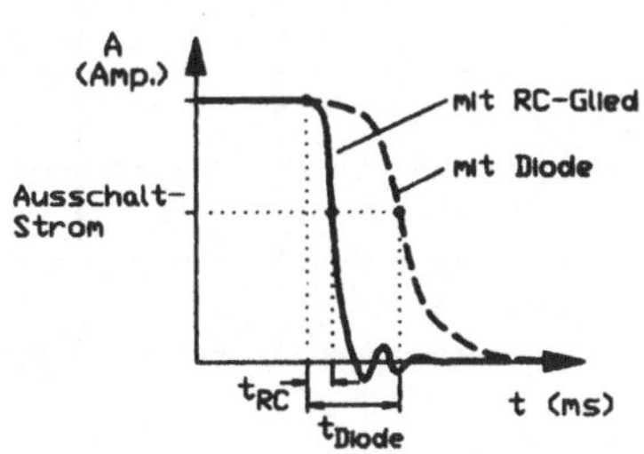

Bild 78.2 Stromabfall bei Funkenlöschung

Die optimale Dimensionierung des Schwingkreises ist jedoch die Voraussetzung für die volle Nutzung des Schwingkreises zur Funkenlöschung. Rechnerisch sollte die Güte des Schwingkreises $Q_s \leq 1,5$ sein.

Q_s :

$$Q_s = \frac{1}{R} \cdot \sqrt{\frac{L}{C}}$$

R :   Ges. Widerstand
L :   Induktivität des Magneten
C :   Kapazität des Kondensators

In der Praxis kann man jedoch eine grobe Dimensionierung der Tafel 33 durchführen und durch Veränderung des Widerstandes eine Optimierung vornehmen. Als Anzeigegerät für die Funkenbildung kann man ein billiges Taschenradiogerät verwenden; je geringer die auftretenden Störgeräusche sind, um so besser ist die Funkenlöschung.

Tafel 33 Dimensionierungsvorschlag für RC-Funkenlöschung bei   24V=

Gerät	Amp	Kondensator Typ	μF	Widerstand Ω
Schalterrelais	0,02–0,1	BKB 0,22/100–1	0,22	82
Ventil Magnet	0,2 –0,5	BKB 0,22/100–1	0,22	47
Leistungs–Magnet	2,0	BKB 0,40/100–1	0,47	47

4.1.2 Logische Gatter im Stromlaufplan

In der Tafel 34 sind die wichtigsten Grundgatter in der Schaltertechnik nach DIN 40 713 im Vergleich zu den logischen Schaltzeichen nach DIN 40 900 dargestellt. Alle logischen Schaltungen sind mit den Grundgattern 1 bis 4 realisierbar.

1. Identität (JA)   =   Schließer
2. Negation (NEIN)   =   Öffner
3. ODER   =   Parallelschaltung
4. UND   =   Reihenschaltung

4.1.3 Beispiel

Die auf Bild 79 dargestellte Bohrvorrichtung soll mit Hilfe einer elektropneumatischen Steuerung ein Durchgangsloch bohren. Die Steuerung wird nach dem Taktstufenprinzip aufgebaut. Um sie so einfach wie möglich zu halten, werden keine besonderen Unfallverhütungsvorschriften beachtet; bei vorzeitigem Öffnen der Spannung des Schutzgitters oder durch Ausschalten der elektrischen Spannung muß die Pinole in jedem Fall in ihre Grundstellung fahren. Dieser Effekt wird in dem Pneumatikplan in Bild 80 durch federbelastete Wegeventile erreicht.

Tafel 34 Elektrische Verknüpfungsglieder (DIN 40 713)

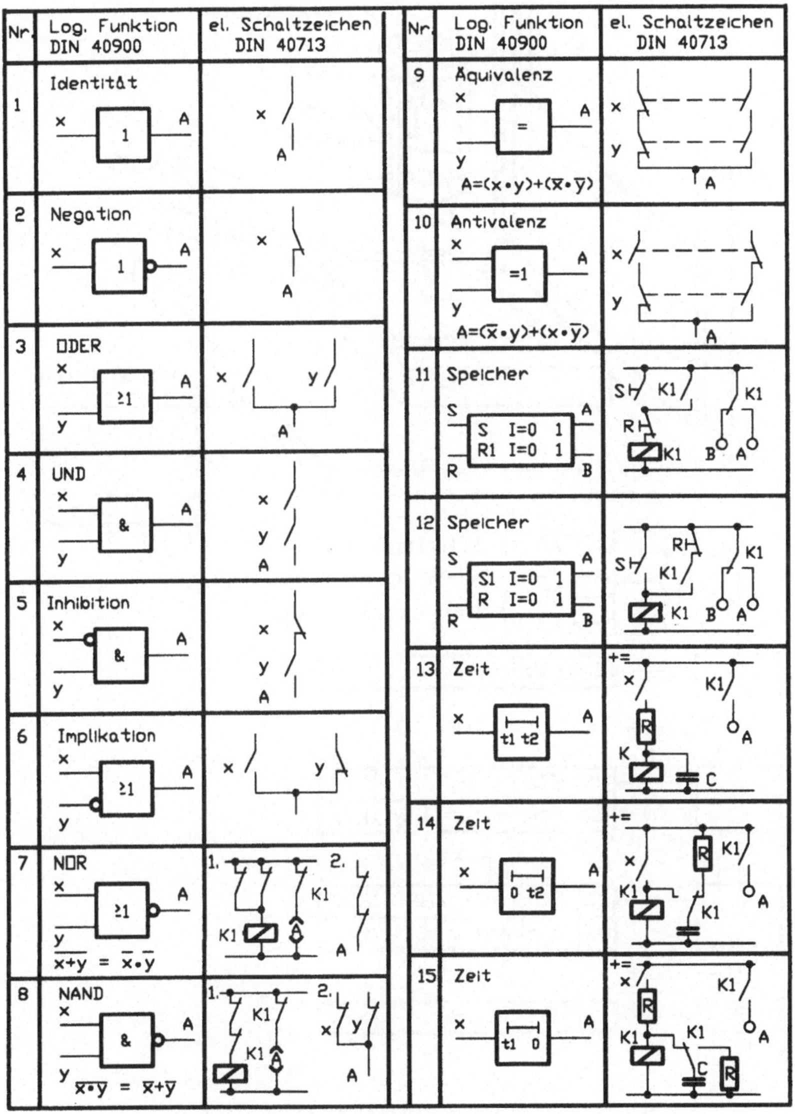

Nr.	Log. Funktion DIN 40900	el. Schaltzeichen DIN 40713	Nr.	Log. Funktion DIN 40900	el. Schaltzeichen DIN 40713
1	Identität		9	Äquivalenz $A=(x\cdot y)+(\bar{x}\cdot\bar{y})$	
2	Negation		10	Antivalenz $A=(\bar{x}\cdot y)+(x\cdot\bar{y})$	
3	ODER		11	Speicher	
4	UND		12	Speicher	
5	Inhibition		13	Zeit	
6	Implikation		14	Zeit	
7	NOR $\overline{x+y} = \bar{x}\cdot\bar{y}$		15	Zeit	
8	NAND $\overline{x\cdot y} = \bar{x}+\bar{y}$				

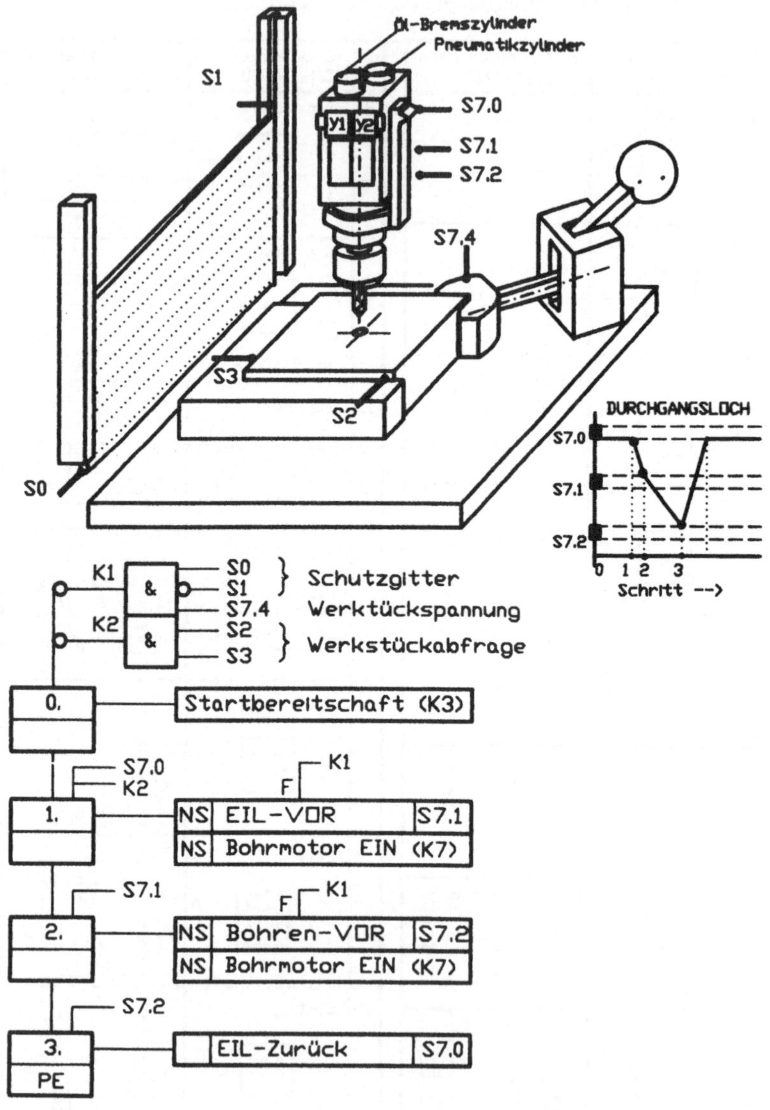

Bild 79 Bohrvorrichtung mit pneumatischem Pinolentrieb

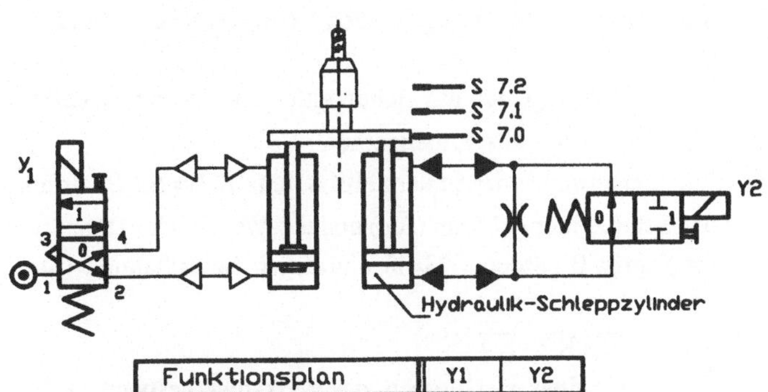

Funktionsplan	Y1	Y2
Pinole vor Eilgang	1	0
Pinole vor Bohren	1	1
Pinole zurück Eilgang	0	0

Bild 80 Pneumatik-Schaltplan für Bohrpinole

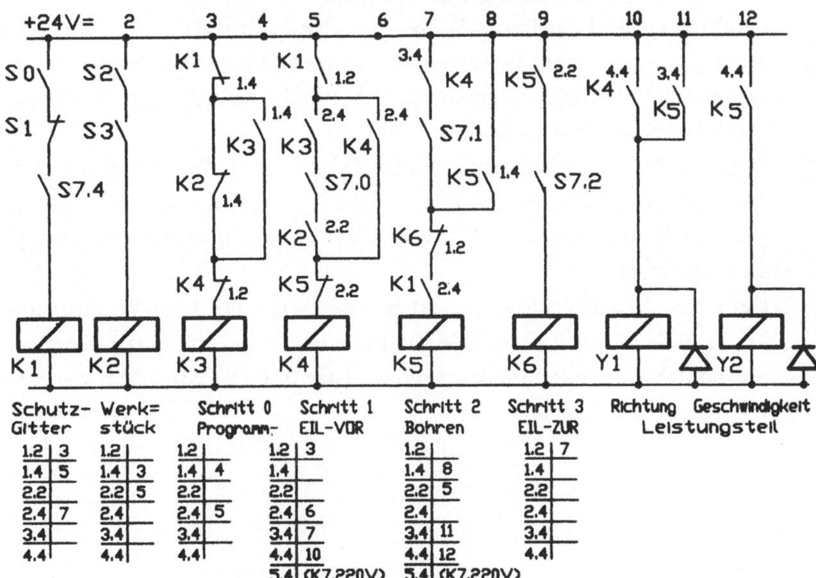

Schutz-Gitter		Werk=stück		Schritt 0 Programm-		Schritt 1 EIL-VOR		Schritt 2 Bohren		Schritt 3 EIL-ZUR	
1.2	3	1.2		1.2		1.2	3	1.2		1.2	7
1.4	5	1.4	3	1.4	4	1.4		1.4	8	1.4	
2.2		2.2	5	2.2		2.2		2.2	5	2.2	
2.4	7	2.4		2.4	5	2.4	6	2.4		2.4	
3.4		3.4		3.4		3.4	7	3.4	11	3.4	
4.4		4.4		4.4		4.4	10	4.4	12	4.4	
						5.4	(K7.220V)	5.4	(K7.220V)		

Bild 81 Stromlaufplan für Bohrpinole

4.1.3.1 Funktionsbeschreibung für den Stromlaufplan (Bild 81)

1. Die Sicherheitsabfrage für das Schutzgitter und die Spannstellung wird in
$K1 = S0 \cdot \overline{S1} \cdot S7.4$ zusammengefaßt.
2. Die Werkstückabfrage wird in dem Hilfsschütz $K2 = S2 \cdot S3$ erfaßt.
3. Wenn das Schutzgitter geöffnet ($\overline{K1}$) und das Werkstück entnommen ist ($K2$),
wird der Schritt 0 gesetzt ($K3=1$) und durch Selbsthaltung (Strompfad 4)
gespeichert.

$$K3 = \overline{K1} \cdot \overline{K2} \cdot \overline{K4}$$

4. Wenn das Schutzgitter geschlossen, das Werkstück gespannt ($K2=1$) und die
Pinole in der Ausgangsstellung steht ($S7.0$), wird der 1. Schritt gesetzt ($K4=1$)
und gespeichert. Der Schritt 0 wird durch den Öffner K4 im Pfad 3 gelöscht.
Durch K4 wird der Kontakt im Strompfad 10 geschlossen. Damit wird $y1=1$
(Pinole im Eilgang vor).
5. Wenn der Taster 7.1 überfahren wird und das Schutzgitter geschlossen ist
($K1=1$), wird der Schritt 2 gesetzt und gespeichert ($K5=1$), der Schritt 1 wird
durch den Öffner K5 gelöscht. Der Magnet y bleibt über den Kontakt K5 in dem
Strompfad 11 wieder in 1-Zustand. Der Magnet y2 wird über den Kontakt K5
in Pfad 12 ebenfalls angezogen. Die Pinole bewegt sich in Arbeits-
geschwindigkeit weiter vorwärts.
6. Wenn der Taster S7.2 angefahren wird und sich K1 im 1-Zustand befindet, wird
der 3. Schritt erfüllt ($K6=1$). Damit wird der 2. Schritt gelöscht; beide Magnete
gehen in den 0-Zustand. Die Pinole bewegt sich im Eilgang in ihre Ausgangsstellung zurück.
Der 3. Schritt muß nicht gespeichert werden, da sich die Wege-Ventile in ihrer
mechanischen Ruhelage befinden und keine elektrischen Signale benötigen.
Sobald sich die Pinole zurückbewegt, wird der Taster S7.2 frei. Damit geht K6
wieder in den 0-Zustand.

4.2 Speicherprogrammierbare Steuerung (SPS)

4.2.1 Aufbau und Arbeitsweise der SPS

Der weitaus größte Teil aller Steuerungsaufgaben wird heute mit Hilfe einer „Speicherprogrammierbaren Steuerung" (SPS) ausgeführt. Die SPS übernimmt dabei die Aufgabe der Informationsspeicherung und die logische Verknüpfung der Informationen und Signale.

Die Steuerung besteht grundsätzlich aus zwei Bauteilen:

1. Der Zentraleinheit (ZE): Sie ist eine nahe Verwandte zur den PC-Computern und übernimmt den Speicher und Logikteil der Steuerung.

2. Ein-/Ausgangsmodul (E/A-Modul): In dem E/A-Modul werden die von der Peripherie kommenden Signale über Opto-Koppler galvanisch getrennt und an die ZE, frei von externen Einflüssen wie Spannungsspitzen, weitergegeben. Die von der ZE ausgehenden Ausgangssignale werden in dem E/A-Modul über Darlington-Stufen verstärkt und über eine Schutzdrosselspule an die Peripherietechnik weitergegeben. Die maximale Ausgangssignalleistung pro Ausgang liegt in der Regel bei 40 Watt.

Die Befehlsverarbeitung in der SPS-Zentraleinheit (Bild 82):

1. Der umlaufene Befehlszähler liest seriell die digitale Informationen (0/1) des Programmspeichers und gibt sie an das Befehlssystem nach jedem Umlauf weiter (Umlaufdauer etwa 10 ms).

2. Die bei einem Umlauf ausgelesenen Informationen werden in dem Befehlsregister wortweise bis zum nächsten Umlauf gespeichert und in einen Operations- und Adreßteil getrennt.

3. Der Adreßteil wird sofort an das Eingangs- oder Ausgangsregister als vorbereitetes Signal weitergegeben und gespeichert.

3.1 In dem Eingangsregister werden die von außen eingehenden Signale mit den vom Adreßdekodierer eingegebenen Adressen verglichen. Besteht Übereinstimmung, so wird das entsprechende Eingangssignal an den ALU-Speicher (Arithmethik and Logig Unit) weitergegeben.

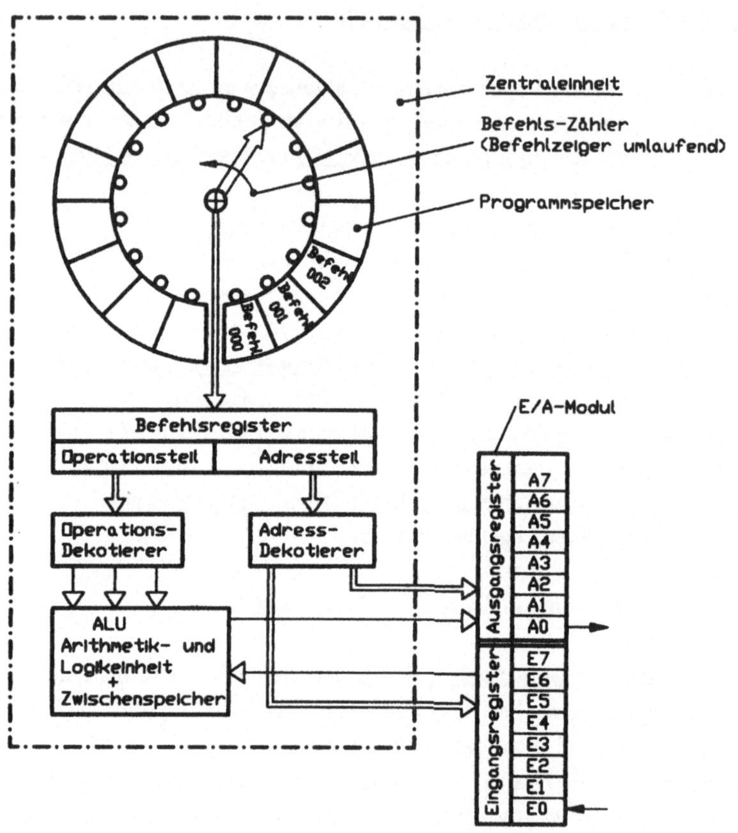

Bild 82 Befehlsverarbeitung in der SPS-Zentraleinheit

4. Der <u>Operationsteil</u> wird an die <u>Arithmetik- und Logikeinheit</u> weitergeleitet und mit den vorliegenden Steueranweisungen vergattert.

5. Der Befehlszähler fordert jetzt den nächsten Befehl aus dem Programmspeicher. Dieser Vorgang wiederholt sich, bis der ganze <u>Befehlssatz</u> in den Aluspeicher eingelesen ist.

6. Sind die <u>Eingangssignalanforderungen</u> des im ALU-Speicher eingelagerten
    Befehlssatzes erfüllt, so wird das 1-Signal an das <u>Ausgangsregister</u> wei-
    tergeleitet und über den durch das Adreßsignal vorgegebenen Ausgang so
    lange ausgegeben, bis der Befehl widerrufen wird.

4.2.2 Reaktionsverzögerung bei der SPS-Pneumatik

Außer der <u>Verzögerungszeit in der SPS</u> durch die serielle Informationsverarbeitung werden die <u>Eingangssignale</u> in dem Eingangsregister mit einer
<u>Verzögerungszeit von ca. 5 ms</u> weitergegeben. Diese Verzögerung dient zum
Schutz gegen induktive Spannungsspitzen und Signalüberschneidungen durch
ungenau arbeitende Schützenkontakte.
Das <u>Umsetzen des elektrischen Signales</u> in ein pneumatisches Signal benötigt in
dem elektro-magnetisch betätigten Pneumatikventil je nach Baugröße und Bauart
10 bis 30 ms.

mittlere Bearbeitungszeit in der SPS	10 ms
Eingangssignalverzögerung	5 ms
mittlere Zeit für die E/P-Signalumsetzung	20 ms
mittlere Signalverzögerung pro Ablauf-schritt bei der SPS-Pneumatiksteuerung	35 ms

Die neuesten, von den Firmen SIEMENS und FANUC vorgestellten SPS-
Steuerungen benötigen nur noch eine Bearbeitungszeit von 0,2 ms pro Schritt.

4.2.3 Ausführung der SPS-Steuerung

Alle für den **Prozeßablauf notwendigen Informationen** und logischen Signal-
verarbeitungen werden in der <u>SPS verarbeitet, soweit sie nicht mit der Personen-
sicherheit in Verbindung stehen</u>. Durch das unvorhersehbare Verhalten im Stör-

fall der SPS müssen alle <u>Sicherheitssignale</u> mit Hilfe der <u>Elektromechanik</u> oder mit <u>logischen pneumatischen Bauelementen</u> ausgeführt werden (Bild 64/83). Aus Kostengründen wird in der Regel die elektromechanische Lösung bevorzugt.

Die **<u>Umwandlung der elektrischen SPS-Ausgangssignale</u>** (E/P-Wandler) erfolgt in <u>elektromagnetisch betätigten, vorgesteuerten Pneumamtikventilen</u>. Die pneumatische Vorsteuerung (Kapitel 5.1.5 Bild 99) ist notwendig, um die Leistungsaufnahme der Steuermagnete und damit die beim Abschalten der Magnete auftretenden Spannungsspitzen möglichst nieder zu halten (siehe Kapitel 4.1.1.3). Moderne Ventilbauarten begnügen sich durch die Vorsteuerung mit einer elektrischen Leistung von nur 55 mW.

Die **<u>Umwandlung pneumatischer Signalzustände</u>** in elektrische, von der SPS „lesbare Signale", <u>erfolgt mit Hilfe von PE-Wandlern</u>, wie sie in Kapitel 5.3.5 beschrieben sind. Diese Bausteine werden von der Fa. FESTO beispielsweise als preiswerte 8fach P/E-Wandler angeboten. Dadurch ist es leicht möglich, die pneumatischen Signalzustände mit Hilfe der SPS zu überwachen und die SPS-Befehle zu quittieren.

<u>4.2.4   Beispiel: SPS - pneumatische Steuerung</u>

Außer dem Pneumatik- und dem Stromflußplan sind in Bild 83 je ein Beispiel für die Programmiersprachen "FUP" (Funktionsplan) und "AWL" (Anweisungsliste) nach <u>DIN 19 239</u> dargestellt.
Die <u>"FUP-Sprache"</u> entspricht dem in Kapitel 2.3.3.4 beschriebenen Funktionsplan (Bild 79).
Die <u>"AWL-Sprache"</u> ist eine algebraische Sprache (modifiziert nach Festo) und entspricht der in Kapitel 2.3.2.3 behandelten Schaltalgebra.
Die 3te SPS-Sprache, die <u>"KOP-Sprache"</u> (Kontaktplan) ist nur in der Tafel 30 dargestellt, ihr Aufbau entspricht dem in Kapitel 4.1.1 behandelten Elektromechanik-Schaltplan.

SPS – PROGRAMMIERUNG für Bohrvorrichtung in Bild 79

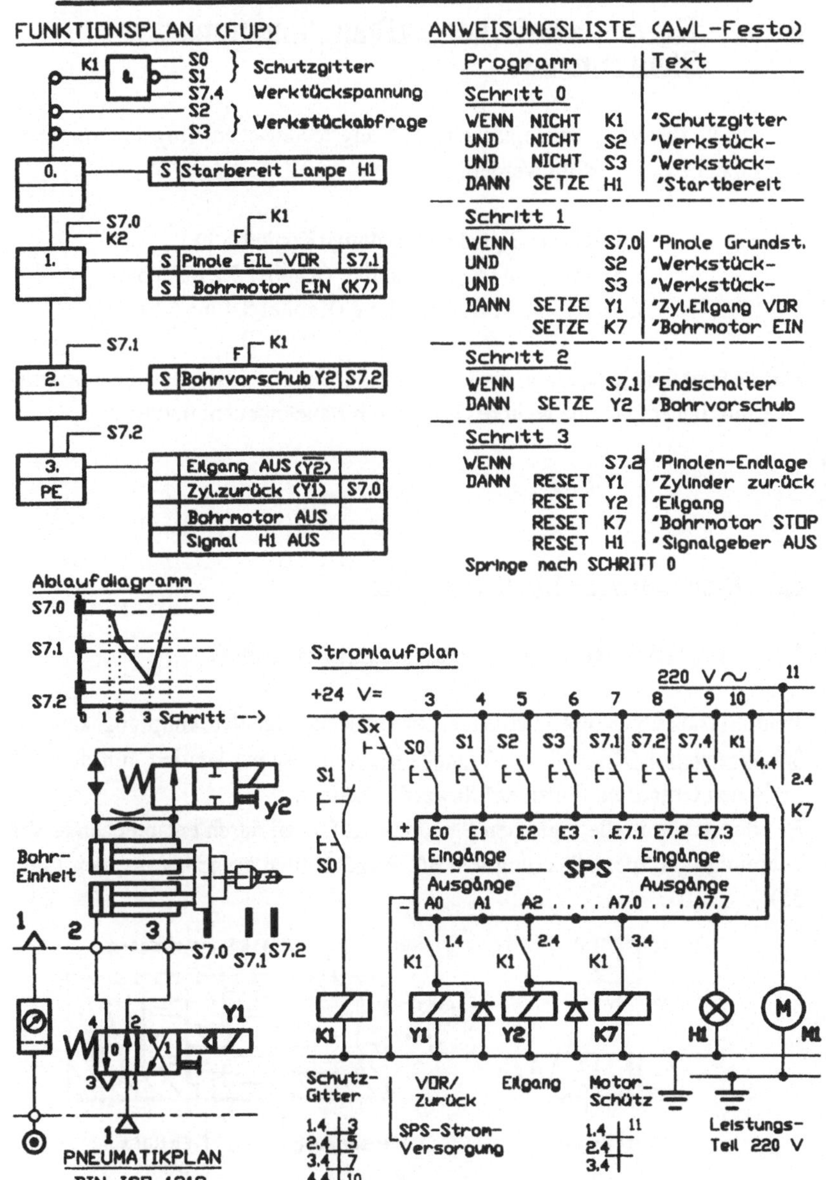

Bild 83 SPS-Pneumatischer Schaltplan für eine Bohrpinole

5   Gerätetechnischer Aufbau pneumatischer Steuerungen

Die zur Realisierung der logischen steuerungstechnischen Aufgaben müssen 3 Aufgabenbereiche erfüllt werden.

> 1. Logische Signalverarbeitung (Kapitel 5.1)
> 2. Sensorik und Signalwandler (Kapitel 5.2 bis 5.3)
> 3. Druck- und Stromregelung (Kapitel 5.4 bis 5.5)

Um die Funktion, Installation sowie Druck- und Mengestellung der Steuerelemente zu ermöglichen, ist eine weitere Gruppe von Bauelementen notwendig:

> 4. Zubehör

5.1   Pneumatische Logikbausteine

5.1.1   Kolbengesteuerte Wegeventile (Kolbenschieber)

Beim Einsatz von Kolbenelementen zur logischen Signalverknüpfung, kann das 3/2-Wegeventil (Bild 84) als Grundbaustein angesehen werden, mit dem alle logischen Grundfunktionen erfüllt werden können.
Es können somit alle logischen Steuerungsaufgaben durch entsprechende Verknüpfung und Spezialisierung von 3/2-Wegeventilen aufgebaut werden (Tafel 35).

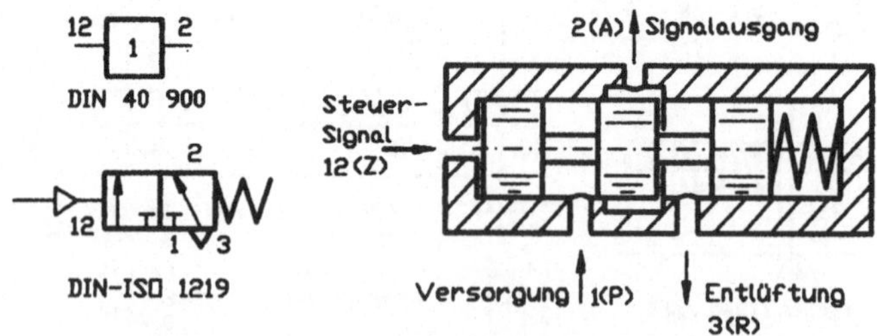

Bild 84   Monostabiler 3/2-Wegekolbenschieber

Zwei weitere Eigenschaften des Kolbenelementes kommen seiner Anwendung als Logikbaustein sehr entgegen:

1. Wird anstelle der federbelasteten Kolbenseite ebenfalls eine Druckbeaufschlagung durch ein zweites Steuersignal vorgesehen, so arbeitet das Bauteil als „Haftspeicher" (Schaltungsbeispiele in Kapitel 3.4, Bild 47, 55, 56, 58, 59).
2. Durch entsprechende Anordnung der Energiezufuhr und der Signalein- und -ausgänge kann das 3/2-Wegeventil ohne großen Mehraufwand zu einem vier- bzw. 5/2-Wegeventil ausgebaut werden (Bild 85)

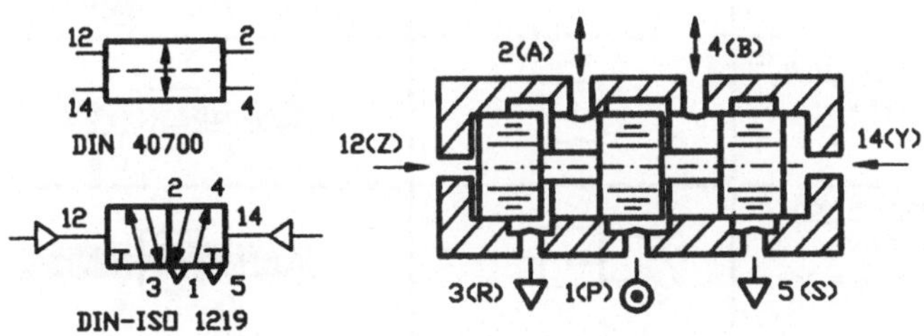

Bild 85 Haftspeicher 5/2-Wegekolbenschieber

Die Abdichtung zwischen Steuerkanten und Steuerkolben kann durch eine Spalt- oder Weichdichtung erfolgen. Die **Steuerkante** wird durch eine Ringnute (Bild 85) oder einfach durch Bohrungen (Bild 84) in der Steuerzylinderfläche erzeugt. Praktische Beispiele aus Katalogblättern der Fa. Herion sind im Bild 86 aufgezeigt.

Die Spaltdichtung wird aus Kostengründen nur noch in wenigen Fällen eingesetzt. Um den Leckverlust in wirtschaftlichen Grenzen zu halten, sollte das Steuerkolbenspiel in dem Bereich von 0,002-0,004 mm liegen. Diese Kolbenschieber können außerordentlich schnell arbeiten. Durch die geringen Reibkräfte der Steuerkolben können diese auch mit geringen Steuerdrücken arbeiten. Der günstige Arbeitsdruckbereich liegt bei vielen Typen bei p = 1,5 - 8 bar.

Tafel 35   Realisierung logischer Funktionen durch Kolbenelemente

Nr.	Funktion	Schaltzeichen DIN 40 900 (40 700)	Kolben – Element
1.	**Identität** $x = A$		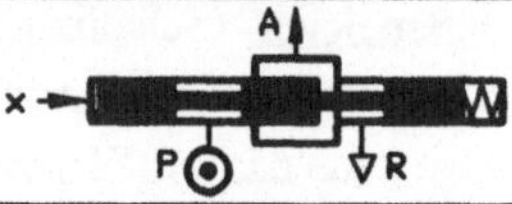
2.	**Negation** $x = \bar{A}$		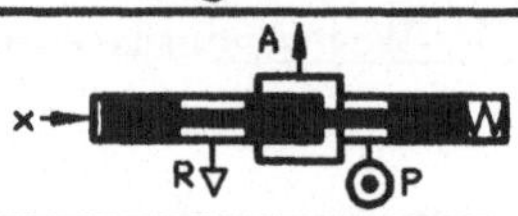
3.	**Konjunktion** (passiv) $x \cdot x = y$	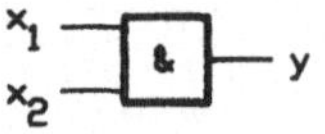	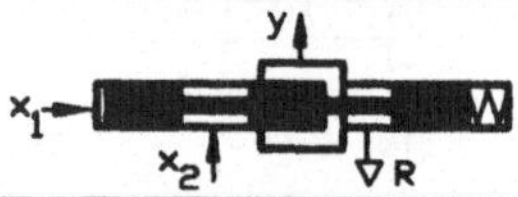
4.	**Disjunktion** (passiv) $x + x = y$	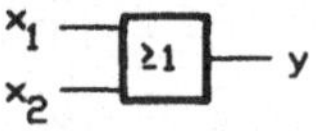	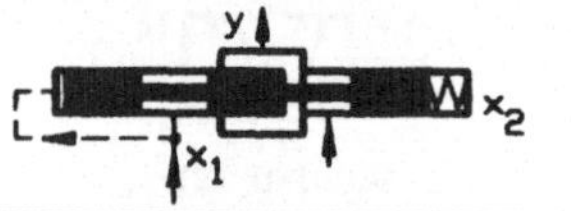
5.	**Inhibition** (passiv) $\bar{x} \cdot x = y$	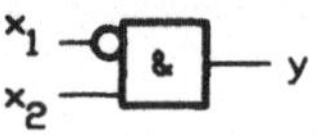	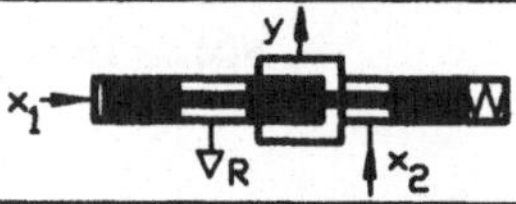
6.	**Implikation** (passiv) $x + \bar{x} = y$	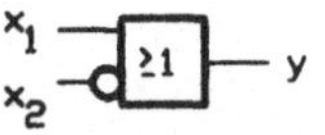	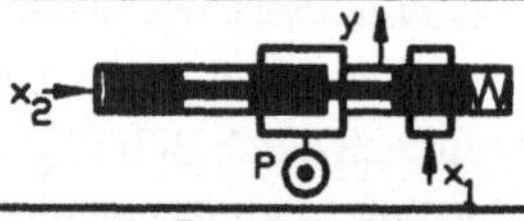
7.	**Haftspeicher** $A = \bar{B}$	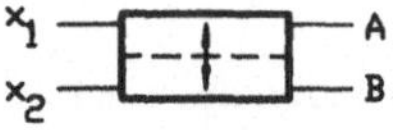	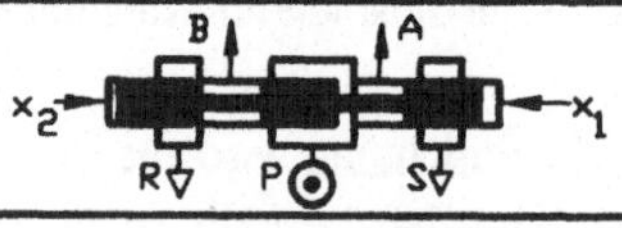

Schaltzeiten bei pneumatischer Ansteuerung in dem Bereich von t = 3 - 8 ms sind durchaus erreichbar.

Durch die exakte digitale Signalausgabe, insbesondere der Schieber mit **Steuerringnute** und Spaltdichtung, arbeiten diese Bausteine auch bei sehr langsamen Steuerbewegungen noch funktionssicher. Dies ist besonders bei dem Aufbau von Zeitgliedern von Bedeutung.

Bei dem Einsatz von Bausteinen mit Spaltdichtungen reichen in der Regel die Standardluftfiltergeräte mit einer Porenweite von 0,03 - 0,05 mm nicht aus. Es sollten **zusätzliche Feinfilter** eingebaut werden, um Betriebsstörungen und vorzeitige Alterung der Geräte zu vermeiden.

Durch entsprechende Werkstoffpaarung können die meisten Ventiltypen mit ungeölter Luft betrieben werden.

Kolbenschieber mit Weichdichtungen sind erheblich robuster im Betrieb und in der Regel etwas preisgünstiger in der Herstellung. Ihre größere Bauweise und dadurch bedingte größere Steuerluftvolumen und Schaltzeiten können bei den meisten Steuerungsaufgaben mit nur wenigen Signalverknüpfungen in Kauf genommen werden.

Bei dem Einsatz als Peripheriegeräte zur Steuerung von Stellgliedern ist ihre Schaltgeschwindigkeit t_S ohnehin ausreichend: Die Schaltgeschwindigkeit t_S für pneumatisch gesteuerte Kolbenelemente mit Weichdichtungen und Anschluß-werten bis 1/8" liegt bei

$$t_S = 8 - 25 \text{ ms}$$

Die Weichdichtungen können feststehend im Ventilgehäuse (Bild 86.1) oder auf dem beweglichen Steuerkolben angeordnet werden (Bild 86.2). Die Ausführung 1 in Bild 86 wird in der Praxis häufiger eingesetzt, obwohl sie fertigungstechnisch aufwendiger ist. Der Vorteil liegt in der geringeren Verletzungsgefahr der Dichtung an den Steuerkanten.

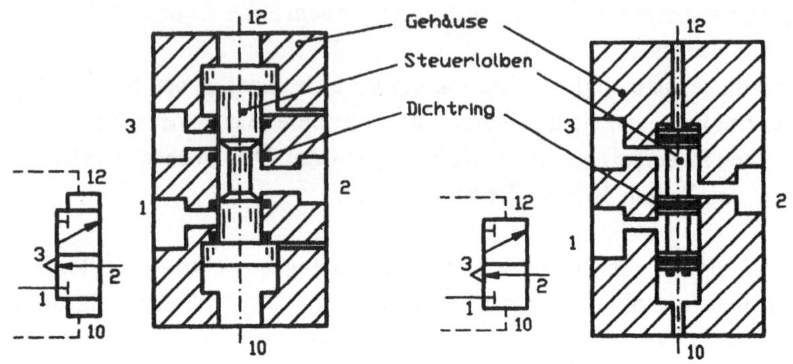

1.) Dichtungen feststehend   2.) Dichtungen beweglich

Bild 86 3/2-Wegeventile mit Weichdichtungen

5.1.2 Längs-Flachschieberventil

Flachschieberventile bestehen aus zwei beweglichen Steuerteilen, einem „Längs-Flachschieber" und einem „Betätigungskolben" (siehe Bild 87). Der Steuerflachschieber dichtet durch Federdruck auf seiner Stirnseite und wird mit Hilfe des pneumatischen Betätigungskolbens in seine Funktionsstellung gebracht. Die Dichtfläche des Flachschiebers muß eine sehr gute Oberflächengüte und Ebenheit aufweisen, sie bedarf jedoch keinerlei Längenmaßtoleranzen. Durch die Anpressung der Dichtfläche mittels einer Feder wird der Verschleiß der Dichtfläche selbstätig ausgeglichen.

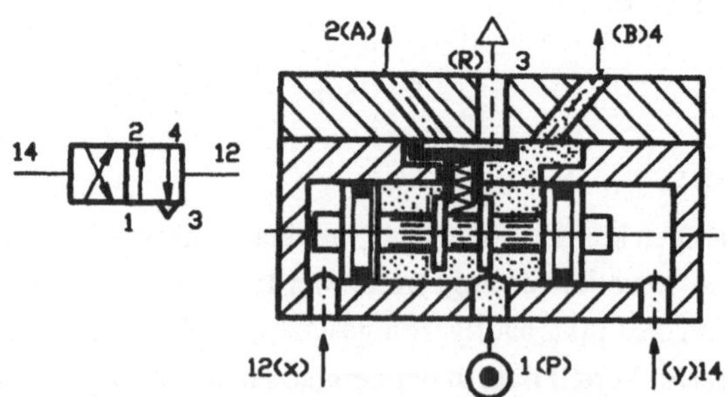

Bild 87 4/2-Wegeflfachschieberventil

Das Flachschieberprinzip läßt sich im Gegensatz zu den Kolbenschiebern fertigungstechnisch in der Großserie relativ einfach und sicher herstellen.

5.1.3 Drehschieberventil

Drehschieberventile werden auch als Plattenschieberventile bezeichnet. Zur Umsteuerung dieser Ventile ist eine Drehbewegung notwendig, dadurch wird dieser Ventiltyp im allgemeinen nur mit Hand- oder Fußbetätigung ausgeführt.

Wie aus Bild 88 zu entnehmen ist, wird die Dichtfläche des Schiebers mit Federdruck gegen das Gehäuse gedrückt, wodurch ein Verschleiß des Schiebers ausgeglichen wird. Bei entsprechender Anordnung der Steuerbohrungen und -schlitze kann das Ventil als 2- oder Mehrstellungsventil ausgeführt werden. So bietet sich diese sehr robuste Bauart ganz besonders als Wahlschalter mit mehreren Schaltstellungen an.

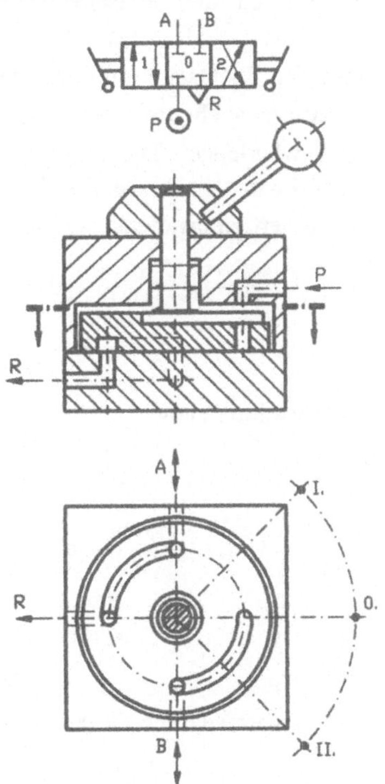

Bild 88 4/3-Wegedrehschieberventil

5.1.4 Sitzventile

Die Abdichtung der Steuerkanten erfolgt bei den Sitzventilen durch

Kegel-, Kugel- oder Tellerdichtungen

Die Realisierung der logischen Funktion kann somit durch einen Vielzahl von konstruktiven Möglichkeiten erfolgen. In der praktischen Ventilkonstruktion werden häufig die verschiedenen Dichtsysteme in ein und demselben Ventil angewendet.

Bei den meisten Sitzventilkonstruktionen wird eine Dichtseite mit elastischen Werkstoffen ausgeführt. wodurch dieser Ventiltyp auch unter ungünstigen Betriebsbedingungen eine sichere Funktion gewährleistet. Die elastomeren Dichtflächen und das gesamte Konstruktionsprinzip der Sitzventile erlaubt gegenüber den Kolbenventilen erheblich größere Fertigungstoleranzen und damit günstigere Herstellungskosten.

Positive Eigenschaften der Sitzventile:

1. Unempfindlich gegen Druckluftverschmutzung
2. Preisgünstig in der Fertigung
3. Verschleißarme Funktionsteile
4. Teiletausch der Verschleißteile grundsätzlich möglich.

5.1.4.1 Sperrventile

Die einfachste Bauteilekonstruktion wird bei den Sperrventilen durch die Anwendung von Sitzdichtungen ermöglicht.

Wie aus Bild 89 zu entnehmen ist, kann beispielsweise ein Rückschlagventil (Durchfluß ist nur in einer Richtung möglich) mit einer Kegel-, Kugel- oder Plattendichtung ohne Schwierigkeiten ausgeführt werden.

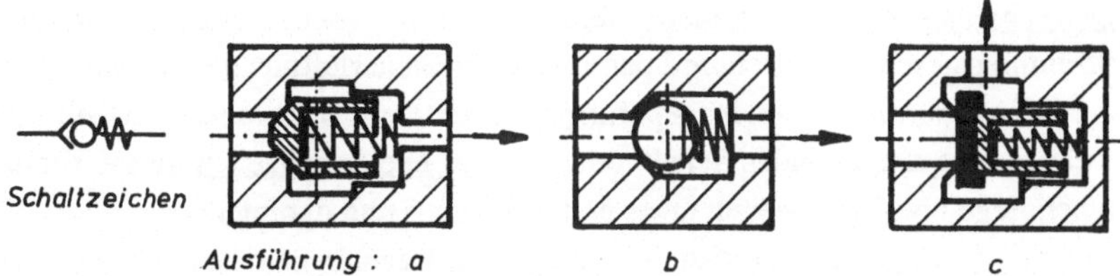

Bild 89 Rückschlagventil

Der Schließdruck des geschlossenen Rückschlagventiles wird durch den statischen Luftdruck auf der Inneseite des Ventils erzeugt. Je größer der zu sperrende Luftdruck ist, um so größer wird die Anpreßkraft der Dichtkörpers.

Die in Bild 89 eingezeichneten Federn dienen nur zum Gewichtsausgleich der Dichtelemente, um die Ventile auch bei geringsten Durchflußmengen in jeder Einbaulage funktionsfähig zu halten. Die Schließbewegung der Dichtelemente wird bei entsprechender Strömungsrichtung und -geschwindigkeit durch den Strömungswiderstand des Dichtkörpers (Kegel, Kugel oder Platte) selbst erreicht. Durch das strömungsdynamische Bewegungsverhalten und den statischen Schließdruck auf den Dichtkörper, werden die ohne Feder ausgeführten Bauteile auch als „semistatische Elemente" bezeichnet, da sie im strengen Sinne, weder zu den statischen noch zu den dynamischen Bauteile zugeordnet sind. Beispiele dafür sind in Bild 90 und 91 dargestellt.

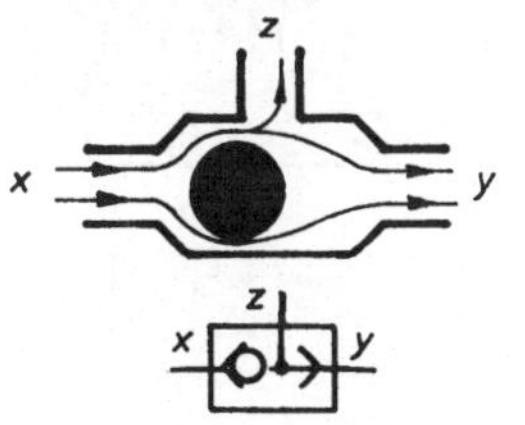

Bild 90 Wechselventil
(ODER-Funktion)

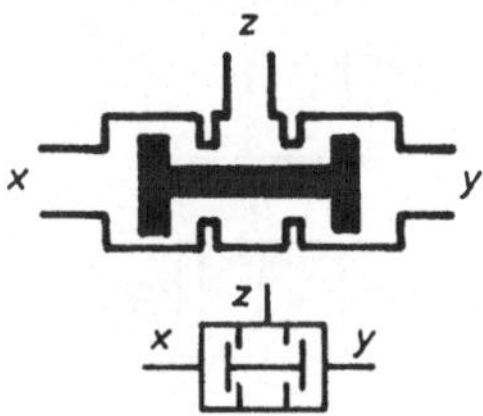

Bild 91 Zuschaltventil
(UND-Funktion)

<u>Die Schaltgeschwindigkeit</u> dieser Ventiltypen hängt somit weitgehend von der Strömungsgeschwindigkeit und damit von der Steuerluftmenge und -luftdruck ab. Bei vernünftiger Dimensionierung arbeiten diese Ventile sehr schnell und weisen ein gutes digitales Schaltverhalten auf. <u>Die Schaltzeiten</u> dieser Ventiltypen liegen bei Nennweiten unter 6 mm bei 6 ms und darunter.

<u>Der Arbeitsdruck</u> von Sperrventilen liegt in der Regel in dem Bereich von 1 bis 10 bar.

5.1.5.2 Wege(Sperr)sitzventile

Wegesitzventile werden sowohl bei kleinen Nennweiten zu logischen Steuerfunktionen, als auch für leistungsstarke Ventile zur Betätigung von Stellgliedern eingesetzt.

Wegesitzventile weisen drei grundsätzliche Konstruktionsmerkmale auf:

a)   Die <u>Anpreßkraft</u> der Dichtung nimmt mit zunehmendem <u>Luftdruck zu</u> (Bild 92 Negation)

aa)   Die <u>Anpreßkraft</u> nimmt mit zunehmenden <u>Luftdruck ab</u> (Bild 92 Identität)

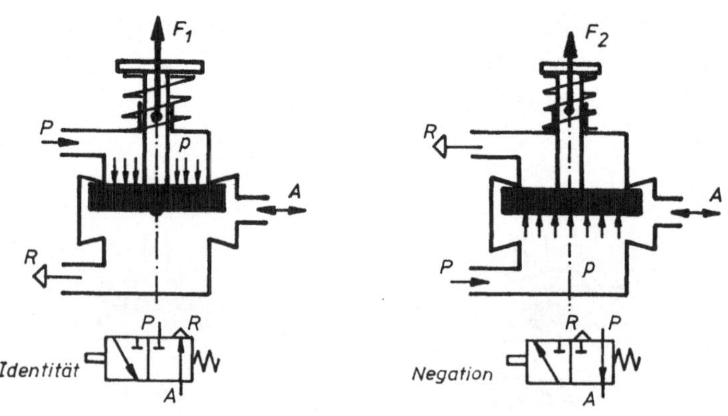

Bild 92 3/2-Wegesitzventile mit Überschneidung
ohne Druckentlastung

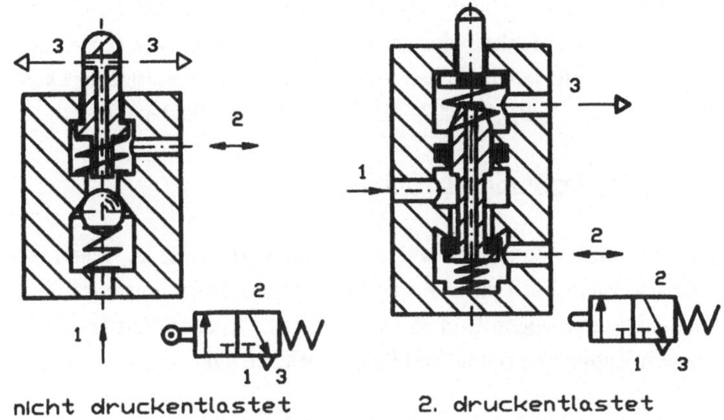

Bild 93 Überschneidungsfreie 3/2-Wegeventile

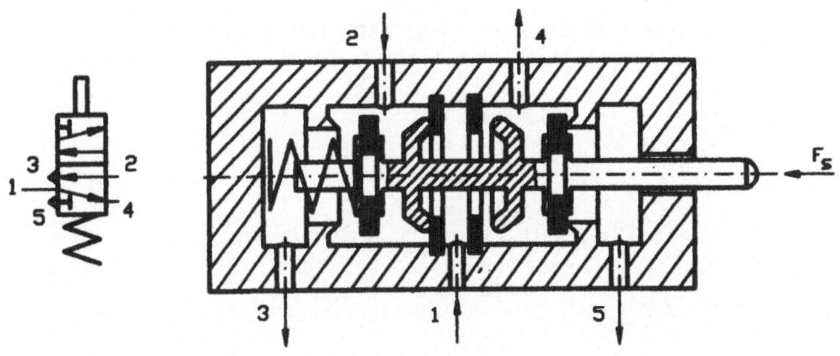

Bild 94 Überschneidungsfreies, druckentlastetes 5/2-Wegeventil

b) Beim Umsteuervorgang treten Überschneidungen auf (Bild 92).

bb) Beim Umsteuervorang treten keine Überschneidungen auf (Bild 93).

c) Die Umsteuerkraft muß den Dichtdruck überwinden (Bild 92, 93.1).

cc) Ventil ist druckentlastet aufgebaut.

Die Anpreßkraft F_{min} der Weichdichtungen reicht schon bei sehr geringen Kräften zur vollständigen Abdichtung aus. Die notwendige Mindestkraft hängt von der Oberflächenbeschaffenheit der Dichtflächen und der Elastizität der Weichdichtung ab. Sie ist jedoch in den meisten Fällen mit spezifischer Dichtkraft.

$$F_{min} = 0,03 - 0,03 \ N/mm^2 \ Dichtfläche$$

Logische Funktionen von Sitzventilen

Durch Sitzventile können wie bei den Kolbenventilen alle logischen Funktionen realisiert werden. Zur Umsteuerung der Ventile werden entweder Betätigungskolben eingesetzt, wie in Bild 96 bis 98 dargestellt, oder Membransysteme, wie sie in dem Kapitel 5.1.6 und Bild 95 beschrieben sind.

Ohne Umsteuerhilfen durch Kolben oder Membrane werden üblicherweise lediglich die semistatischen ODER- und die UND-Bausteine ausgeführt. Es ist jedoch durchaus möglich, allein mit Kugelelementen alle Funktionen darzustellen. Auf diesem Prinzip aufbauend hat die Fa. Kearfott (USA) ein komplettes Steuerungssystem entwickelt. Dieses System muß jedoch schon zu den strömungsdynamisch arbeitenden Systemen gezählt werden.

5.1.5 Betätigungsarten der Kolben- und Sitzventile

Die Betätigung der Steuerkolben wird je nach Anforderung und Aufgabe mit 3 verschiedenen Systemen ausgeführt:

1. Mechanisch
- Muskelkraftbetätigt durch Taster, Hebel oder Drehgriff
- Mechanisch kraftbetätigt durch Nockenstößel oder Rollenhebel.
- Federkraft (Rückstellung in 0-Lage)

2. Pneumatisch
- Direkte Druckaufbeaufschlagung des Steuerkolbens; vorgesteuerte Druckluftbeaufschlagung bei großen Nennweiten

3. Elektromechanisch
- Direkt auf den Steuerkolben wirkend
- Über elektropneumatische Vorsteuerung

5.1.5.1 Mechanische Steuerkolbenbetätigung

Die direkte mechanische Betätigung der Steuerkolben erfolgt nur bei **kleinen Nennweiten und Vorsteuerventilen**. Beispiele dafür sind in den Bildern 88 und 92 - 94 dargestellt.

Die **Betätigungselemente** werden für „Hand/Fuß-" und die mechanischen Betätigungen in vielfältiger Form angeboten. In Tafel 36 werden einige aufgezeigt. Von Bausteinen mit größeren Nennweiten abgesehen, werden die meisten Bauarten nach dem **Baukastenprizip** angebogten. Es können auf jeweils einen Ventiltyp die verschiedensten Betätigungstasten aufgebaut werden.

Besonders sinnvoll sind die Bauarten 4.1 - 4.5 in Tafel 36. Bei diesem System ist die Kupplung des Grundkörpers (4) baugleich mit Betätigungselementen, wie sie in der Elektromechanik angeboten werden.

Tafel 36 Muskelkraft/mechanische Ventilbetätigung

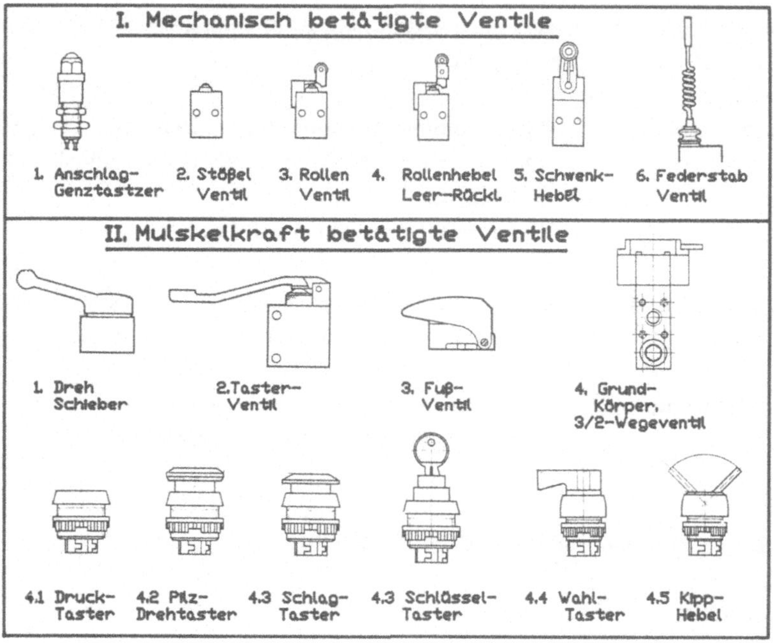

I. Mechanisch betätigte Ventile
1. Anschlag-Genztastzer
2. Stößel Ventil
3. Rollen Ventil
4. Rollenhebel Leer-Rückl.
5. Schwenk-Hebel
6. Federstab Ventil
II. Mulskelkraft betätigte Ventile
1. Dreh Schieber
2. Taster-Ventil
3. Fuß-Ventil
4. Grund-Körper, 3/2-Wegeventil
4.1 Druck-Taster
4.2 Pilz-Drehtaster
4.3 Schlag-Taster
4.3 Schlüssel-Taster
4.4 Wahl-Taster
4.5 Kipp-Hebel

12 (z)
1(P)
2(A)
3(R)
2(A)
12(z)
3(R)
1(P)

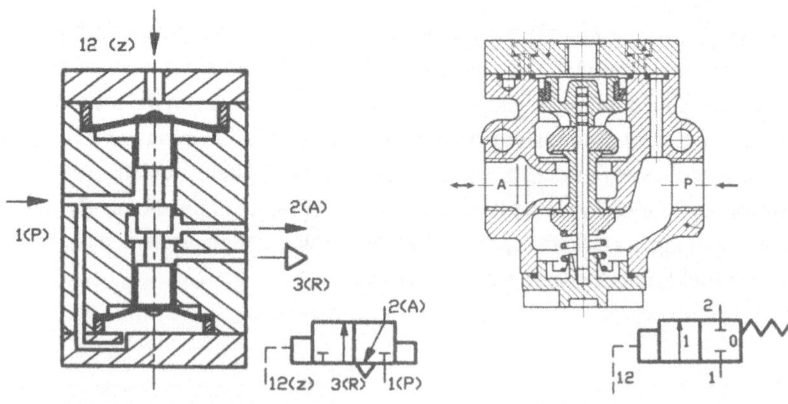

Bild 95 Ventil membranbetätigt

A
P
2
1
0
12
1

Bild 96 Ventil kolbenbetätigt

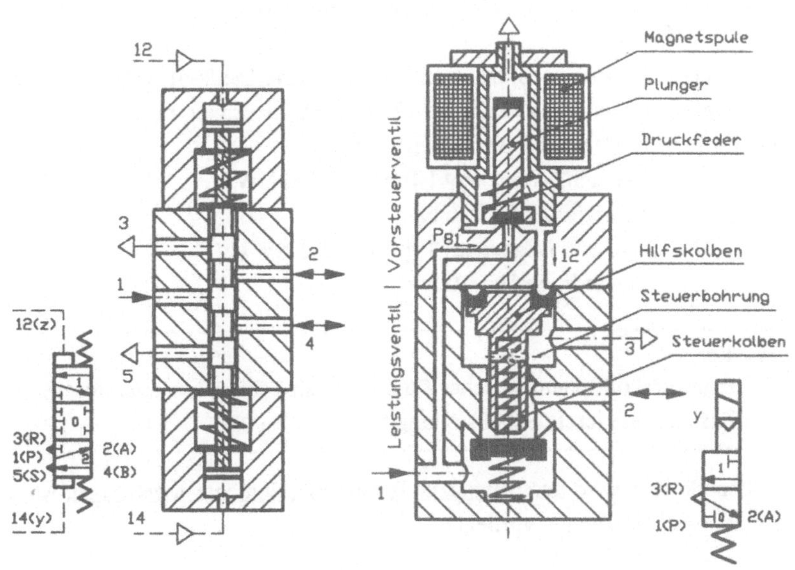

Bild 97 Ventil mit Mittelstellung   Bild 98 Ventil magnetbetätigt

Die <u>Rückstellung</u> der Steuerkolben in die 0-Stellung erfolgt bei monostabilen
Schaltelementen in der Regel durch <u>Federkraft</u>. Die Bausteine nehmen dadurch
in druck- und stromlosen Zustande zwangsläufig ihre 0-Stellung ein.
(siehe Bild 84, 93, 94, 96, 97, 98)

5.1.5.2 Pneumatische Steuerkolbenbetätigung

Die direkte Beaufschlagung des Steuerkolbens, wie sie in den Bilder 86 und 87
dargestellt ist, wird vorzugsweise dann angewandt, wenn das Steuersignal
pneumatisch erzeugt wird und das gleiche Druckniveau wie der Arbeitsdruck des
Wegeventils aufweist. Beispiele dazu sind in Kapitel 3.4 ausgeführt. Bei den

Schaltzeichen nach DIN-ISO 1219 werden bei dieser Steuerungsart die Steuerleitungen direkt an die zu steuernde Stirnseite des Ventilschaltzeichens angefügt (siehe Tafel 20.1 und die Beispiele in Bild 84 und 85).

Die Steuerkolben-Rückstellung durch pneumatische Stellkraft (Bild 95) wird dann eingesetzt, wenn das Ventil sowohl bei sehr niedrigen, als auch bei sehr hohem Arbeitsdruck eingesetzt werden kann.
Beispiel: Fa. Herion 5/2-Wegeventil Typ 254 1200 NW7
                 Steuerdruck 1 bis 16 bar
                 Fa. Festo 2/2-Wegeventil Typ VLX-2-2 NW1"
                 Steuerdruck 1 bis 10 bar.

> **Merke:**
> Bausteine mit pneumatischer Rückstellkraft behalten in drucklosem Zustand ihre **letzte** Schaltstellung bei.

Der Steuerkolben wird durch <u>spezielle Betätigungselemente angetrieben</u>, wenn besondere Anforderungen vorliegen:

- bei **großen Nennweiten** (Bild 96 - NW>1/2"),
- **großen Schaltkräften** wie in Bild 97 durch Federzentrierung
- **Steuerprioritäten** wie in Bild 95 bei pneumatischen Steuerkolbenrückstellung
- oder in Bild 179 Taktstufe bei Speicher-, Setz-/Löschprioritäten
- **Vorsteuerventilen** zur Druck- und Leistungsverstärkung (Bild 98 und 115)

Die Stellglieder können sowohl als Kolben mit **O-Ringdichtung** (Bild 97) oder wegen der geringen Reibung mit **Lippendischtungen** (Bild 96, 98) als auch mit **Mambranelementen** wie in Bild 95 ausgeführt werden.

In der **Schaltzeichendarstellung nach DIN-ISO 1219** wird das Hilfsbetätigungselement durch ein rechteckiges Feld, an der zu steuernden Stirnseite des Schaltzeichens angegeben. Die Steuerkraft wird durch die entsprechende Breite des Feldes gekennzeichnet. Siehe Schaltzeichen in Tafel 20-1.2 und Bauteile in Bild 95 bis 97.

Die Hilfssteuerluft kann wie in Bild 115 (Anschluß 81) oder in Bild 99 durch einen externen Anschluß zugeführt werden. Erfolgt die Versorgung durch den Druckanschluß (1) des Ventils, so wird die Hilfssteuerluftzufuhr im Schaltzeichen nicht besonders gekennzeichnet (Bild 95 und Bild 99).

5.1.5.3 Elektromechanische Steuerkolbenbetätigung

Die direkte Betätigung des pneumatischen Steuerkolbens durch einen Elektromagneten wird nur bei sehr kleinen Nenndurchmessern (NW_{max}=2,5mm) und bei **Vorsteuerventilen** ausgeführt.

Die Konstruktion der Vorsteuerventile, wie in Bild 99 dargestellt, ermöglicht bei einfachster Bauweise und geringer Stromaufnahme des Magneten außerordentlich kurze Schaltzeichen. Die Steuerluft kann bei dem aufgezeigten Beispiel (Regelfall) sowohl von der Druckversorgung des Hauptventils oder extern zugeführt werden (Anschluß 81, Bild 99).

Technische Daten für Vorsteuerventile:

Leistungsaufnahme	:	0,05 - 5 VA
Vorzugsstromart	:	24V=
Weitere Stromarten	:	Gleichspannung 12V, 42V, 60V, 110V
		Wechselspannung 24V, 42V, 110V, 220V
		50Hz, 60Hz
EIN-/AUS-Schaltzeichen	:	
		von Signalgabe bis auf 90% des Nenndrucks
		und 10% des Entlüftungsdrucks: 10 - 20 ms
Druckbereich	:	0,8 - 10 bar
KV-Wert	:	0,02 - 0,04 m^3/h (siehe Kapitel 7.4)

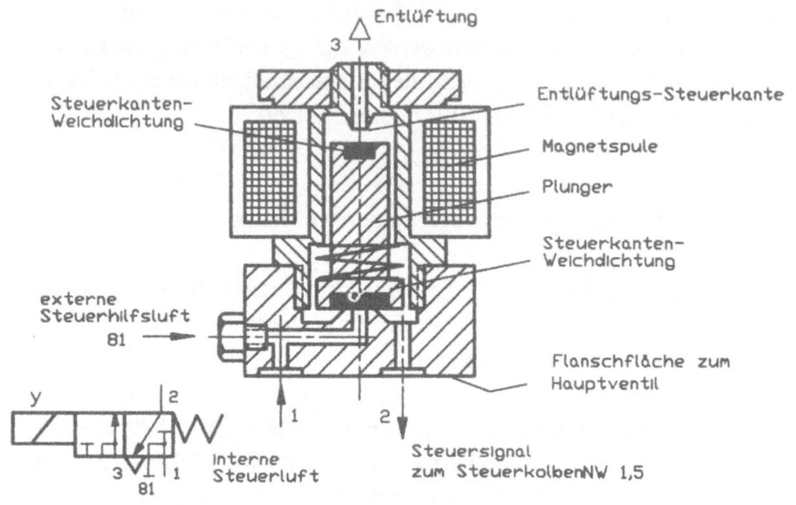

Bild 99 Vorsteuerventil

Entsprechend dem jeweiligen Einsatzfall und Umgebungsbedingungen muß die entsprechende **Schutzart** des Betätigungsmagnten gewählt werden. Die Norm DIN 40 050 Blatt 1 und IED 144 behandelt den Schutz von elektrischen Betriebsmittel durch Gehäuse, Abdeckungen usw.

Beispiel für die Angabe einer Schutzart:

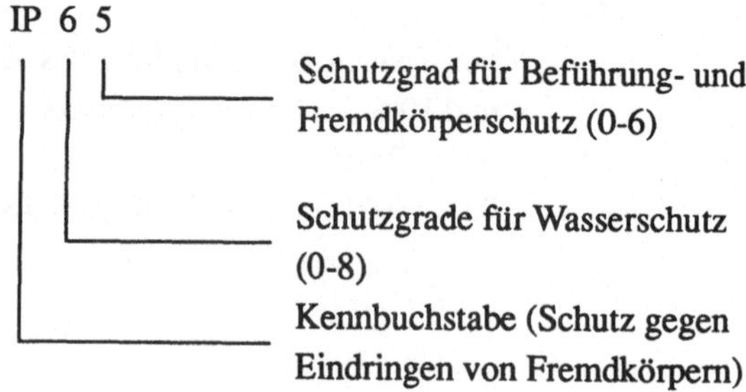

Das hier aufgeführte Beispiel IP 65 bietet einen vollständigen Schutz gegen Berührung und Eindringen von Schmutz (6). Die 2. Ziffer (5) garantiert einen vollständigen Schutz gegen Strahlwasser. Diese Kombination wird von renomierten Herstellern als Standardausführung angeboten.

Die bei Gleichstromsystemen zum Kontaktschutz notwendige **Funkenlöschung** ist in Kapitel 4.1.1.3 beschrieben.

5.1.6 Membranelemente

Membranen arbeiten grundsätzlich nach demselben Prinzip wie Kolbenelemente. Durch Druckbeaufschlagung auf einer Seite, weicht die Membrane in Richtung des Flächendruckes aus. Da die Wege zur Steuerung in Dichtelementen nur wenige Millimeter beträgt, wird sich der begrenzte Hubweg der Membransysteme nicht negativ aus. Entsprechend dem notwendigen Schaltweg, muß die Membrane ausgebildet werden.

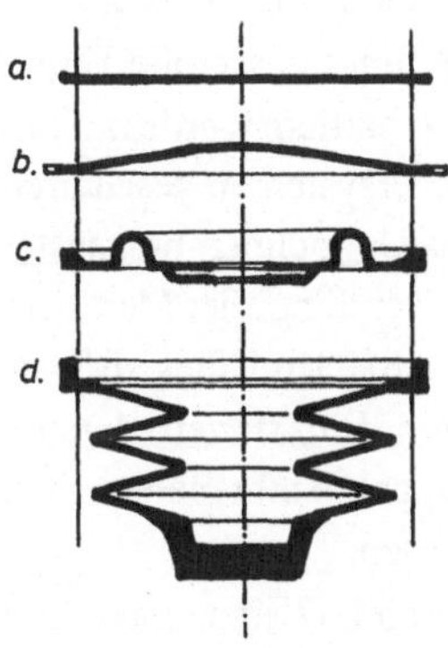

Bild 100 Beispiele für
Schaltmembrane

Die Ausführungen (a.) und (b.) in Bild 100 sind für kleine Wege ausreichend, wobei die Form (b.) bei entsprechendem Membranwerkstoff (z.B. Metall) ein Sprungverhalten aufweist und dadurch für „Flip-Flop"-Steuerungen geeignet ist.

Die Bauform (c.) ist zur Betätigung von Steuerelementen besonders geeignet, da der Verformungswiederstand der Rollmembrane sehr gering ist und über den Hubweg in etwa konstant bleibt. Sind Wege von mehr als 5-8 mm erforderlich, so wird die Bauform (d.), der Faltenbalg mit Vorteil eingesetzt.

Gegenüber Kolbensystemen haben die <u>Membranelemente den Vorteil, ohne Dichtspalt oder gleitenden Dichtungen</u> zu arbeiten. Es entsteht kein Luftverlust und kein Reibungswiederstand durch gleitende Dichtungen, wobei der Verformungswiederstand der Memmbranen sehr gering gehalten werden kann. Durch diese Eigenschaft werden Membranbetätigungselemente sehr häufig bei Druckverstärker vom Niederdruckbereich (0,5 - 500 mbar) bis zum Normaldruckbereich (3 - 8 bar) eingesetzt.

Bei der Betätigung von Steuerkolben und Sitzventilen können mit Hilfe der Membrane auch bei niederen Steuerdrücken und geringen Steuerluftmengen ausreichende Stellkräfte für das Steuerelement erzeugt werden. Bedingt durch das funktionsstabile Verhalten, sowohl von Membranstellgliedern als auch von Sitzventilen, wurde mit dieser Kombination eine ganze Reihe von erfolgreichen Steuersystemen geschaffen.

Das <u>Doppelmembransystem „Dreloba"</u> (Tafel 37) hat mit Abstand die breiteste Anwendung aller Membransysteme gefunden. Wie aus Tafel 37 zu entnehmen ist, lassen sich mit diesem System ohne weiteres mit ein und <u>demselbem Baustein alle Grundfunktionen darstellen</u>. Durch sinvolle Kombination von wenigen Doppelmembranelementen können alle übrigen logische Funktionen realisiert werden.

In Tafel 37 sind einige Beispiele für Membranelementsysteme aufgezeigt.

Tafel 37 Bauarten logischer Membranelemente

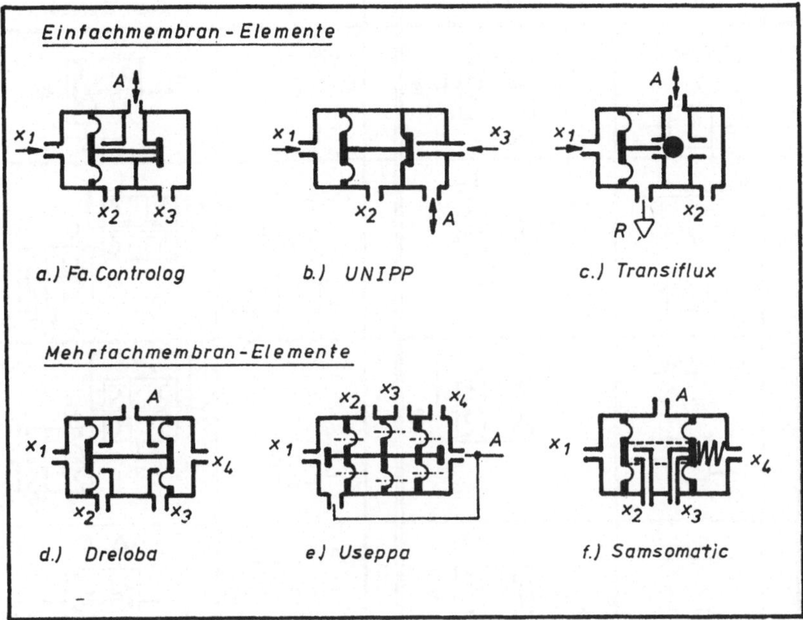

Tafel 38 Realisierung logischer Funktionen durch „Doppelmembranelemente"

Nr.	Funktion	Membran-Element	Nr.	Funktion	Membran-Element
1.	*Identität* $x = A$ 	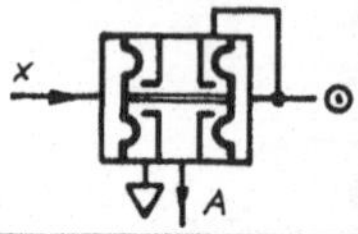	2.	*Negation* $x = \overline{A}$ 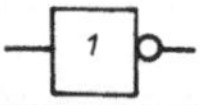	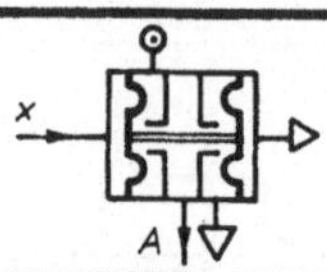
3.	*Konjunktion* $x_1 \cdot x_2 = y$ 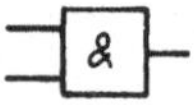	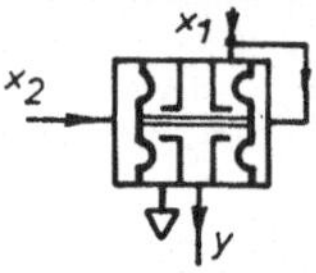	4.	*NAND* $\overline{x_1 \cdot x_2} = A$ 	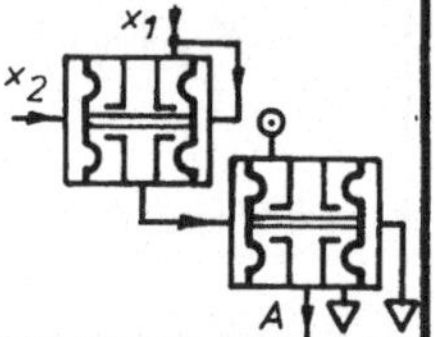
5.	*Disjunktion* $x_1 + x_2 = y$ 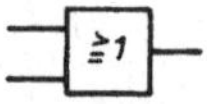	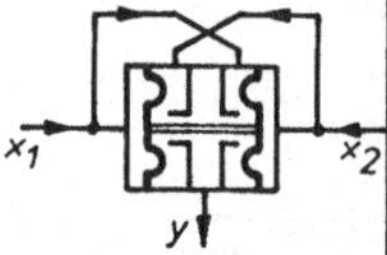	6.	*NOR* $\overline{x_1 + x_2} = A$ 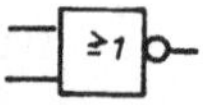	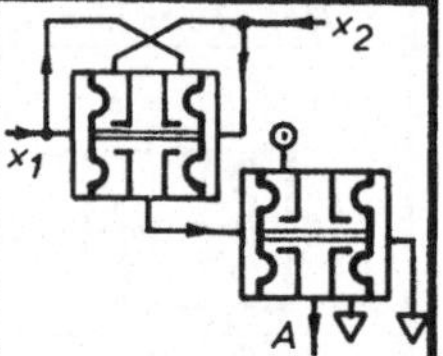
7.	*Inhibition* $\overline{x_1} \cdot x_2 = y$ 	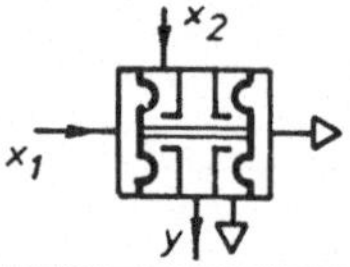	8.	*Implikation* $x_1 + \overline{x_2} = A$ 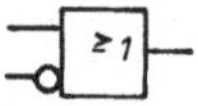	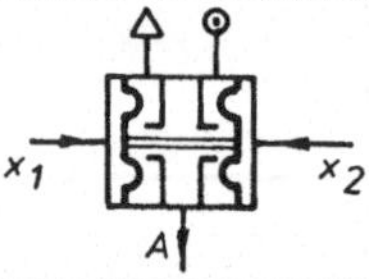
9.	*Äquivalenz* $x_1 \cdot x_2 + \overline{x_1} \cdot \overline{x_2} = A$ $(\overline{x_1} + x_2)(x_1 + \overline{x_2}) = A$ 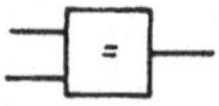	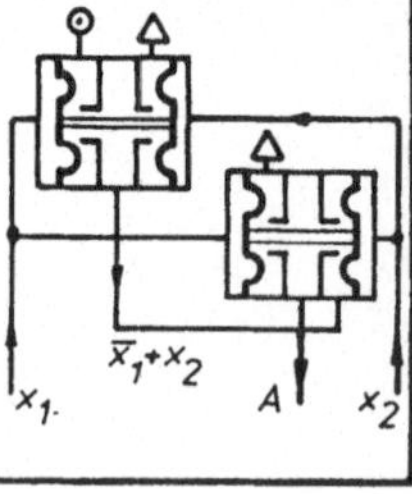	10.	*Antivalenz* $\overline{x_1} \cdot x_2 + x_1 \cdot \overline{x_2} = A$ $\overline{\overline{x_1} + x_2} + \overline{x_1} \cdot x_2 = A$ 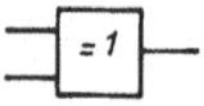	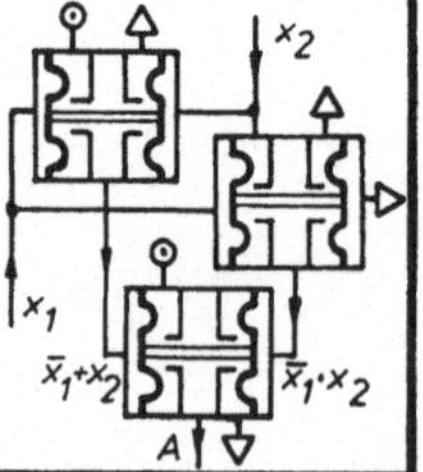
11.	*Speicher* 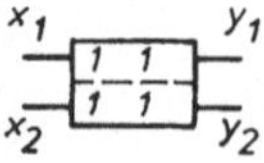 $x_1 \;\; y_1$ $x_2 \;\; y_2$	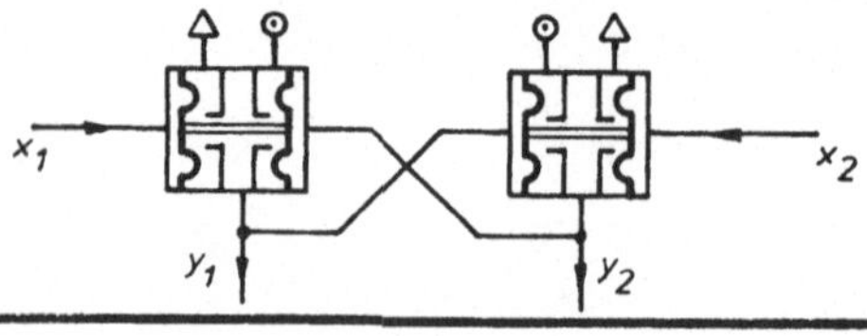			

Der logische Gehalt der Doppelmembranelemente geht jedoch weit über die Grundfunktionen hinaus

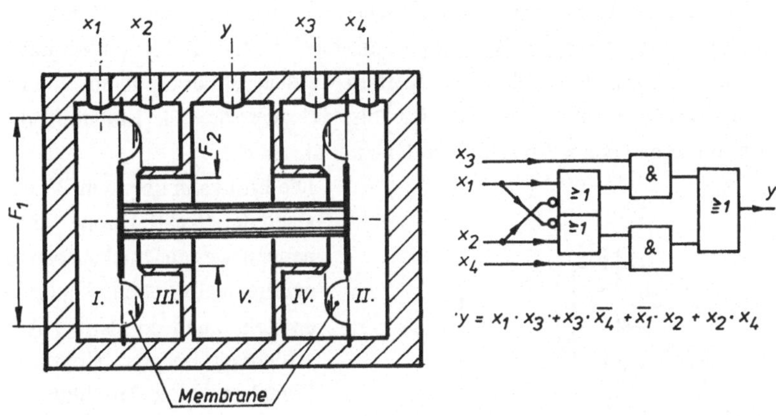

$$y = x_1 \cdot x_3 + x_3 \cdot \overline{x_4} + \overline{x_1} \cdot x_2 + x_2 \cdot x_4$$

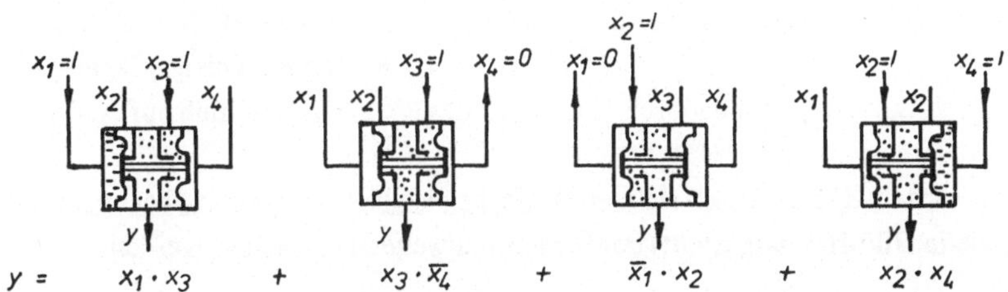

$$y = \quad x_1 \cdot x_3 \quad + \quad x_3 \cdot \overline{x_4} \quad + \quad \overline{x_1} \cdot x_2 \quad + \quad x_2 \cdot x_4$$

Bild 101 Beispiel für logische Funktionen des
Doppelmembranelements

In Bild 101 ist ein Beispiel für eine logische Verknüpfung von 4 Eingangsvariablen aufgezeigt, die mit einem Doppelmembranelement realisiert werden kann.

$$y = x_3 \cdot \left(x_1 + \overline{x_4}\right) + x_2 \cdot \left(\overline{x_1} + x_4\right)$$
$$= x_3 \cdot x_1 + x_3 \cdot \overline{x_4} + x_2 \cdot \overline{x_1} + x_2 \cdot x_4$$

5.1.6.1 Mikromembranelemente

Der Einsatz der Membrane ist nicht nur auf statisch wirkende Systeme beschränkt, sondern kann auch bei synamischen Systemen eingesetzt werden. Als <u>typisches semistatisches Beispiel</u> kann das in der CSSR entwickelte Mikromembransystem (Bild 102) aufgeführt werden. Ist der Steueranschluß x entlüftete (x=0), so drückt der aus der Düse D1 ausströmende Luftstrahl die Membrane gegen den x-An schluß und dichtet diesen ab.

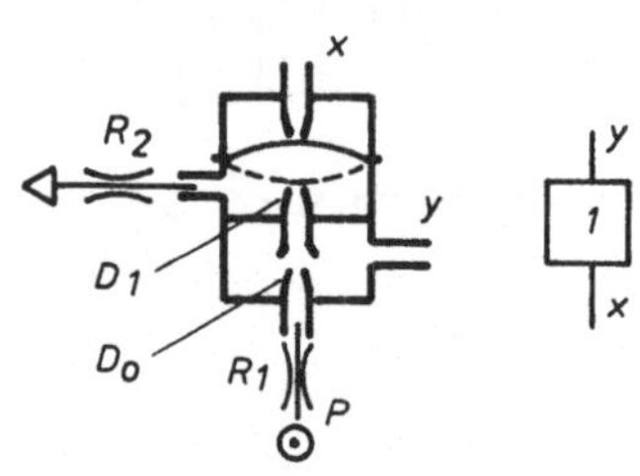

Bild 102 Monostabiles Mikromembranelement

Die Luft kann über den Widerstand R_2 ($R_2 > R_1$) ohne einen nennenswerten Druckaufbau zu erzeugen abfließen. Dadurch entsteht auch an dem y-Anschluß kein 1-Signal. Nimmt das Signal an dem x-Anschluß den Wert „1" an, so wird durch den stabilen Druck die Membrane nach unten gedrückt und unterbricht damit die Verbindung von R_1 und R_2. Die aus R_1 ausströmende Luft (D_0) baut dadurch einen Signaldrück am y-Anschluß auf (y=1).

Auf diesem System lassen sich sehr <u>einfache bistabile Elemente aufbauen,</u> in dem (wie in Bild 103 dargestellt) beide Membranseiten angesteuert werden.

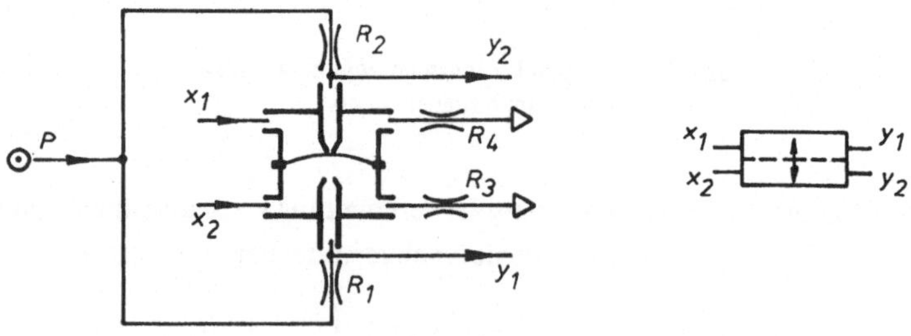

Bild 103 Bistabiles Mikromembranelement (Speicher)

Als Anwendungsbeispiel ist in Bild 104 das „Miniventil" der Firma Cronzet dargestellt. Das Ventil arbeitet in dem Druckbereich von 2 - 8 bar und hat eine Nennweite von 2,7 mm

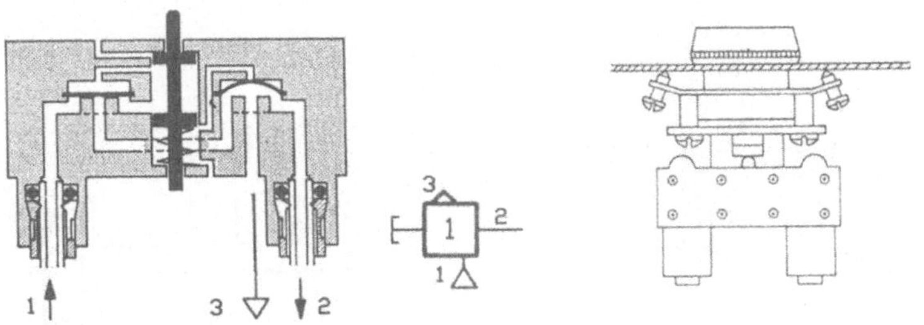

Bild 104 Miniventil Fa. Cronzet

5.1.7 Folienelemente

Folienelemente wurden von der Fa. IBM entwickelt und sind typische Vertreter semistatischer Elemente. Obwohl diese Eldemente durch statische Druck- oder Differenzdrucksignale geschaltet werden, hängt ihr Schaltverhalten in hohem Maße von Strömungseffekten ab.

Als Schalt- und Dichtelement wird bei den Folienelementen eine Folie verwendet. Bei den von der Fa Fluidic Division Techne LTD (Cambridge) hergestellten elementen, liegt die Foliendicke bei $s = 0,125$ mm und der Foliendurchmesser bei $D_F = 1$ mm ϕ.

Durch die geringe Masse der Schaltfolie sind die Schaltzeichen entsprechend gering. Sie liegen bei einem Versorgungsdruck von 0,1 bis 0,2 bar bei 0,2 bis 1 ms.

Die Arbeitsweise der Folienelemente kann aus Bild 104 entnommen werden. Für das Verständnis zur Funktion der Folienelemente muß vorausgesetzt werden, daß die Folie den jeweils zu verschließenden Ausgang nich vollständig verschließt. Es fließ ständig über alle Anschlüsse ein Luftstrom, der jedoch bei den „verschlossenen" Anschlüssen sehr gering ist und als „Leckluft" bezeichnet werden kann.

Beim Aufbau der Schaltkreise muß dem Rechnung getragen werden und für die Druckentlastung der Steuerleitung gesorgt werden.

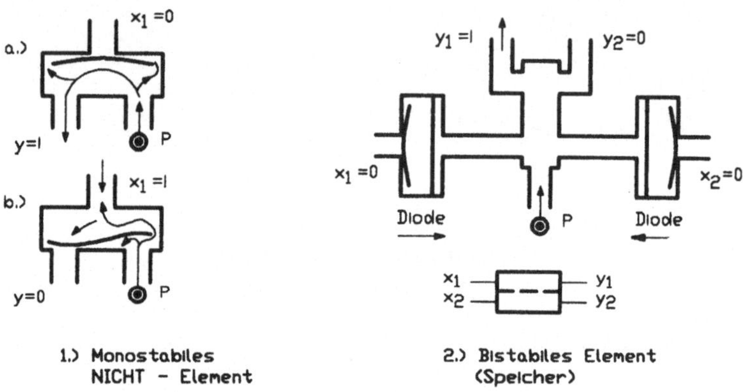

Bild 105 Folienelement

Das Umschalten des in Bild 105/1 dargestellten Elements von der Stellung a.) in die Stellung b.) kann durch Druckbeaufschlagung des Steueranschlusses x(x=1) oder durch ein enfaches Verschließen des x-Anschlusses erfolgen.

Wird Anschluß X nur verschlossen, so baut sich in dem x-Anschluß durch die „Leckluft" der Druck p auf, so daß das Signal X den Wert 1 annimmt. Bei Druckgleichheit auf beiden Seiten der Folie, wird diese durch den dynamischen Druckabfall gegen den entlüfteten y-Anschluß gezogen und verschließt ihn damit.

Derselbe Effekt entsteht bei der Druckbeaufschlagung des x-Anschlusses. Soll das Element wieder in die Ausgangslage a.) zurückgeschaltet werden, muß der y-Anschluß mit Druck beaufschlagt oder verschlossenn werden. (Bild 105/1)

Nach diesem Prinzip lassen sich alle logischen Funktionen darstellen. Wie aus Bild 105 zu ersehen ist, können mit Hilfe der Schaltfolien recht einfache bistabile Elemente (Speicher) aufgebaut werden.

5.1.8 Strömungsdynamische Systeme als Wegeventile

5.1.8.1 Funktionsprinzip

Dynamisch arbeitende Logikelemente besitzen keine mechanisch bewegte oder verformbare Teile. Die Schaltzustände entstehen allein durch strömungsdynamische Vorgänge.

Der Arbeitsbereich dieser Bauelemente liegt in der Regel zwischen 0,02 und 0,5 bar. Da dynamisch arbeitende Logiksysteme nur funktionsfähig sind, solange ein Luftdurchfluß gegeben ist, benötigen diese Bauteile ständig eine Luftmenge von 40 - 250 NL/h. Die Durchflußleistung ist jedoch physikalisch unbegrenzt, so daß es durchaus möglich ist, selbst Klimaanlagen mit dynamischen Bauelementen direkt zu steuern.

Dynamische Logikelemente arbeiten außerordentlich schnell und bauen relativ klein. Ihre Schaltzeichen liegen zwischen 0,1 und 10 ms. Da strömungsdynamisch arbeitende Steuerungen in der Regel erheblich teurer als elektrische Steuerungen sind, werden die dynamisch arbeitenden Systeme vorzüglich in explosionsgefährdeten, thermisch extrem belasteten - oder in „nassen" Bereichen eingesetzt (Kunststoffverarbeitung, Lackieranlagen, Flaschenabfüllanlagen, Ofenanlagen usw.)

Die Realisierung strömungsdynamischer Bauelemente kann durch verschiedene physikalische Effekte erreicht werden. Die häufigsten und universellsten Bauarten, Turbulenz-, Grenzschicht- und Impulsverstärker sind in den folgenden Kapiteln beschrieben.

5.1.8.2 Turbulenzverstärker

Die charakteristische Funktionsweise der Turbulenzverstärker besteht darin, daß ein aus einer „Blasdüse" ausströmender „laminarer" Luftstrom in einer gegenüberliegenden „Fangdüse" aufgefangen wird und dort einen Druckanstieg erzeugt (Bild 106 a).

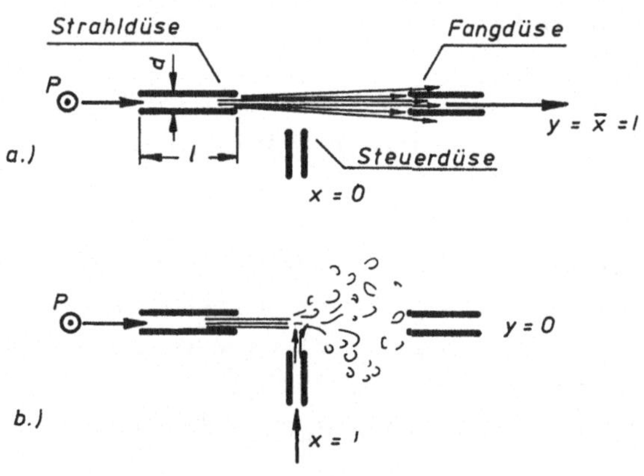

Bild 106 Turbulenzverstärker (Negation x = ȳ)

Wird der Luftstrom aus der senkrecht angeordneten Steuerdüse (Bild 106 b) angeblasen (x=1), so wird die laminare Strömung gestört und schlägt in einer turbulente Strömung um. Damit sinkt der Druck in der Fangdüse stark ab (y=0). Eine laminare (parallele) Strömung bildet sich bei der Luft aus, wenn sie mit „unterkritischer" Geschwindigkeit in einem geraden Rohr strömt. Die Kriterien zur Ausbildung einer laminaren Strömung bilden einmal die Länge einer geraden Rohrstrecke (L > 80 * di) und die Reynold'sche Zahl (Re). Die in Kapitel 7.4 beschriebene Reynold'sche Zahl ist eine Kenngröße für die Strömungscharakteristik und muß in jedem Fall Re < 2300 sein, damit sich die laminare Strömung bilden kann. Beim Austritt aus der Strahldüse muß die Re-Zahl zwischen den Werten Re = 1500 und Re = 2300 liegen.

Tafel 39 Beispiele zur Realisierung logischer Funktionen durch NOR-Funktionen

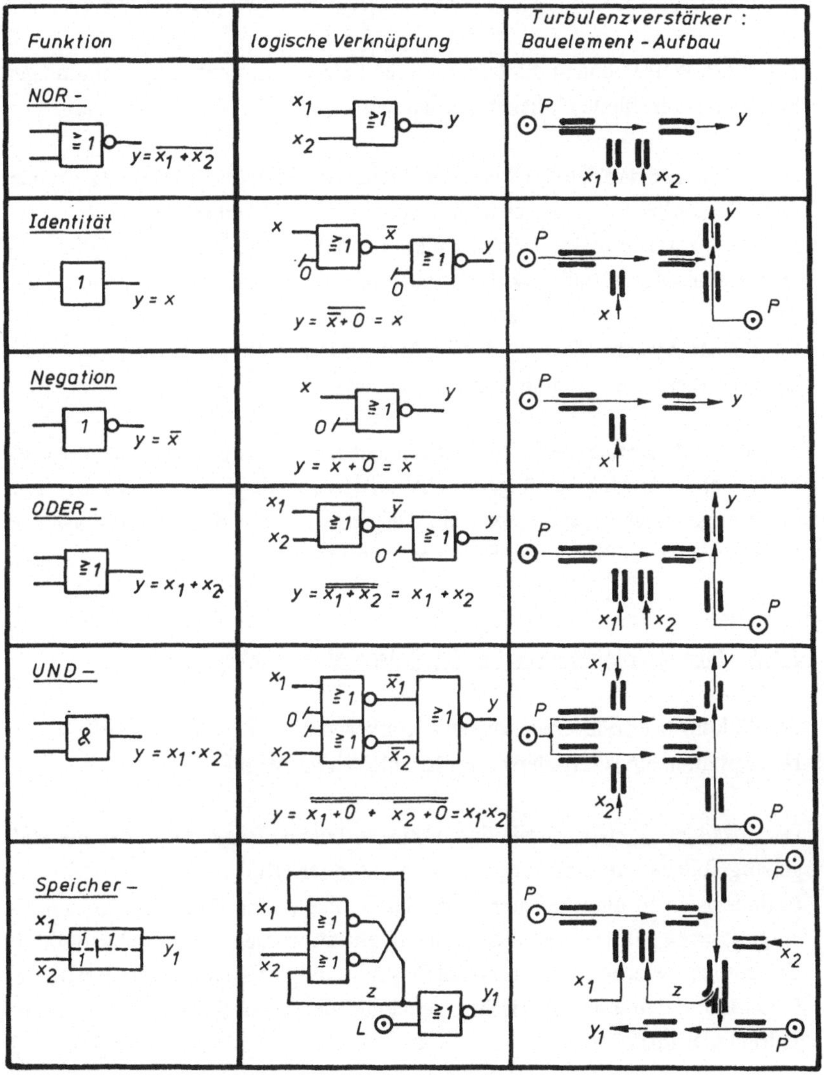

Funktion	logische Verknüpfung	Turbulenzverstärker : Bauelement - Aufbau
NOR - $y = \overline{x_1 + x_2}$	y	
Identität $y = x$	$y = \overline{\overline{x} + 0} = x$	
Negation $y = \overline{x}$	$y = \overline{x + 0} = \overline{x}$	
ODER - $y = x_1 + x_2$	$y = \overline{\overline{x_1 + x_2}} = x_1 + x_2$	
UND - $y = x_1 \cdot x_2$	$y = \overline{\overline{x_1 + 0} + \overline{x_2 + 0}} = x_1 \cdot x_2$	
Speicher - y_1		

In diesem Bereich ist der laminare Luftstrom instabil und kann durch den Steuerluftstrom x in ein turbulentes Strömungsverhalten gebracht werden.

Auf diese Weise können digitale, logische Funktionen integrierter Schaltungen und Verstärkereffekte realisiert werden.

Das in Bild 106 dargestellte System erfüllt die Negation (x=y). Werden zwei oder mehr Steuerdüsen (x_1, x_2) installiert, so wird die NOR-Funktion erfüllt $(y = x_1 + x_2)$. Mit diesen beiden Funktionen ist es ohne weiteres möglich, alle übrigen Funktionen und Verknüpfungsaufgaben zu realisieren (Beispiele in Tafel 38).
Bei diesem System Maxalog der Fa. Maxam Pneumatik ist beispielsweise das Grundelement mit 5 Steuerdüsen ausgerüstet $\left(y = \overline{x_1 + x_2 + x_3 + x_4 + x_5}\right)$

Bei den auf dem Markt befindlichen Systemen kann das Ausgangssignal y den 20- bis 25fachen Druck gegenüber dem Steuersignal x aufweisen. Dasselbe gilt für die Mengenverstärkung, wobei das Ausgangssignal y durchaus die 10fache Luftmenge gegenüber dem x-Signal aufweisen kann.

5.1.9 Grenzschichtverstärker (Wandstrahlverstärker)

Die Wirkungsweise der Grenzschichtverstärker beruht auf dem Coanda-Effekt, dem Haftverhalten eines turbulenten Freistrahles an der Wand.

Der turbulente Freistrahl reißt durch seine turbulente Randzone aus seiner Umgebung Teilchen mit und vermischt sich mit ihnen (Bild 107 a).
Befindet sich in unmittelbarer Nähe des Strahlers eine Wand, so können die mitgerissenen Luftteilchen nicht beliebig ersetzt werden. Es entsteht somit ein Unterdruck zwischen dem turbulenten Strahl und der Wand, dadurch wird der Strahl durch den atmosphärischen Druck auf der freien Seite gegen die Wand gedrückt (Bild 107 b).

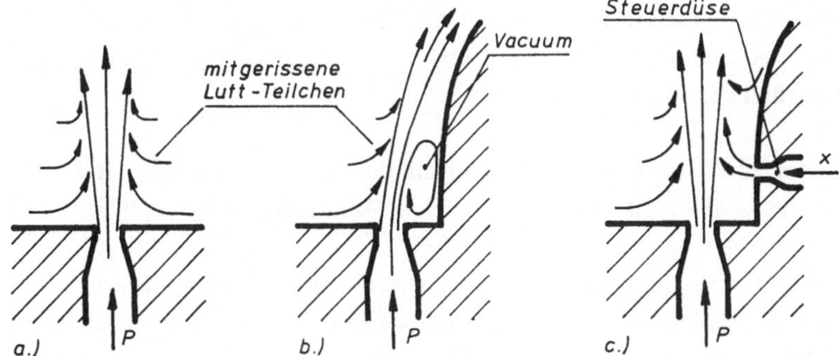

Bild 107 Strömungsverlauf am turbulenten Freistrahl

Wird die Unterdruckblase durch eine Luftzuführung über die Steuerdüse ausgeglichen, so löst sich der Strahl von der Wand und strömt wieder in Achsrichtung der Blasdüse (Bild 107 c). Grenzschichtverstärker sind somit echte strömungsdynamisch arbeitende, digitale Logikelemente.

Durch entsprechende Anordnung von 2 Fangdüsen kann somit ein <u>monostabiles Bauelement</u> dargestellt werden (Bild 108). Die mit a gekennzeichneten Ausgänge sind lediglich Verbindungen zur Atmosphäre. Durch den Ausgang a_1 können die durch den Strahl mitgerissenen Luftteilchen nachströmen, wodurch in der Kammer A ein Druckabfall verhindert wird. Die Ausgänge a_2 verhindern einen Stau an den y-Ausgängen. Es sind Entlastungskanäle über die bei zu geringer Luftentnahme an den y-Anschlüssen die überschüssige Luft abströmen kann.

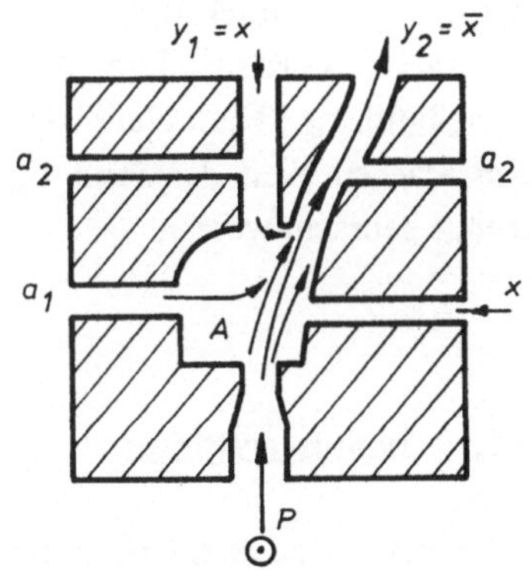

Bild 108 Monostabiler Grenzschichtverstärker

Durch <u>weitere parallele Steueranschlüsse</u> kann der <u>Logikgehalt</u> des in Bild 108 abgebildeten Grenzschichtverstärkers erheblich <u>vergrößert werden</u>. Wird das Bauteil beispielsweise mit 2 Steueranschlüssen (x_1, x_2) ausgeführt, so entspricht der y_1-Ausgang der ODER-Funktion ($y_1 = x_1 + x_2$) und der y_2-Ausgang der NOR-Funktion ($y_2 = x_1 + x_2$).

In der Praxis ist es damit sehr einfach, mit ein und demselben Grenzschichtverstärker alle logischen Funktionen und Verknüpfungen zu erfüllen.

Durch einen <u>symmetrischen Aufbau</u>, ohne die Entlüftungskammer A des in Bild 108 dargestellten monostabilen Grenzschichtverstärkers, erhält man einen <u>bistabilen Grenzschichtverstärker</u> (Bild 109).

Sowohl bei den bistabilen als auch bei den monostabilen Wandstrahlelementen liegt die <u>Umsteuerzeit</u> des Strahles am niedersten von allen Systemen (1-2ms). Der <u>Verstärkereffekt</u> nicht ganz so groß wie bei den Turbulenzverstärkern. Normalerweise kann das Ausgangssignal y bis auf den 15fachen Druck des Steuersignales verstärkt werden. Die <u>Ausgangssignalluftmenge</u> kann ohne weiteres auf den 8fachen Wert der Steuersignalluftmenge gebracht werden.

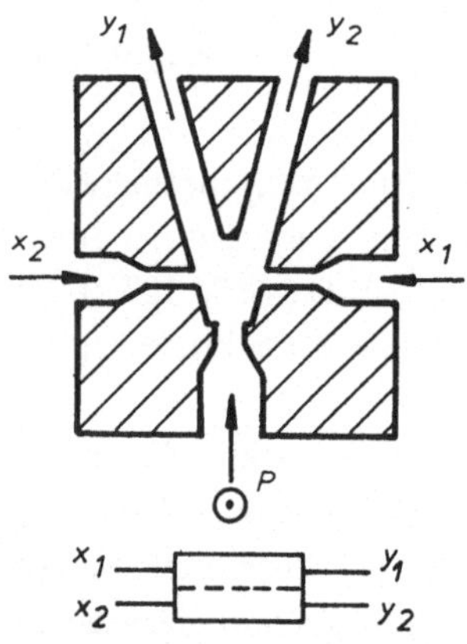

Bild 109 Bistabiler Grenzschichtverstärker (Speicher)

5.1.10 Impulsverstärker

Im Gegensatz zu dem Grenzschicht- und dem Turbulenzverstärker arbeitet der Impulsverstärker als <u>Analogverstärker</u>. Jede Veränderung der Steuersignalintensität bewirkt somit eine entsprechende Veränderung an den Ausgangssignalen.

Durch das analoge bzw. proportionale Verhalten der Ausgangssignale zu den Eingangssignalen finden die Impulsverstärker sowohl in der Steuerung als auch ganz besonders in der Regelung von Industrieprozessen Anwendung.

Das Funktionsprinzip der Impulsverstärker besteht darin, daß ein turbulenter Luftstrahl (I_H) durch einen seitlich unter dem Winkel ß zugeführten turbulenten Steuerluftstrahl (I_X) abgelenkt wird (siehe Bild 110). Der Winkel (α) des aus dem Hauptstrahl (I_H) und dem Steuerstrahl (I_X) resultierenden Strahles (I_R) kann durch den Impulssatz bestimmt werden. Der abgelenkte Strahl wird in einer Fangdüse aufgefangen und trifft als das Ausgangssignal $y_2 = 1$ aus.

Impulssatz:

$$\boxed{\text{Impuls}\,(I) = \text{Luftmasse}\,(m) \times \text{Strömungsgeschwindigkeit}\,(V)} \tag{32}$$

Ablenkungswinkel (α):

$$\boxed{\operatorname{tg}(\alpha) = \frac{\dfrac{I_X}{I_H} \cdot \sin\beta}{1 + \dfrac{I_X}{I_H} \cdot \cos\beta}} \tag{33}$$

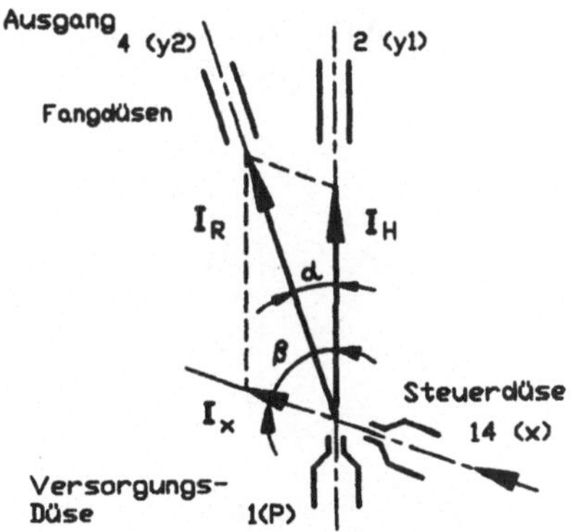

Bild 110 Vektorielle Darstellung
der Strahlenablenkung
am Inpulsverstärker
$(y_2 = x)$

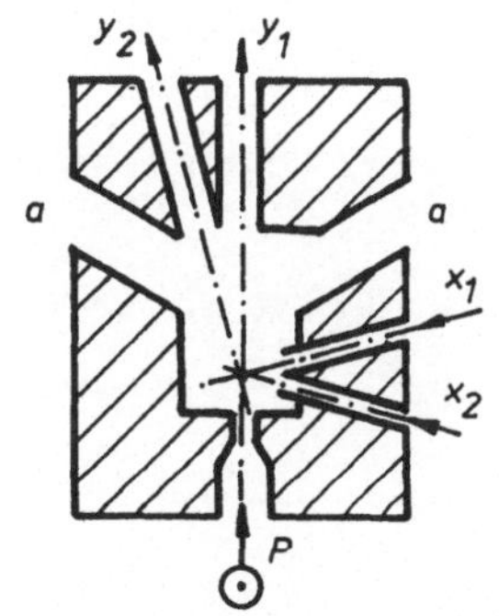

Bild 111 Impulsverstär-
ker mit NOR- Funktion (y_1)
$y_1 = \overline{x_1 + x_2}$
$y_2 = x_1 + x_2$

Wie bei den Turbulenzverstärkern, können auch bei den Impulsverstärkern mehrere Steuerdüsen angebracht werden, wodurch NOR-Funktionen
($y_1 = x_1 + x_2$) entstehen und damit der Logikgehalt des Bauteils erheblich vergrößert werden kann (Bild 111). Im Gegensatz zu dem Turbulenzverstärker gibt der Impulsverstärker <u>keine digitalen</u> Ausgangssignale ab. Je stärker die Steuersignale x werden, um so stärker wird das Ausgangssignal y_2 und um so schwächer wird das Ausgangssignal y_1. (Die a-Ausgänge sind nur Entlüftungen).

Am häufigsten wird heute der <u>Differenzimpulsverstärker</u> (Bild 112) angewendet. Er ist durch symmetrisch angeordnete Steuerdüsen gekennzeichnet.
Der Ablenkungswinkel des Hauptstrahles ist bei diesem System von der Impulsenergiedifferenz der gegenüberliegenden Steuerdüse abghängig.
($I_x = I_{x1} - I_{x2}$)
Durch <u>Rückkoppelung</u> eines Ausgangssignales auf das entsprechende Eingangssignal erhält das Bauteil ein <u>bistabiles Verhalten</u>
(in Bild 112: y_1 mit x_1 oder y_2 mit x_2).

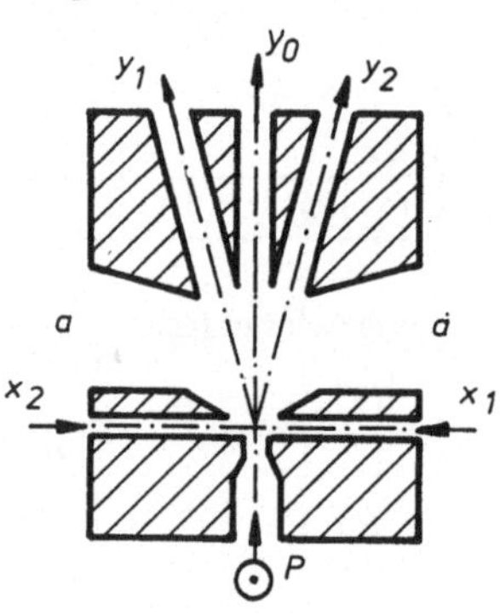

Bild 112 Differenzimpuls-
verstärker

5.2 Pneumatische Sensoren (strömungsdynamische Signalgeber)

Die Signaleingabe in pneumatische Steuerungen kann durch mechanisch betätigte Wegeventile, wie sie in den Bildern 92 - 94 und in der Tafel 36 aufgezeigt sind, oder durch pneumatische Sensoren erfolgen.

Pneumatische Sensoren sind berührungslose Signalfühler zum Abstasten von Körpern oder Signalwandler für strömungsmechanische oder akustischee Effekte.

Pneumatische Sensoren können im wesentlichen in 4 Systeme eingeteilt werden:

1. Luftschranke (Strahlfangdüsensystem)
2. Staudruckgeber
3. Reflexdüse (Ringdüsenfühler)
4. Ultraschallschranke

Die Anwendungsbereiche fluidischer Sensoren sind in den Gebieten sinnvoll, in welchen durch extreme Umgebungsbedingungen (z.B. Staub, aggressive Atmosphäre, hohe Temperaturen usw.) der Einsatz elektrischer oder optischer Systeme nicht möglich ist.

5.2.1 Luftschranke

Luftschranken arbeiten mit einer **Sender- und Empfängerdüse**. Der laminare Luftstrahl der Senderdüse wird von der Empfängerdüse aufgefangen und erzeugt dort einen Druckanstieg, der in der Regel durch einen Verstärker in ein digitales Pneumatiksignal umgesetzt wird.

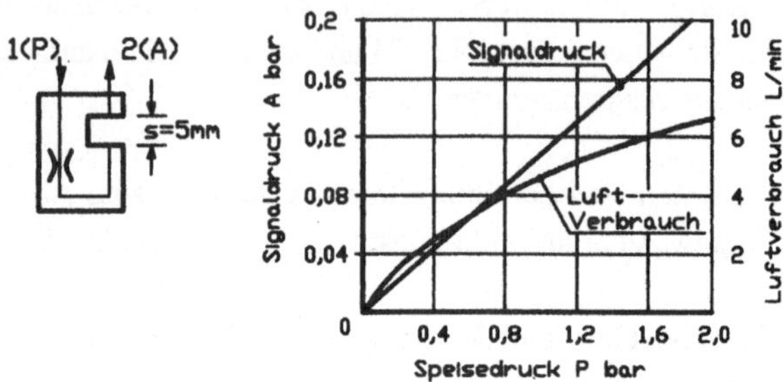

Bild 113 Gabelluftschranke (Fa. Festo)

Der **Arbeitsdruck** der Sendedüse liegt je nach dem Abstand zur Empfängerdüse und der Leistungsfähigkeit des Verstärkerteils zwischen p = 0,1 - 2,5 bar.
Der maximale Düsenabstand liegt bei 100 mm.
Wird der aufgefangene Luftstrahl wie in Bild 116 verstärkt, so kann der freie Düsenabstand bis auf das 50fache des Düsendurchmessers gebracht werden.

Zur berührungslosen Abtastung von Gegenständen mit geringer Dicke werden häufig Gabelluftschranken eingesetzt (Bild 113). Durch den geringen Düsenabstand kann dabei auf eine Vorverstärkung in der Empfängerdüse verzichtet werden.
Der freie Luftstrahl hat die Eigenschaft, aus der Atmosphäre Luft- und Schmutzpartikelchen mitzureißen, wodurch an der Fangdüse ein Schmutzaufbau entstehen kann, der zu Betriebsstörungen führt. Die Anwendung des Strahl-Fangdüsensystems ist damit nur in staubarmer Atmosphäre empfehlenswert. Die Luftversorgung der Sendedüsen sollte außerden in einem Feinfilter mit einer Porenweite kleiner als 10 µm aufbereitet werden.

5.2.1.1 Luftschranken mit Vorverstärkung der Empfängerdüse

Um bei größeren Düsenabständen (s > 50 mm) eine eindeutige Ausgangssignaldruckdifferenz zu erhalten, wird die Empfängerdüse mit Hilfssteuerluft (Bild 114, Eingangssignal 81) versorgt. Dadurch entsteht bei ungehindertem Ausströmen (O-Signal) ein Unterdruck an dem Signalausgang 1 (siehe Diagramm). Befindet sich kein Gegenstand zwischen den Düsen, erzeugt der Strahl der Sendedüse einen Luftstau vor der Empfängerdüse, wodurch der Druck um mindestens 0,5 mbar an dem Ausgang A ansteigen muß. Dieses 1-Signal muß durch einen entsprechenden Verstärker auf den Arbeitsdruck des Logiksystems gebracht werden (Bild 115).

Die Hilfssteuerluft 81 muß gedrosselt werden und mit dem Speisedruck 1 der Senderdüse abgestimmt sein. Die dabei erreichbaren Kennlinien sind in dem Weg-/Druckdiagramm in Bild 114 nach Bauteilen der Fa. Festo Typ SFL-100 dargestellt.

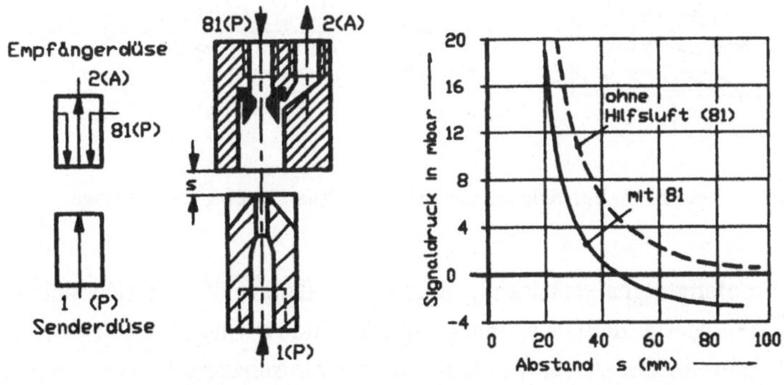

Bild 114 Luftschranke mit Sender- und Empfängerdüse

Das Niederdruck-1-Signal der Empfangsdüse muß durch einen entsprechenden **Verstärker auf den Arbeitsdruck des Logiksystems** gebracht werden.

Die Verstärker können vorgesteuerte membranbetätigte 3/2-Wegeventile nach dem Bauprinzip, wie es in Bild 115 dargestellt ist, sein oder als membranbetätigtes 3/2-Sitzventil nach Bild 117 ausgeführt werden.

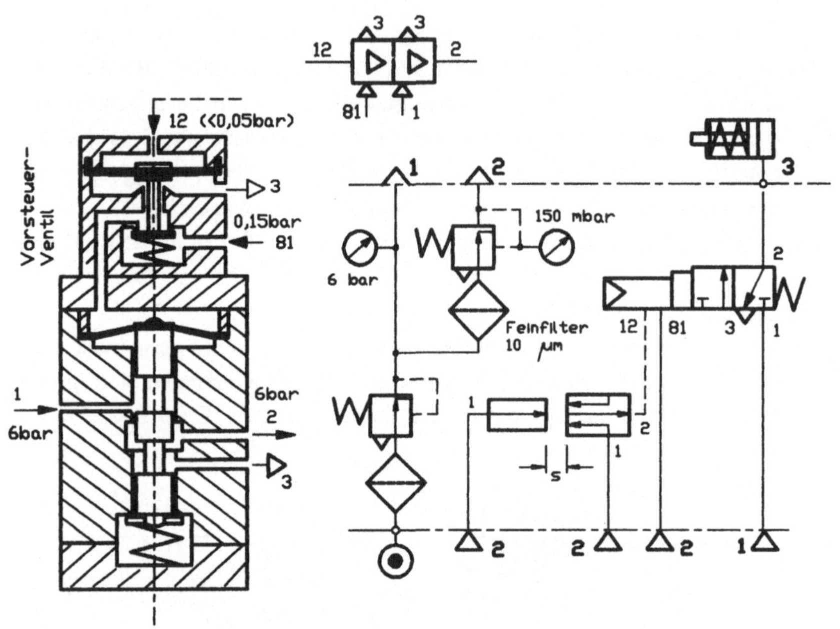

Bild 115 Verstärkerelement mit Schaltplan für eine Luftschranke

Die Empfangssignalverstärkung durch Turbulenzverstärker (Kapitel 5.1.8.2) erzeugt eindeutige digitale Ausgangssignale (Bild 116 Signal y). Der Versorgungsdruck muß so eingestellt werden, daß der Umschaltpunkt von laminarer in turbulente Strömung nicht außerhalb der Fangdüse auftritt. Die Druckverstärkung des Systems liegt bei $p_z : p_y = 1 : 4$. Wie aus dem Druck- Zeitdiagramm in Bild 116 zu erkennen ist, geht der Druck der Ausgangssignales p_y sehr rasch gegen Null, wenn der Sendestrahl ungehindert aufgefangen wird und somit den laminaren Verlauf des Hilfsstrahles p /y stört. Der Wiederaufbau des laminaren Strahles erfordert dagegen in dem Beispiel ca. 7ms, bis das Ausgangssignal y wieder seine volle Intensität aufweist.

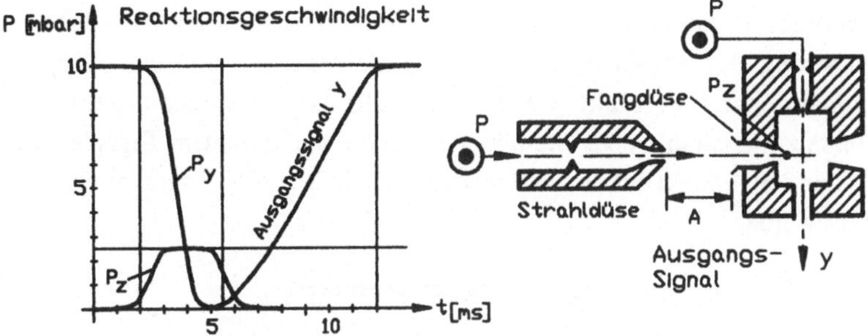

Bild 116 Luftschranke mit Turbulenzverstärker

5.2.2 Staudruckgeber (Rückstaufühler)

Der Rückstaufühler arbeitet nur mit der Strahldüse. Wird das freie Ausströmen der Luft durch einen festen Gegenstand verhindert, so entsteht in der Düse ein Staudruck, der als Steuersignal versendet wird.

Bei dem in Bild 117 dargestellten System der Firma Herion baut sich ein Druck an der Membrane des Bausteines auf, wenn die Düse durch den abzufangenden Gegenstand verschlossen wird. Das Ausgangssignal 2 (A) nimmt dadurch den 1-Zustand an.

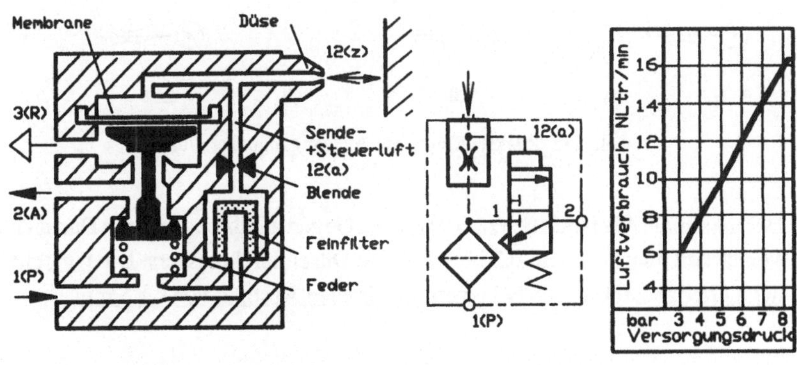

Bild 117 Staudruckgeber der Fa. Herion mit Membranverstärker

Durch die Anwendung des <u>Venturieffektes</u> (Bild 118 b, c) kann die Signaldruckdifferenz erheblich vergrößert werden. Dadurch kann bereits bei der Annäherung des abzutastenden Gegenstandes eine ausreichende Signalzustandsänderung erreicht werden. Durch das Ansteuern geeigneter Turbulenzwandstrahl- oder Membranverstärker mit digitalem Signalausgang kann der Schaltpunkt auf eine Abstandsgenauigkeit von $\pm$0,1 mm durchaus bestimmt werden.

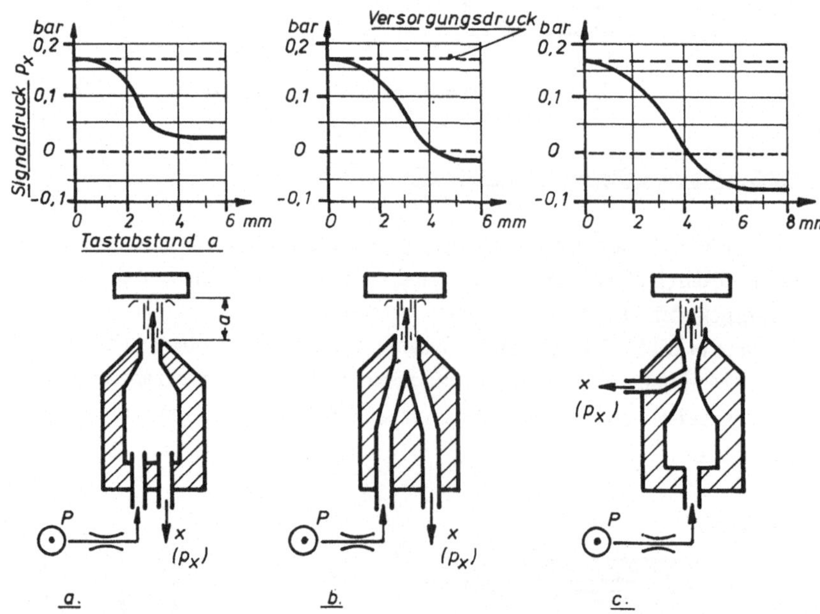

Bild 118 Rückstaufühler mit Ausgangssignalkennlinien

Der maximale Abstand a des zu ertastenden Gegenstands liegt je nach Düsen- und Verstärkerbauart bei dem 0.25 bis 2fachen Düsendurchmessers. Die <u>wirtschaftliche Grenze</u> liegt jedoch bei einem <u>maximalen Abstand von 4 - 5 mm</u>.

5.2.2.1 Niveauabtastung

Der Staudruckgeber wird häufig zur Niveauüberwachung und Pumpensteuerung von Flüssigkeiten eingesetzt. Bei stark bewegten oder schäumenden Flüssigkeiten ist die pneumatische Abtastung gegenüber den elektronischen Systemen im Vorteil. Elektronische Systeme sprechen häufig bereits auf die Berührung mit den Flüssigkeiten an, dagegen tritt der Signalwechsel bei den pneumatischen Systemen erst bei dem Erreichen der spezifisch dichteren Flüssigkeitsoberfläche auf. Für die in Bild 119 dargestellte Niveauschaltung kann beispielsweise der von der Fa. Festo angebotene Staudruckgeber Typ SD-3-N eingesetzt werden. Der Luftverbrauch wird bei einem Speisedruck von 0,1 bar, mit 1 Ltr/min angegeben.

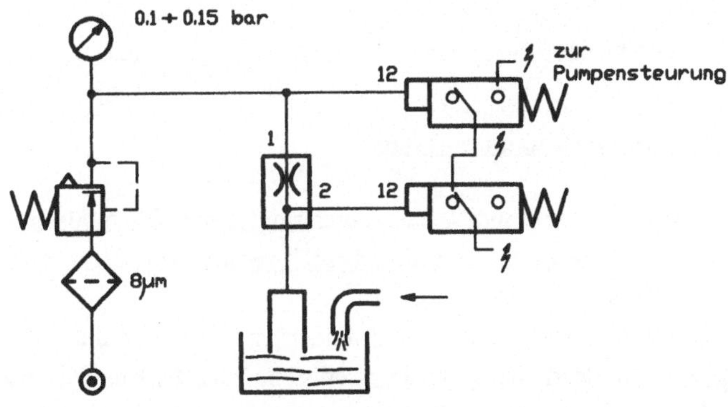

Bild 119 Schaltplan für Flüssigkeitsniveauabtastung

5.2.2.2 Analogsignalgeber

Durch den Einsatz von Impulsverstärkern (Kapitel 5.1.10) für das Staudrucksignal kann eine analoge Ausgangssignalverstärkung erzeugt werden (Bild 120). Die Intensität der Ausgangssignale x_1 und x_2 sind dabei von dem Abstand a des Gegenstandes im Strahlbereich abhängig.

Bei ungehindertem Strahlaustritt weist der Ausgang x_1 durch den Unterdruck (z) an der Venturidüse den höchsten Signalpegel auf. Bei der Annäherung eines Gegenstandes wird der Strahl I_H durch den ansteigenden Druck z mehr und mehr gegen den Ausgang x_2 gelenkt. Der Druckverlauf des z-Signales entspricht in seiner Charakteristik dem Diagramm in Bild 118 c.

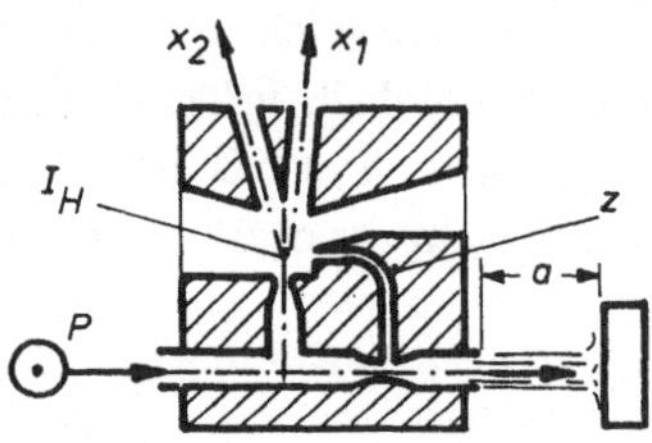

Bild 120 Rückstaudüse mit analog verstärktem Signalausgang x_1, x_2

5.2.3 Reflexdüse (Ringdüsenfühler)

Der Rückstaueffekt der Staudüse kann durch ringförmige Strahldüsen erheblich verbessert werden, wodurch der Luftverbrauch gesenkt bzw. der wirtschaftliche Tastabstand A vergrößert werden kann.

Da bei allen Ringdüsenfühlern bei ungehindertem Strahlverlauf auf der Signalausgangsseite ein deutlicher Unterdruck entsteht, sind die Ringdüsenfühler für analoge Signalausgaben durch ihr günstiges Siganlauflösungsvermögen ganz besonders geeignet. Außerdem kann wie bei den Rückstaufühlern durch den Einsatz von Membranverstärkern der Tastabstand vergrößert werden, wenn der Schaltpunkt des Verstärkers in den Unterdruckbereich gelegt wird.

Bei der in Bild 121 a dargestellten Ringdüse bildet sich ein schlauchartiger Strahl, der durch das Mitreißen der ihn umgebenden Luftpartikelchen in seinem Kern und damit an seiner Siganlausgangsseite x einen Unterdruck erzeugt. Bei Annäherung eines festen Gegenstandes entsteht ein Luftstau, wodurch der Druck in der Mitte ansteigt und damit das Ausgangssignal des Gegenstandes stärker wird.

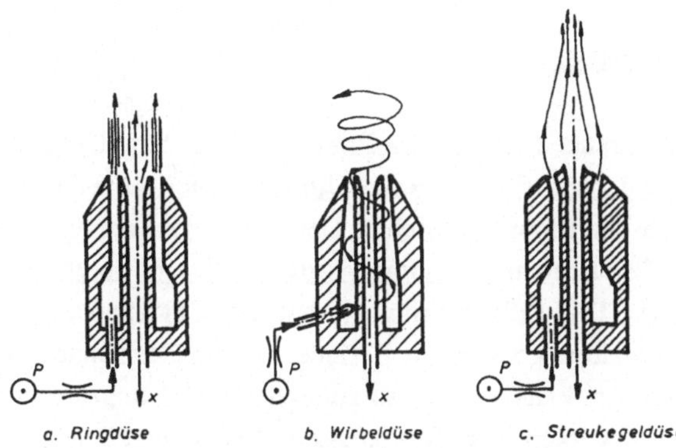

Bild 121 Ringdüsenfühler - Bauarten

Der wirtschaftliche maximale Tastabstand A liegt bei den auf dem Markt befindlichen geräten bei 6 und 7 mm. Die nach diesem System gebaute "Reflexdüse" der Fa. Festo kann beispielsweise eine Lageänderung des Gegenstandes von 0,1 bis 0,2 mm erkennen.

Der Wirbeldüsenfühler in Bild 121 b unterscheidet sich von dem Ringdüsenfühler in Bild 121 a durch das tangentiale Einblasen der Versorgungsluft in die Ringdüse. Die dadurch in der Ringdüse entstehende Wirbelströmung setzt sich beim Austritt aus der Ringdüse kegelförmig fort und erzeugt dadurch in der Mittelbohrung einen geringen Unterdruck. Wird die Rotation der Wirbelströmung durch einen Gegenstand gestört, so entsteht in der Mittelbohrung ein Druckanstieg des x-Signales.

Wirbeldüsenfühler sind bis zu einem Tastabstand von A = 12 mm eingesetzt.

Streukegelfühler, auch als Divergenzkegelfühler bezeichnet, blasen die Versorgungsluft in einem kegelförmigen Strahl nach außen. Durch die Induktionswirkung des Strahles entsteht im Kegelinneren ebenfalls ein geringer Unterdruck, so daß sich die Strahlform wieder verjüngt und nach einer gewissen Entfernung zu einem geschlossenen Strahl ausbildet. Eine Störung dieses Luftstrahles bewirkt auch in größerer Entfernung einen Druckanstieg in der Mittelbohrung.

Bei diesen Geräten kann durchaus ein wirtschaftlicher Tastabstand von 35 mm erreicht werden.

5.2.4 Ultraschallschranken

Ultraschallschranken arbeiten im Prinzip wie das Strahlfangdüsensystem. Anstelle der Sendedüse tritt jedoch eine Ultraschallpfeife, die ihre Schallwellen (ca. 50 Hz) gegen den Empfänger richtet. Der Empfänger arbeitet wie ein Turbulenzverstärker. Der laminare Versorgungsstrahl (V) wird durch den Schallwellendruck gestärkt (Bild 122) und nimmt turbulenten Charakter an. Dadurch sinkt der Ausgangssignaldruck x stark ab. Befindet sich ein Gegenstand zwischen Sender und Empfänger, kann der Versorgungsstrahl (V) ungestört auf die Signalausgangsdüse wirken - das Ausgangssignal (x) nimmt den Signalzustand 1 an.

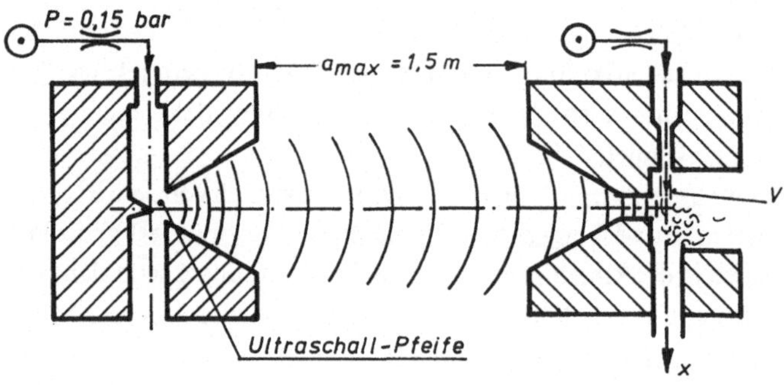

Bild 122 Ultraschallschranke

Mit der Ultraschallschranke können Entfernungen bis zu 1,5 m überbrückt werden.

5.3 Druckmeßgeräte - Signalwandler

5.3.1 Aussage der Druckmessung

Die Aufgabe der Druckmessung erstreckt sich auf die Bestimmung der Differenz eines wirkenden Druckes zum atmosphärischen Druck oder zwischen zwei Drücken. Als Maßeinheit wird in den meisten Fällen das „Bar" (bar), bei sehr geringen Drücken das „Millibar" (mbar) = 10^{-3} Bar angewendet (Kapitel 2.1 DIN 14 312).

Liegt der zu messende Druck über dem atmosphärischen Druck (Bezugsdruck), so wird die Differenz als Überdruck $p_{ü}$ (DIN 1314) bezeichnet. Es wird jedoch angestrebt, in DIN 1314 und ISO 31 das Formelzeichen $p_{ü}$ durch p_e (e von exedens) zu ersetzen.

Nach DIN 1314 kennzeichnet das Formelzeichen p oder p_{abs} den absoluten Druck.

> In der Praxis wird jeoch der Überdruck p_e weitgehend als Druck p bezeichnet.

(Eine Überarbeitung der DIN-Norm, wobei die Größe „Überdruck", die Differenz zum jeweiligen Atmosphärendruck dargestellt und positive oder negative Werte annehmen kann, ist vorgesehen.)

Der Unterdruck p_u (Vakuum) wird als Differenz zwischen dem atmosphärischen Druck p_b und dem wirkenden Druck p_{abs} angegeben ($p_u = p_b - p_{abs}$).

Bei den meisten Druckmeßmethoden steht nur der jeweilige Atmosphärendruck p_b als Bezugsdruck zur Verfügung. Zur Bestimmung des genauen absolut wirkenden Drucks p_{abs} muß damit der Barometerstand p_b zur Zeit der Messung berücksichtigt werden.

$$\text{Bei Überdruck} \quad p_{abs} = p_e + p_b$$
$$\text{Bei Unterdruck} \quad p_{abs} = p_b - p_u$$

Die Druckmeßgeräte sind in drei Güteklassen eingeteilt:
Güteklasse 0,6
Güteklasse 1,0
Güteklasse 2,0

Die Güteklassenbezeichnung entspricht der höchstzulässigen Fehlergrenze in (±)% des Skalenwertes.

Um den Druckzustand der Luft sichtbar zu machen, muß in jedem Fall eine Signalwandlung erfolgen. Bei den herkömmlichen Anzeigegeräten erfolgt dies in der Regel durch die Verbindung <u>federelastischer Hohlkörper</u> und <u>mechanischer Meßwerke</u> (Kapitel 5.3.2) oder durch die Höhendifferenzen von Flüssigkeitssäulen (Kapitel 5.3.3).

Mit Hilfe von Dehnmeßstreifen, induktiven Wegmeßsystemen oder piezoelektronischen Effekten kann der <u>Federweg in eine elektrische Größe umgewandelt werden</u> (siehe Kapitel 5.4 - Wandler). Die Auswertung und Verstärkung der elektrischen Signale ist in der Regel sehr aufwendig und dadurch teuer. Sie werden deshalb bis heute noch vorzüglich für <u>Druckregelaufgaben</u> weniger für reine Anzeigegeräte eingesetzt. Durch die rasch voranschreitende Entwicklung der Mikromechanik und Prozessortechnik wird die Anwendung der elektronischen Druckmeßsysteme für Geräte, die in großen Serien gebaut werden, jedoch immer interessanter werden.

5.3.2 <u>Mechanische Druckmeßgeräte (Manometer)</u>

Mechanisch wirkende Druckmeßgeräte werden im Überdruckbereich im allgemeinen als „<u>Manometer</u>" und im Unterdruckbereich als „<u>Vakuummeter</u>" bezeichnet. Sie sind in ihren Größen und Anschlußgewinden nach DIN 1600 genormt.
Die Wirkungsweise beruht grundsätzlich auf einem gederelastischen Hohlkörper, dessen Formänderung bei Druckbeaufschlagung durch mechanische Hebelwerke wie bei einer Längemeßuhr sichtbar gemacht wird.

Um eine elektrische Fernübertragung oder Registrierung der gemessenen Werte zu ermöglichen, kann die Formänderung des Federelements auch durch Dehnmeßstreifen oder Piezoeffekte und mit Hilfe elektrischer Anzeigegeräte sichtbar gemacht werden (siehe PE-Wandler Kap. 5.3.5).

<u>Als federelastische Hohlkörper</u> werden in der Eichordnung folgende Bauelemente aufgeführt:

- Rohrfeder
- Schraubenfeder
- Plattenfeder
- Kapselfeder
- Wellenrohrfeder

Die Anwendung der einzelnen Federsysteme erfolgt entsprechend dem zu erfassenden Druckbereich und den jeweiligen Arbeitsbedingungen.

5.3.2.1 Rohrfederdruckanzeigegerät

Die Formänderung bei der Innendruckänderung eines auf 180° bis 300° gekrümmten Rohres beruht auf dem „Bordoneffekt".
Da die außenliegende Rohrwandung eine größere Fläche als die innenliegende Wandung aufweist, hat das gekrümmte Rohr die Neigung, sich beim Anstieg des Innendruckes zu strecken (Bild 123). Das Rohrfedermanometer ist das mit großem Abstand am weitesten verbreitete Druckmeßgerät. Es hat ein geringes Totvolumen, ist außerordentlich robust und kann in Druckbereichen bis zu 4000 bar hergestellt werden.

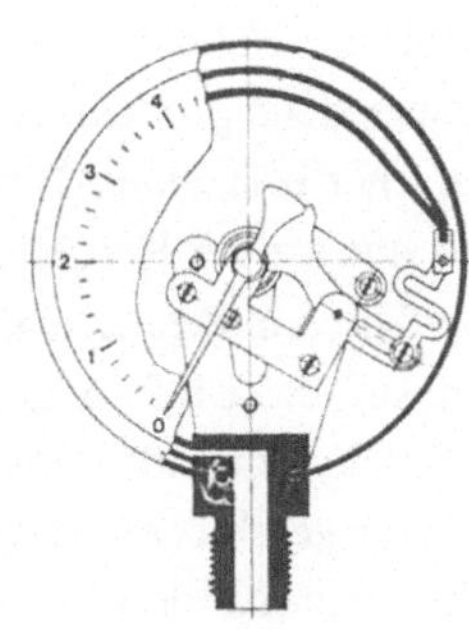

Bild 123 Manometer mit Burdonfeder

5.3.2.2 Schraubenfederdruckmeßgerät

Bei diesem Gerät wird ein Rohr zu einer zylindrischen Feder gewickelt. Bei der Druckbeaufschlagung des Rohres wirkt wie bei der Rohrfeder der „Bordoneffekt", wobei das freie Rohrende eine Drehbewegung entgegen der Wickelrichtung ausführt. Die spezifische Biegebelastung dieses Systems ist geringer als bei der Rohrfeder. Die Schraubenfeder weist daher gegenüber der Rohrfeder eine wesentlich bessere dynamische Dauerstandsfestigkeit auf und wird daher vor allem bei schwingendem oder häufig wechselndem Wirkdruck eingesetzt.

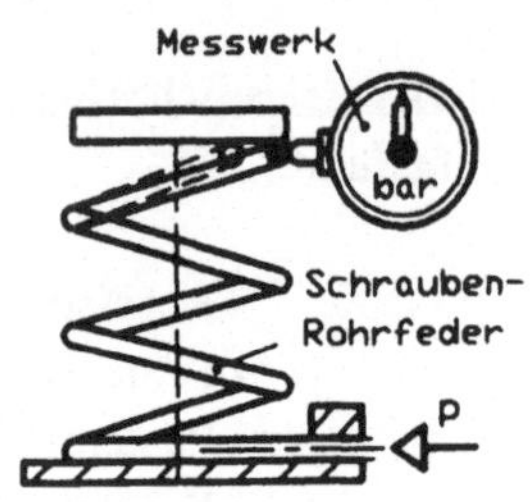

Bild 124 Schraubenfeder

5.3.2.3 Kapselfederdruckmeßgerät

Die Kapselfeder besteht aus einer Dose, deren oberer und unterer Boden als konzentrisch gewellte Membrane ausgebildet ist. Wird der Innenraum der Dose mit dem Wirkdruck beaufschlagt, so bauchen die Membrane auf. Der Federweg wird durch mechanische Hebelübersetzungen abgetastet. Bei entsprechend großem Dosendurchmesser entstehen schon bei kleinen Drücken relativ große Wege. Der Einsatz der Kapselfedersysteme liegt daher vorzüglich in dem Druckbereich von 0,001 - 0,5 bar. Auf diesem Prinzip sind auch die weit verbreiteten „Aneoridbarometer" aufgebaut. Hierbei wird die geschlossene Dose evakuiert. Die elastische Deformation erfolgt durch den Druck der Atmosphäre auf die evakuierte Dose (Aneroiddose).

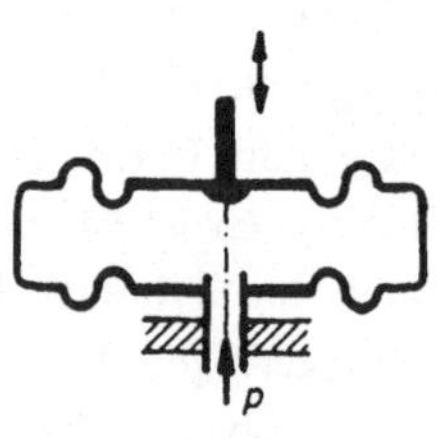

Bild 125 Kapselfeder

5.2.4.4 Wellenrohrfederdruckmeßgerät

Die Wellenrohr- oder Balgenfeder ist besonders durch ihr lineares Druck-Weg-Verhalten gekennzeichnet. Ihr Einsatzbereich liegt hauptsächlich bei niederen Drücken ohne stoßartige Belastung, zwischen 0,005 und 1 bar (in Extremfällen bis 20 bar). Das Wellenrohr wird sehr häufig in der Druckregeltechnik eingesetzt.

Bild 126 Wellenrohrfeder
(Balgenfeder)

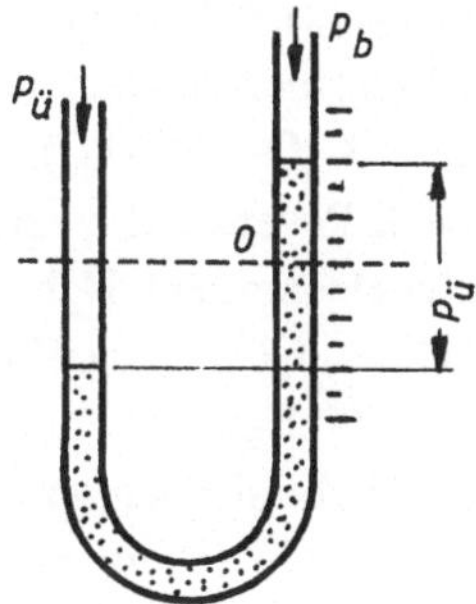

Bild 127 U-Rohr

5.3.3 Flüssigkeits-Druckmeßgeräte

Das einfachste Druckmeßgerät ist das Flüssigkeits-U-Rohr. Ein U-Rohr wird dabei teilweise mit einer Flüssigkeit gefüllt. Wird eine Seite des U-Rohres mit dem Wirkdruck beaufschlagt, so wird die Flüssigkeit auf dieser Rohrseite verdrängt, bis das Gewicht der Flüssigkeitssäule auf der anderen Seite des U-Rohres dem Wirkdruck entspricht. Dieses Meßsystem wird vor allem beim Messen niederer, statischer Drücke eingesetzt. Bei Wasser ergibt der Druckunterschied vom 0,1 bar einen Unterschied der Wassersäulenhöhen von 1020 mm.

5.3.4 Optische Signalgeber (Sichtanzeiger)

Die meisten Hersteller pneumatischer Steuerungssysten bieten in ihren Programmen optisch-pneumatische Signalgeber an. Hierbei wird wie in Bild 129 dargestellt, in eine glasklare Plexiglaskappe durch eine Membran oder einen Kolben, bei Druckanstieg ein farbiger Stift geschoben. Dadurch nimmt die Plexiglaskappe die Farbe des Stiftes an (z.B. Fa. Herion). Andere Systeme verwenden anstelle des Stiftes einen Reflektor, der das die Plexiglashaube durchdringende Licht wieder von hinten gegen die Plexiglashaube wirft und dadurch einen deutlichen Lichteffekt bewirkt (z.B. Fa. FESTO). Die Firma HOERBIGER verwendet beispielsweise das Drehmeldersystem. Dabei dreht sich bei Druckbeaufschlagung eine teilweise abgedeckte zweifarbige Scheibe, wodurch die zweite Farbe sichtbar wird (früher als Belegtzeichen am Telefon eingesetzt).

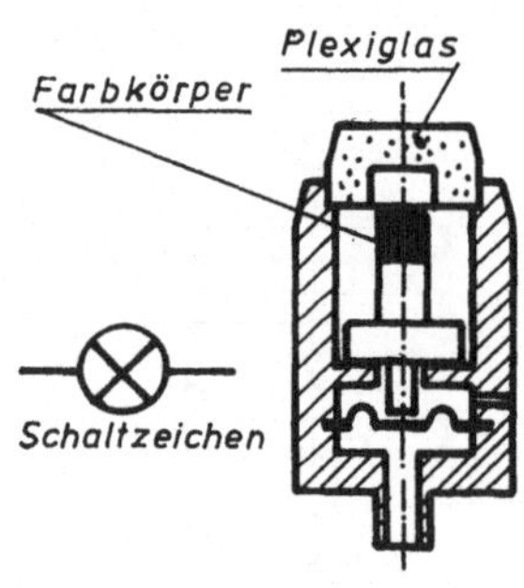

Bild 129 Optischer Signalgeber

5.3.5 Signalwandler (pneumatisch - elektrisch - pneumatisch)

Im Bereich der Meß- und Regeltechnik sowie in der Sensorik müssen häufig pneumatische Meß- und Stellelemente mit elektronischen Regel- und Rechnersystemen gekoppelt werden. Die Signalwandlung wird dabei sowohl von der Elektrik zur Pneumatik als auch umgekehrt erforderlich:

- EP-Wandler (Elektrik —> Pneumatik)
- PE-Wandler (Pneumatik —> Elektrik)

Die Signalwandlung erfolgt bei allen Systemen durch die Erfassung von Lage-, Kraft- oder Formänderungen eines Meßkörpers (Kapitel 5.3.2), hervorgerufen durch eine elektrische Zustands- oder pneumatische Druckänderung. Die am häufigsten eingesetzte Wirkprinzipien sind:

- mechanisch-elektrisch
- elektromagnetisch
- piezoelektrisch
- elektro-piezoresistiv (Widerstandsmeßbrücke)

5.3.5.1 Mechanische PE-Wandler

Die einfachste und bis heute in der Regel auch die billigste Bauart ist die direkte Betätigung elektrischer Schaltelemente durch die druckabhängige Formänderung federelastischer Elemente, wie sie in Kapitel 5.1.6 und 5.3.2.1 - 5.3.2.4 beschrieben sind. In Bild 129 ist ein **membranbetätigter, elektromechanischer PE-Wandler** mit einem festen Schaltpunkt dargestellt. Für digitale Steuersysteme mit einem Arbeitsdruck von 5 - 8 bar, wird von den Herstellern bei den Standardausführungen der Einschaltdruck bei p_E = 1,5 bar und der Ausschaltdruck bei p_A = 1 bar fest eingestellt. Bei einem großen Teil der angebotenen Geräte wird der Druck-Weg-Effekt über Membransysteme erreicht. Damit können noch ohne Vorsteuerung Schaltdruckdifferenzen bis zu p_{min} = 0,1 bar erkannt werden. Bei Schaltdrücken unter p < 0,1 bar werden in der Regel vorgesteuerte Systeme eingesetzt. Zum Beispiel könnte das in Bild 115 dargestellte Vorsteuerventil zur Ansteuerung des Steuereinganges 12 des in Bild 129 skizzierten Membrandruckschalters eingesetzt werden.

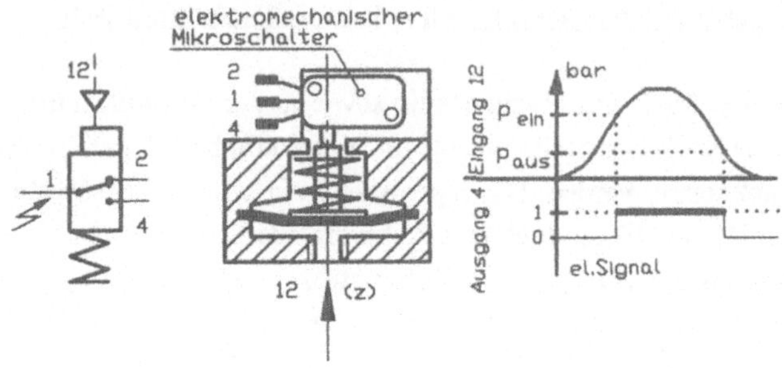

Bild 129 PE-Wandler, Druckschalter

Nach dem Membranprinzip gebaute Druckschalter, wie sie z.B. von Fa. Herion (Bild 130) angeboten werden, erlauben eine sehr feinfühlige Druckregelung mit getrennter Druckbereichs- und Schaltdruckdifferenzeinstellung und -anzeige. Geräte dieser Baureihe können für alle neutralen gasförmigen und flüssigen Medien eingesetzt werden.

Bild 130 Druckschalter mit einstellbarer Schaltdruckdifferenz

Für den Schaltertyp Herion 804700 werden folgende Daten angegeben:

Druckbereich	0,5 - 10 bar
Ein-/Ausschalt-Druckdifferenz	0,6 - 6 bar

Der in Bild 131 skizzierte **Universalwandler** kann als <u>Druck-, Differenzdruck-oder Vakuumsignalwandler</u> eingesetzt werden. Die einstellbare Druckfeder (1) wirkt dabei zusammen mit dem <u>Steuerdruck p_1</u> gegen die Wellenrohrkraft (2). Je größer der Druck p_1 wird, um so mehr nähert sich die Bodenplatte des Wellenrohres den elektrischen Näherungsschaltern (3).

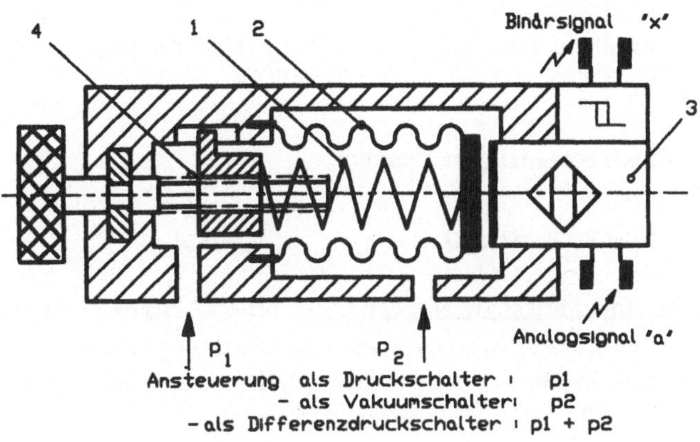

Bild 131 Druck-/Differenzdruck-/Vakuum-Elektronikschalter

Wird der Anschluß p_2 mit Druck beaufschlagt, so unterstützt p_2 die Wellenrohrfederkraft (2) gegen die Druckkraft von p_1 und der Spiralfeder (1). Es wird jetzt der <u>Differenzdruck</u> $p_1 - p_2$ bei Annäherung des Wellenrohrbodens gegen den Näherungsschalter gemessen.

Der <u>Anschluß p_2</u> kann auch an ein <u>Vakuum angeschlossen</u> werden. In diesem Fall der Spiralkraft(1) gegen die Wellenrohrfederkraft (2) in Richtung des elektrischen Schalters(3). Auch dabei kann durch die Veränderung der Druckfederlänge über die Einstellschraube (4) der binäre Schaltpunkt oder analoge Arbeitsbereich eingestellt werden.

Unter anderem bietet die Fa. FESTO einen Schalter nach dem Wirkprinzip von Bild 131 mit digitalem Signalausgang an. In dem Datenblatt werden folgende Daten angegeben:

Daten für Druckschalter Typ FESTO - ARL-2N-PEV.

Druckbereich:

Druckschalter p_1	:	0,25/8 bar
Vakuumschalter p_2	:	-0,2/-0,8 bar
Differenzdruckschalter	:	-0,95/8 bar ($p_1 > p_2$)
Hysterese maximal	:	0,25 bar
Schaltfrequenz maximal	:	70 Hz
Schaltstrom maximal	:	400 mA (PNP-Ausgang)

5.3.5.2 Elektromagnetische Wandler

5.3.5.2.1 Binäre EP-Wandler

Zur **elektromagnetischen Umwandlung** binärer Signale werden meist stromdurchflossene Hubmagnete eingesetzt. Der bewegliche Anker (Bild 132) (Plunger) aus Weicheisen wirkt direkt (Bild 99) oder indirekt über einen Steuerkolben (Bild 136) auf die pneumatischen Wege.

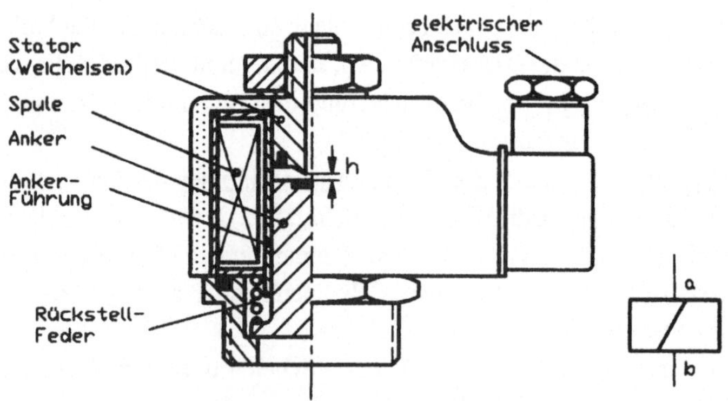

Bild 132 Elektrischer Zugmagnet

Bei der <u>Standardbauweise</u> wird der auf der Kolbenseite überstehende Anker in die Spule hineingezogen. Dieser Effekt beruht zunächst auf der Eigenkraft der magnetischen Feldlinien, den <u>beweglichen Anker</u> mit seiner hohen Feldlinienflußdichte B (die relative „Permeabilität μ^* " betätigt bei Weicheisen etwa das 5000fache gegenüber der magnetischen Feldliniendichte in der Luft) <u>in die Mitte der Spule zu ziehen</u>, bis die Feldlinienlängen auf beiden Seiten des Ankers gleich lang sind. Damit werden die auf den Anker wirkenden Kräfte gegenseitig aufgehoben. Bei dieser Bauart werden die <u>Kräfte auf den Anker, wenn er sich der Mittellänge nähert, immer schwächer und langsamer</u> (in der Mittellage sind die Kräfte ausgeglichen). Um hohe Anzugskräfte und einen guten Wirkungsgrad zu erhalten, wird an das <u>Spulenende ein fester Eisenkern</u> (Bild 132) installiert.

Die magnetische Kraft f_m an den Trennflächen zwischen 2 Stoffen zeigt stets zu dem Stoff mit der kleineren Flußdichte (Luft).

Der bewegliche Anker wird dadurch bei stromdurchflossener Spule mit steigender Kraft über die Spaltlänge l gegen den festen Kern gezogen (Gleichung 27). Die <u>Kraftrichtung</u> des Ankers ist also <u>nicht</u> von der <u>Stromflußrichtung</u> in der Spule abhängig (H. Linse - Elektrotechnik für Maschinenbauer - B.G. Teubner Stuttgart). Wenn der Anker formschlüssig gegen den Kern gezogen ist (Spaltlänge l=0), steigt die „Haltekraft" auf ein Vielfaches gegenüber der Anzugskraft an. Dieser Effekt ist in der Regel unerwünscht, da dadurch eine außerordentlich hohe Verzögerung der Signalabstiegsflanke entsteht. Um diesen Phänomenen entgegenzuwirken, wird häufig die Fläche konisch gestaltet, oder durch den Einbau nichtmagnetischer Werkstoffe (z.B. Dichtung) ein Mindestabstand der Werkstoffe mit hoher Flußdichte garantiert.

Magnetische Zugkraft:

$$f_m = \frac{\mu_0 \cdot A \cdot i_e^2 \cdot n^2}{2 \cdot \sigma_x^2 \cdot 1^2} \cdot N \tag{27}$$

μ_0 = Permeabilität im Luftspalt $\left(1,25 \cdot 10^{-6}\ \Omega s/m\right)$

A = Ankerquerschnitt

1 = Länge des Luftspaltes

n = Windungszahl der Spule

σ_x = Streufaktor $\quad$ (Korrekturfaktor für den Feldlinienverlust im Luftspalt zwischen Ankerzylinder, Mantel und Spule)

Um die Steuerwege bei pneumatischen Ventilen freizugeben, reichen häufig Hubwege von nur wenigen 1/10 mm aus. Dadurch können für kleine Nennweiten (Vorsteuerventile) ohne weiteres Schaltzeiten für binäre Signalwechsel von 10 ms bei einer elektrischen Leistungsaufnahme von weniger als 2 Watt erreicht werden. Diese Bausteine werden im allgemeinen Sprachgebrauch jedoch nicht als „Wandler", sondern als „Elektropneumatische Wegeventile" bezeichnet (Kap. 5.1.5.3).

5.3.5.2.2 Analoge EP-Wandler (Proportional-Servo-Systeme)

In zunehmendem Maße werden spezielle Hubmagnete zusammen mit Sonderventilen und elektronischen Stromregelsteuerungen entwickelt. Bei diesen Systemen wird eine Proportionalität zwischen dem Stromdurchfluß der Spule um dem Mengenstromdurchfluß des Ventils hergestellt, sie werden daher als **Proportionalventile** bezeichnet. Da der Kraftverlauf des Hubmagnetes über den Weg nicht linear ist, muß die Linearität durch konstruktive Veränderungen, insbesondere über den Streufaktor σ erreicht werden. Dies ist nur durch außerordentlich aufwendige Rechenverfahren möglich.

Da die magnetische Kraft in erster Linie von der Spaltlänge abhängig ist (Gleichung 27), wirkt die magnetische Kraft wie eine Feder. Diese Kraft kann wie in dem in Bild 133 dargestellten Druckregelventil direkt gegen die fluidische Druckkraft arbeiten.

Der Druck auf der Eingangsseite P ist somit von dem, die Spule durchfließenden Strom i_e abhängig.

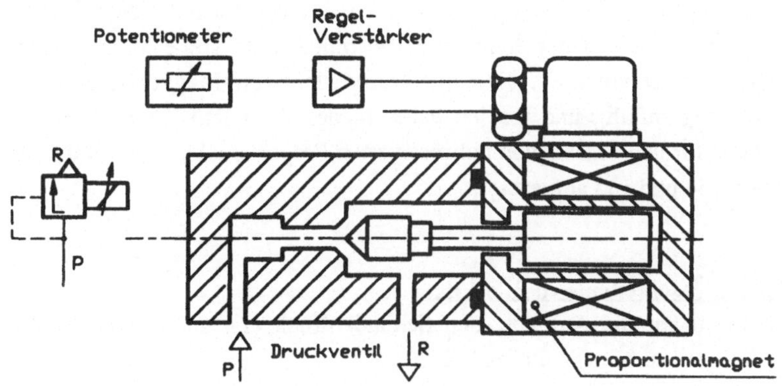

Bild 133 Kraftgesteuertes Proportionalmagnetventil

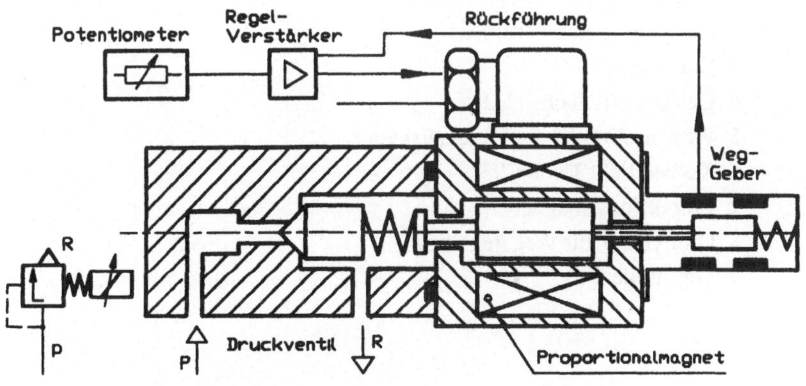

Bild 134 (Weg-)Hubgesteuertes Proportionalmagnetventil
mit Lageregelung (Servosystem)

Bei dem in Bild 134 abgebildeten <u>Druckregelventil</u> wird das Druckniveau über die unterschiedliche Vorspannung der Feder durch die magnetische Kraft gesteuert. Der <u>Soll-/Ist-Vergleich</u> erlaubt eine exakte <u>Regelung des Ankerweges</u> (=Hubes) und damit der Federkraft. Durch die integrierte Regelung wird diese Ausführung auch als <u>servopneumatisches System</u> bezeichnet (Bild 136).

Nach diesem Wirkprinzip können ebenso <u>Wegeventile</u> mit geregelten Durchflußmengen ausgeführt werden (Bild 136). Da bei pneumatischen Ventilen Spaltänderungen von nur wenigen 1/100 mm bereits große Volumenstromänderungen hervorrufen, sind die kraftgesteuerten Magnetsysteme sehr schwingungsanfällig und werden daher in der Pneumatik kaum eingesetzt. Beispiele für den Einsatz von hubgesteuerten Proportionalventilen sind in den Bildern 134 und 135 aufgezeigt.

<u>Funktionsbeschreibung zu Bild 135:</u>
Das Ventil hat die Aufgabe, den Sekundärdruck (2) auf ein gewünschtes Druckniveau zu bringen und zu halten.

Ventilaufbau:
1 Druckanschluß (Primärdruck)
2 Ausgang (Sekundärdruck)
3 Entlüftung
4 Gehäusesitzfläche (1/2)
5 Wellenrohrfeder für Druckausgleich
6 Kolbendichtfläche (2/3)
7 Proportionalmagnet
8 Druckfeder für Wegeregelung
9 Ventilteller

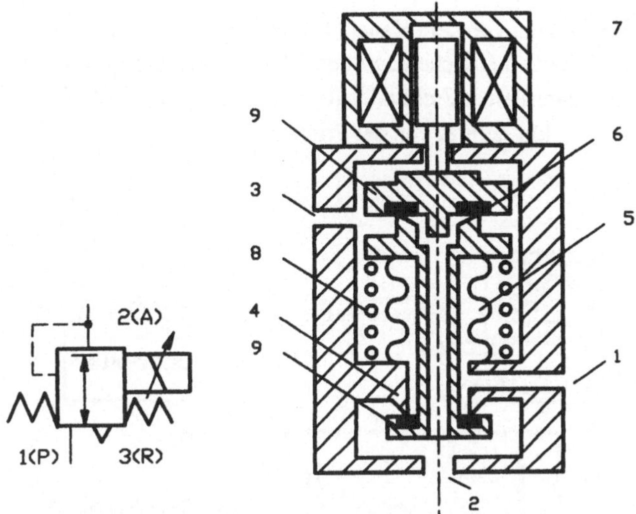

Bild 135 Proportionaldruckventil - druckentlastet und leckfrei

Das Ventil ist in druck- und stromlosem Zustand gezeichnet. Die Dichtflächen und die Wellenrohrfläche sind alle gleich groß. Die Wirkkraft des Primärdruckes (1) auf die Steuerkolbendichtfläche 4 (1/2) wird durch die entgegenwirkende pneumatische Wellenrohrdruckkraft aufgehoben. Die Druckfederkraft (8) hebt die mechanische Wellenrohrfederkraft auf und verschließt mit einem geringen Druckkraftüberschuß über die Dichtfläche 4 die Pneumatikwege 1/2. Ein Restdruck auf der Sekundärseite (2) kann in stromlosem Zustand des Hubmagneten (7) durch die Bohrung im Steuerkolben über die Dichtung (6) zu dem Ausgang (3) entlüften.

<u>Druckerhöhung auf der Sekundärseite (2)</u>

Durch den Druckflächenausgleich verändert sich die Ventilstellung beim Zuschalten des Versorgungsdruckes p_1 (1) nicht ($p_{2max} < p_1$).

Soll der Druck p_2 in der Sekundärseite (2) auf 50 % des maximalen Druckes gebracht werden, so wird die Hubmagnetspule mit 50 % des Nennstromes beaufschlagt. Der Weicheisenkern drückt jetzt gegen den Ventilteller (9) und verschließt dadurch die Entlüftung (3) und öffnet die Dichtfläche (4).

Die Luft strömt jetzt von dem Kanal (1) in den Kanal (2). Wird der Nenndruck erreicht, hebt die Druckflächenkraft der Sekundärseite (2) auf die Kolbendichtfläche (4) die magnetische Stoßkraft auf und verschließt durch die Dichtfläche (4) die weitere Druckluftzufuhr von der Primärseite (1).

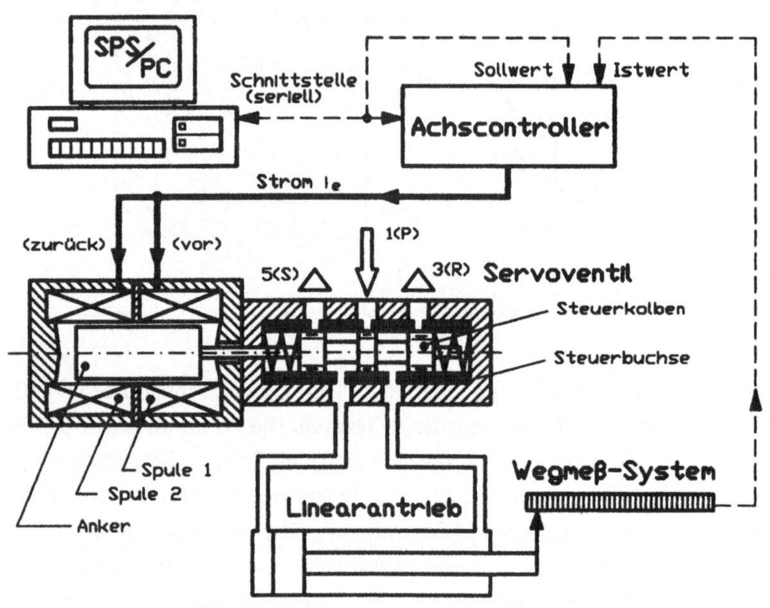

Bild 136 Prinzipieller Aufbau einer servopneumatischen Achse

In Bild 136 ist anhand eines lagegeregelten pneumatischen Linearantriebs der prinzipielle Aufbau einer **servopneumatischen Achse** dargestellt. Der Rechner oder die SPS (Kapitel 4.2) führt den gesamten Prozeßablauf einer Anlage. Er gibt die Befehle für die Servoachse zur Bearbeitung an den Achscontroller weiter. Der Controller gibt an die Hubmagnete des Wegeservoventils die elektrischen Signale weiter, um die geforderte Bewegungsrichtung und Beschleunigungsrampen mit dem Linearantrieb zu fahren.

Über ein Wegmeßsystem wird im Controller stets der Soll-/Ist-Vergleich durchgeführt und die notwendige Korrektur des elektrischen Ausgangssignales i_a ausgeführt. Ist die neue Wegposition erreicht, meldet der Controller die Vollzugsmeldung an die SPS zurück. Der Controller überwacht jedoch selbständig die vorgegebene Lage, bis er neue Positionsbefehle erhält.

In dem Beispiel (Bild 136) wird der <u>Steuerkolben</u> des Servoventils durch <u>2 getrennte Magnetspulen</u> angetrieben. Bei Stromgleichheit in beiden Spulen oder in stromlosem Zustand nimmt der Steuerkolben die 0-Lage ein. Werden die Spulen mit unterschiedlicher Stromstärke durchflossen, so wird der Kolben in Richtung der Spule mit dem stärkeren Stromdurchfluß angelenkt. Grundsätzlich ist die Bewegungsrichtungsvorgabe auch durch das Umpolen von nur einer Spule möglich. Diese Systeme sind in der Regel durch die geringen Magnetkräfte in der Mittellage ungenauer und träger als das dargestellte Prinzip.

5.3.5.2   Piezoelektrische Wandler

Der <u>Piezoeffekt</u> tritt in Kristallen ohne Symmetriezentrum mit einer polaren Achse auf. Der Effekt beruht auf der <u>elektrischen Polarisation</u> dieser Kristalle in einer Vorzugsrichtung, unter dem Einfluß einer mechanischen Deformation des Kristalles („direkter Piezoeffekt" - Brüder Curie 1880). Dieser <u>Effekt ist umkehrbar</u>: Wird an den Kristall eine elektrische Spannung angelegt, so ändert der Kristall seine äußere Form (inverser Piezoeffekt, Lippmann 1881). Durch diese Eigenschaften können die Piezokristalle sowohl für <u>PE- als auch für EP-Wandler</u> eingesetzt werden. Mit gutem Erfolg wird der inverse Piezoeffekt neuerdings aktorisch, anstelle von Hubmagneten (Bild 136), zur Betätigung der Steuerkolben von pneumatischen Servoventilen eingesetzt. Einige der klassischen Piezokristalle sind: Quarz, Kieselzinkerz, Zinkblende, Weinsäure, Natriumchlorat, Turmalin usw. Von besonderer Bedeutung ist heute das Bleizirkonat-Titanat (ferroelektrische Keramik).

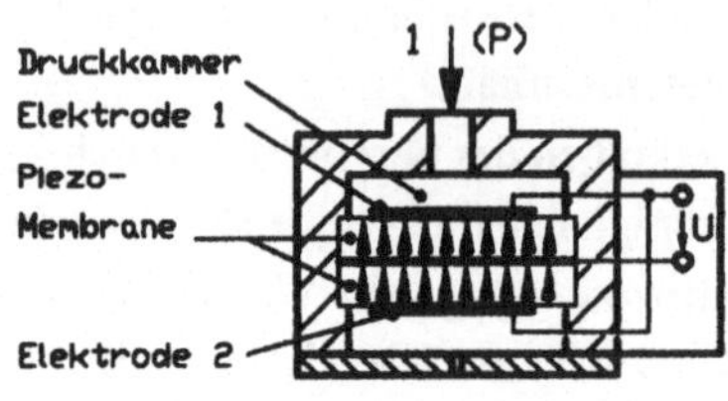

Bild 137 Piezoelektrischer
PE-Wandler
(Membransystem)

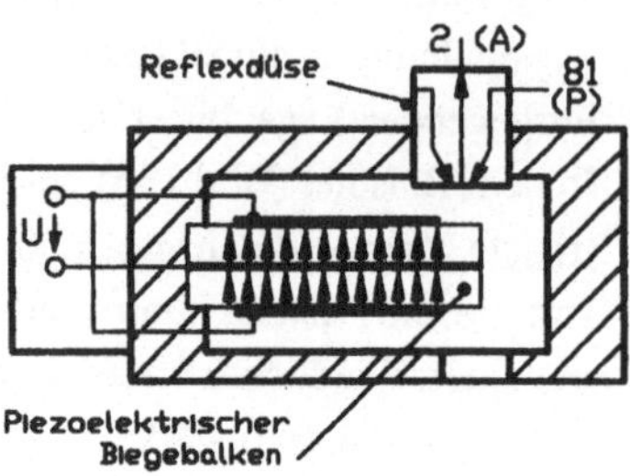

Bild 138 Piezoelektrischer
EP-Wandler (Biege-
balken mit Prallfläche

Bei dem <u>piezoelektrischen PE-Wandler</u> in Bild 137 wirken zwei gleichsinnig polarisierte Scheiben als Membran; der Druck p staucht die obere und dehnt die untere Scheibe. Die dabei entstehende Spannung wird über Elektroden abgenommen. Die PE-Wandler sind <u>nur für dynamische Signale</u> in dem Frequenzbereich von $1\text{-}10^5$ Hz realisierbar.

Die <u>EP-Wandlung</u> ist für <u>statische analoge und binäre Signale möglich</u>.

In Bild 138 wird der Abstand zu dem piezoelektrischen Biegestreifen von einem pneumatischen Rückstaufühler nach Bild 118 abgetastet. Als pneumatische Sensoren sind dafür auch Analoggeber nach Kap. 5.2.2.2 geeignet. Die spannungsabhängige Formänderung des Biegestreifens bewirkt bei entsprechender Auslegung eine zur Spannung U proportionale Druckänderung an dem Signalausgang A.

5.3.5.3 Piezoresistive PE-Wandler

Die Arbeitsweise piezoresistiver Wandler beruht auf der elektrischen Widerstandsabhängigkeit von den mechanischen Spannungen in piezoelektrischen Werkstoffen. Diese Technik kann somit anstelle von Dehnmeßstreifen zur Erkennung der Verformung von Membranen und Biegebalken eingesetzt werden. Die

Auswertung der elektrischen Werte erfolgt mit Hilfe der Wheatstoneschen Meßbrücke. Bei der piezoresistiven Siliziumzelle in Bild 139 wirkt der Druck p unmittelbar auf die SI-Membran. Der Verformungskörper und das Dehnungselement sind in diesem Beispiel integriert.

(- Meßmethoden von elektrischen Druck- und Differenzdruckumformern/Wanser, K - Messen und Prüfen/Automatik (1979)

-Pneumatisch-elektrischer Signalwandler in Miniaturbauweise aus der VDI-Zeitschrift, Düsseldorf 118 (1976))

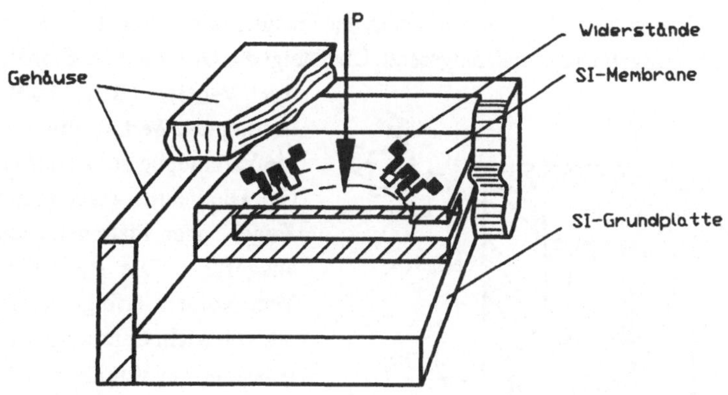

Bild 139 Piezoresistive Siliziummeßzelle für PE-Wandler

Diese Bauform wird insbesondere in der Mikromechanik für die Herstellung „intelligenter Sensoren" eingesetzt. Es können dabei Genauigkeitsklassen von 0,6 - 1.0 in einem Frequenzbereich von 1 - 10 KHz hergestellt werden. Ein weiterer Vorteil der Siliziummeßzelle liegt in der hohen Nullpunktstabilität und geringer Alterung.

5.4 Druckventile

Druckventile werden in der Pneumatik zur Druckbegrenzung oder für Druckregelvorgänge eingesetzt. Sie beeinflussen vorwiegend den Druck ihrer Zu- oder
Ausgangsleitung. In Tafel 23 sind die Schaltzeichen der wichtigsten Grundformen
der in diesem Kapitel beschriebenen Druckventile dargestellt.

5.4.1 Druckbegrenzungsventile

Druckbegrenzungsventile werden in der Pneumatik vorzüglich als Sicherheits-
ventile gegen Überdruck eingesetzt. Übersteigt der Druck auf der Signalseite (P)

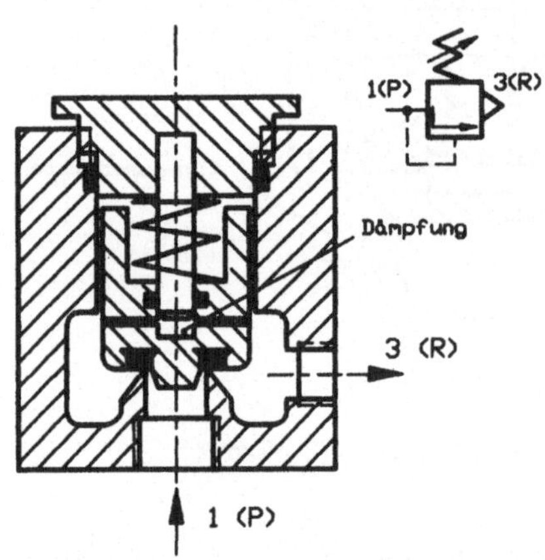

des Ventils (Bild 140) einen
bestimmten Wert, so öffnet das Ventil
die Verbindung zur Entlüftungsseite
(R). Die Ventile werden mit Kegel-,
Kugel- oder Plattensitzdichtungen
ausgeführt. Die Anpreßkraft des
Ventilkörpers erfolgt durch Feder-
oder Gewichtsbelastung. Bei Feder-
belastung der Ventilkörper steigt der
Druck mit zunehmender
Überströmmenge entsprechend dem
Ventilquerschnitt und der Feder-
kennlinie geringfügig an.

Bild 140 Druckbegrenzungsventil

In Bild 133 und 134 sind Funktionsbeispiele für Proportional-
druckbegrenzungsventile ausgeführt, die den pneumatischen Druck p proportional
zu dem, ihre Spule durchfließenden Strom i einstellen.

5.4.2 Druckregelventil (Druckminderventil)

Druckregelventile begrenzen den Versorgungsdruck (p_V) auf einen weitgehend konstanten Ausgangsdruck (p_A) (siehe Diagramm Bild 141). Durch diese charakteristische Eigenschaft sollte grundsätzlich jede pneumatische Steuerung mit dem Druckluftversorgungsnetz über ein Druckregelventil angeschlossen werden. Die Druckluftsteuerung bleibt dadurch unbeeinflußt von den Druckschwankungen des Druckluftnetzes und verhindert so unnötige Kompressionsverluste.

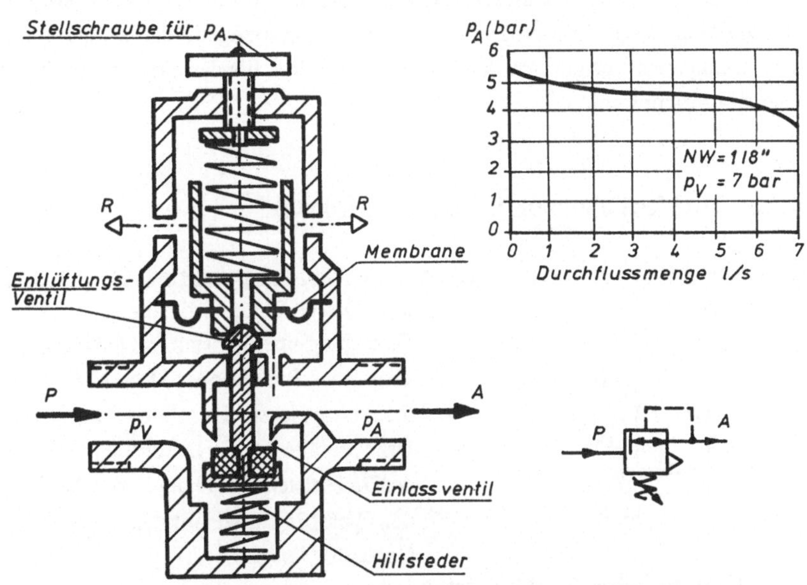

Bild 141 Druckregelventil mit Durchflußcharakteristik

Wie die in Bild 141 dargestellte Durchflußcharakteristik zeigt, wird der Ausgangspunkt p_A (Sekundärdruck) von der Durchflußmenge beeinflußt. Die Steigung der Durchflußkennlinie in Bild 141 wird weitgehend von dem Öffnungsquerschnitt des Einlaßventils und der Druckeinstellfederkennlinie beeinflußt. Es ist daher empfehlenswert, nur solche Geräte zu beschaffen, bei denen die Durchflußkennlinie eindeutig angegeben ist.

Bei Steuerungen, deren Funktion für bei konstantem Druckniveau garantiert ist, sollte in jedem Fall die Luftversorgung der Steuerung und Arbeitselemente durch getrennte Druckregelventile gespeist werden.

Wirkungsweise: Überwindet der auf die Membranfläche wirkende Sekundärdruck p_A die Kraft der Druckeinstellfeder, so wird das Einlaßventil geschlossen. Steigt durch Undichtigkeit oder andere äußere Einflüsse der Sekundärdruck weiter an, so wird das Einlaßventil geschlossen. Steigt durch Undichtigkeit oder andere äußere Einflüsse der Sekundärdruck weiter an, so wird die Druckeinstellfeder durch die ansteigende Membrankraft weiter zusammengedrückt, wodurch das Entlüftungsventil öffnet und den Druck p_A entlüftet, bis der eingestellte Druck wieder erreicht wird.

5.4.3 Druckgefälleventil (Differenzdruckventil)

Das Druckgefälleventil vermindert den Sekundärdruck p_2 um einen festen Betrag (Δp) gegenüber dem Versorgungsdruck p_1. Dieses Gerät wird hauptsächlich zur Erzeugung eines konstanten Druckgefälles über einer Blende oder Drossel (Kapitel 5.5) eingesetzt. Durch das konstante Druckgefälle ist die Durchflußmenge an der Drosselstelle unabhängig von der Höhe des Versorgungsdrucks p_1, oder des Gegendrucks (p_G)

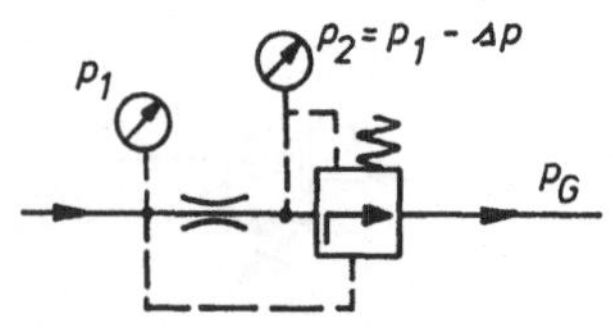

Bild 142 Stromregelventil mit konstantem Druckgefälle

Durch die hohe Kompressibilität der Luft kann jedoch durch diese Einrichtung keine lastunabhängige Bewegungscharakteristik eines Druckluftantriebes erreicht werden. Aus diesem Grunde kommt das Druckgefälleventil in der Pneumatik nur in Sonderfällen zur Anwendung.

5.5 Stromventile (Drosselventile)

5.5.1 Eigenschaften

Stromventile sind pneumatische Widerstände (Drosseln), die vorwiegend die Luftdurchflußmenge beeinflussen.
Als Widerstände werden Blenden, Düsen oder Kapilaren eingesetzt.

Nach DIN-ISO 1219 wird in der Schaltzeichendarstellung nach Geräten mit weitgehend viskositätsunabhängiger Durchflußkennlinie (Bild 143 a) und viskositätsunabhängiger Durchflußkennlinie (Bild 143 b,c) unterschieden. Da in der Pneumatik die Viskositätsunterschiede keine nennenswerten Größen aufweisen, wird die Unterscheidung in der Schaltzeichendarstellung in vielen Fällen nicht berücksichtigt.

Als Blenden werden Widerstände in einem Verhältnis s/d bezeichnet (Bild 143 a). Ihr Durchflußcharakter ist weitgehend von der Viskosität des strömenden Mediums unabhängig. Liegt das Verhältnis bei 1,5 > s/d, so verwendet man das Schaltzeichen nach Bild 143 b (Drosselform). Wird das Verhältnis s/d > 10, so kommt man bereits in den Bereich kapilarer Widerstände (Bild 143 c), die nach dem gleichen Schaltzeichen wie in Bild 143 b dargestellt werden.

Am einfachsten und billigsten in der Herstellung sind die Blenden. Demgegenüber haben Drosseln bessere Durchflußeigenschaften. kapillare Widerstände sind durch ihr lineares Durchflußmengendruckdifferenzverhalten gekennzeichnet.

5.5.2 Berechnungsgrundlagen pneumatischer Widerstände

Die exakte theoretische Bestimmung der Durchflußwerte pneumatischer Widerstände ist außerordentlich schwierig, da in die Berechnung viele, schwer zu erfassende Faktoren eingehen. Die beiden größten, schwer zu erfassenden Faktoren sind die Auswirkungen der geometrischen Form des Widerstandes auf das Strömungsverhalten und das kompressible Verhalten der Luft. In erster Näherung wird die Gleichung (28) zur Bestimmung der Durchflußwerte in Blenden und Drosseln angewendet (Berechnung der Verlustwiderstände siehe Kapitel 7.4)

Massenstrom:

$$q_m = \alpha \cdot \varepsilon \cdot A_1 \cdot \sqrt{2 \cdot \rho_1 \cdot \Delta p} \quad [\text{kg/s}] \tag{28}$$

$\alpha \quad = \text{Durchflußzahl (Wert aus Bild 145)}$

$\varepsilon \quad = \text{Expansionszahl (Wert aus Bild 145)}$

$A_1 \quad = \text{Querschnitt } A_1 \left[m^2 \right] \text{ (Bild 143) an der engsten Drosselstelle}$

$$A_1 = \frac{\pi \cdot d^2}{4} \left[m^2 \right]$$

$\Delta p = (p_1 - p_2) = \text{Wirkdruck (Bild 144)} \left[N/m^2 \right]$

$\rho_1 \quad = \text{Dichte der Luft vor der Drosselstelle} \left[kg/m^3 \right]$

$\qquad \text{(Kapitel 2.2.2.5 und 2.2.2.7 Gleichung 5 bis 8)}$

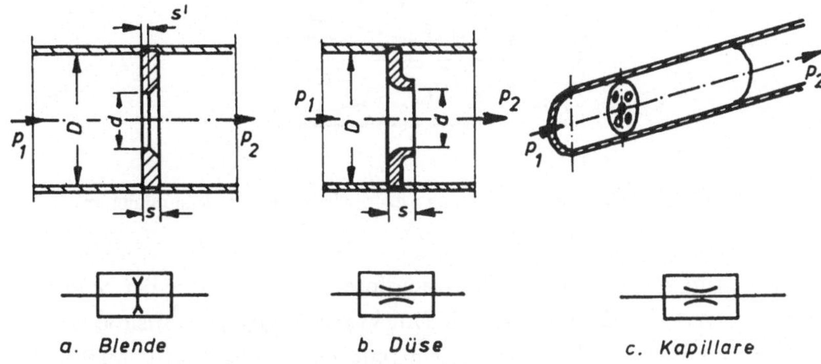

Bild 143 Pneumatische Strömungswiderstände

<u>Die Durchflußzahl</u> α ist ein dimensionsloser Korrekturfaktor, der die geometrische Form des Widerstandes, die Einschnürung der Strömung nach dem Widerstand (Kontraktionszahl μ) und die Geschwindigkeitszahl φ (Einfluß der Wandreibung) enthält.

$$\alpha = \mu \cdot \varphi \qquad (29)$$

Je nach Form des Widerstandes beträgt der Beiwert $\varphi = 0,95 + 0,99$. In Bild 145 sind Werte für die Durchflußzahl in Abhängigkeit von dem Einengungsverhältnis $m = d^2/D^2$ angegeben. Diese Werte sind aus dem Normblatt für die Durchflußmessung genormter Düsen und Blenden (DIN 1953) entnommen und können in grober Näherung als Anhaltswerte für geometrisch ähnliche Widerstände verwendet werden.

Bei hohen Strömungsgeschwindigkeiten (Re $\geq$ 3 x 10^4) nimmt vor allem bei Blenden der Einfluß der Reynoldszahl zur Bestimmung der Durchflußzahl α zu. In Bild 145 sind daher die Korrekturkurven für Blenden zur Bestimmung der Durchflußzahl α bis Re * 10^7 angegeben.

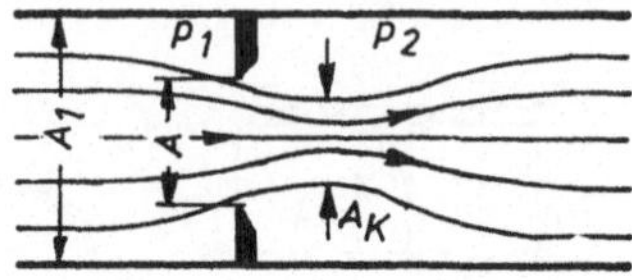

Bild 144 Einschnürung der Strömung nach der Drosselstelle (Kontraktion m)

Die Expansionszahl ε ist der dimensionslose Korrekturfaktor der Volumenänderung der Luft, die sich durch die Druckveränderung der Luftströmung am
engsten Querschnitt, unter Berücksichtigung der Kontraktion μ ergibt. Die
adiabatische Zustandsänderung für Luft ist bei den Kurven für ε in Bild 145 durch
den Isentropenexponent k = 1,4 berücksichtigt.
Die isotropische (adiabatische) Gaszustandsänderung geht von der Annahme aus,
daß während des Expansionsvorganges keine Zufuhr oder Abfuhr von Wärme
erfolgt.

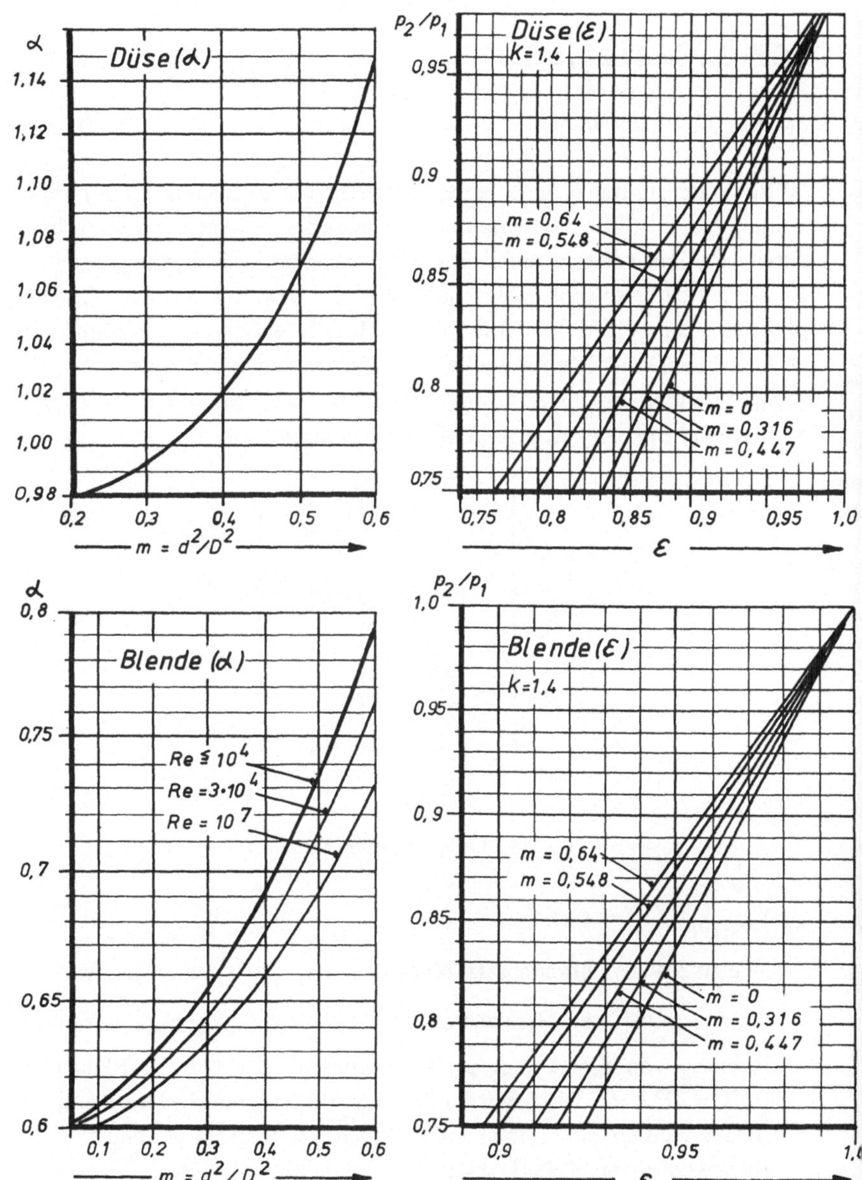

Bild 145 Durchflußzahlen (α) und Expansionszahlen (ε) von Normblenden und -düsen

5.5.3 Ausführungsbeispiele

5.5.3.1 Festwiderstand

Soll der Volumenstrom q_v (m³/s) beziehungsweise der Massenstrom q_m (kg³/s) einer Leitung auf eine feste Luftmenge begrenzt werden, so erfolgt sie am einfachsten durch den Einbau eines pneumatischen Widerstandes in das Leitungssystem.
Es werden dafür sowohl Schlauchdrosseln (Drosseldüsen) als auch Einlege-blenden ausgebildet. Von den Herstellerfirmen werden die Differenzdruckluftdurchsatzkennlinien in Kurven angegeben (Bild 146). Die Einlegeblende, ein dünnes Metallplättchen, wird zwischen Ventil und Montageplatte in den jeweiligen Lufteingang eingelegt.

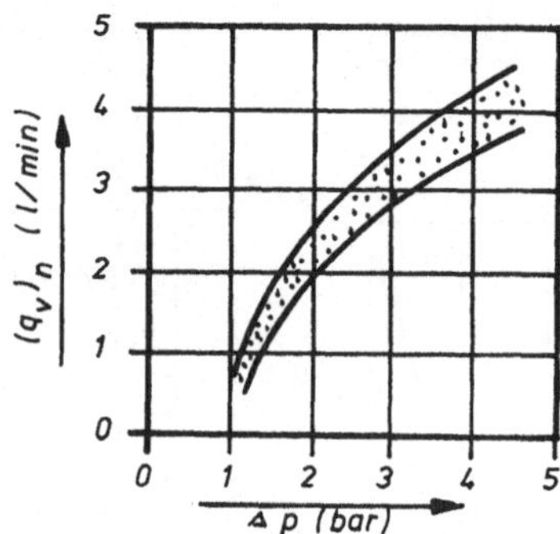

Bild 146 Luftdurchsatz Δp Kennlinie

Aufgabe 19:

Wie groß ist der Luftdurchsatz (Massenstrom q_m [kg/s]) und Volumenstrom $((q_v)_n [m^3/h])$ im Normzustand der Luft einer Einlegeblende mit einer Bohrung von d = 1 mm φ. Die Lufttemperatur vor der Blende sei 20°C = 293 K, der Druck vor der Blende p_1 = 2,0 bar und der Druck nach der Blende wird mit p_2 = 1,5 bar angenommen. Die Bohrung vor und nach der Blende haben die NW4 (D = 4 φ).

Lösung:

1.   <u>Massenstrom</u> q_m (kg/s) nach Gleichung 28 Seite 230

1.1   Durchflußzahl α auf Bild 145 (Blende). Durch die geringe Druckdifferenz Δp kann angenommen werden, daß die Reynoldszahl Re<= 10^4 ist (laminare Strömung). Somit ist: $d^2/D^2 = 1 : 16 = 0{,}06$ ----> $\alpha = 0{,}6$

1.2   Expansionszahl aus Bild 145

$m = d^2/D^2 = 0{,}06$ gewählt: $m=0$ ---> $\varepsilon=0{,}925$

$p_2/p_1 = 2 : 1{,}5 = 0{,}75$

1.3   Kleinster Querschnitt der Blende

$$A_1 = 0{,}25 \cdot \left(1 \cdot 10^{-3}\right)^2 \cdot \pi = 7{,}85 \cdot 10^{-7} \ \left[m^2\right]$$

1.4   Differenzdruck Δp (Pa)

$$\Delta p = 2 - 1{,}5 = 0{,}5 \, bar = 0{,}5 \cdot 10^5 \, Pa \ (N/m^2)$$

1.5   Dichte ρ_n der Luft vor der Blende im Normalzustand bei $T = 273K$

und $p = 1{,}013 \, bar$: $\rho_n = 1{,}293 \ kg/m^3$ nach Gleichung (8)

$$\rho_1 = \frac{T \cdot (p_1 + 1{,}013) \cdot \rho_n}{293 \cdot 1{,}013} = \frac{273 \cdot 3{,}013 \cdot 1{,}293}{293 \cdot 1.013} \left[kg/m^3\right]$$

$$\rho_1 = 3{,}58 \ kg/m^3$$

1.6 $q_m = 0{,}6 \cdot 0{,}925 \cdot 7{,}85 \cdot 10^{-7} \cdot \sqrt{2 \cdot 3{,}58 \cdot 0.5 \cdot 10^5} \ [kg/s]$

$$q_m = 2{,}7 \cdot 10^{-4} \ kg/s$$

2.   <u>Umrechnung von Massenstrom</u> q_m (kg/s) in das <u>Durchflußvolumen</u> $(q_v)_n$ (m³/h), bezogen auf den Normzustand der Luft (Kapitel 2.2.2.7).

$$\boxed{(q_v)_n = \frac{q_m \cdot (kg/s)}{\rho_n \cdot (kg/m^3)}} = \frac{2{,}7 \cdot 10^{-4}}{1{,}293} \left(\frac{kg \cdot m^3}{s \cdot kg}\right) \qquad 29.1$$

$$(q_v)_n = 2{,}1 \cdot 10^{-4} \ m^3/s = 5{,}64 \cdot 10^{-3} \cdot 3600 \, m^3/h$$

$$(q_v)_n = 2{,}1 \cdot 3600 \cdot 10^{-4} \frac{m^2}{h} = \underline{0{,}756 \ m^3/h}$$

5.5.3.2 Verstellbare Widerstände

Das Funktionsprinzip der verstellbaren Widerstände ist dasselbe wie bei den Festwiderständen. Die durchströmende Luftmenge q_m wird durch eine Engstelle (Blende oder Drossel) begrenzt. Die Veränderung des Querschnittes A_1 an der engsten Drosselstelle erfolgt bei den meisten Bauarten durch das Einführen einer konischen Nadel in die Engstelle (Bild 147). Je tiefer die Nadel in die Engstelle eintaucht, um so kleiner wird dadurch der freie Querschnitt A_1 und damit die durchströmende Luftmenge q'_m.

Soll die Luftmenge nur in einer Stromrichtung begrenzt werden, wird das in Bild 148 dargestellte „verstellbare Drosselrückschlagventil" eingesetzt. Bei dieser Bauart kann in der Stromrichtung B —> A der Luftstrom die Engstelle über das eingebaute Rückschlagventil umgehen.

Die jeweilige Durchflußmenge q_m folgt in grober Nährerung der Gleichung (28) und ist damit von dem Druckgefälle Δp über der Engstelle abhängig.

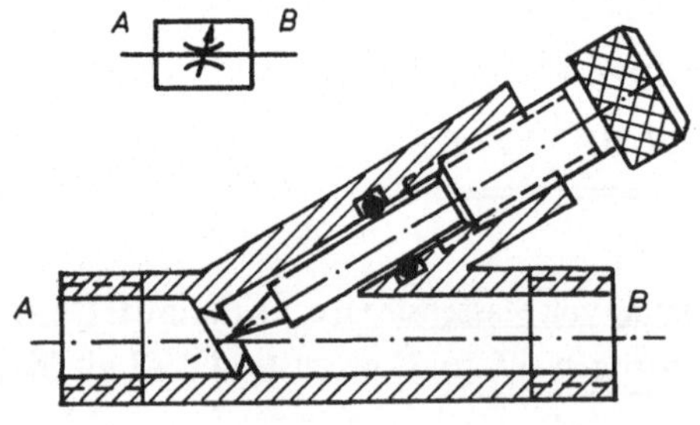

Bild 147 Verstellbares Drosselventil

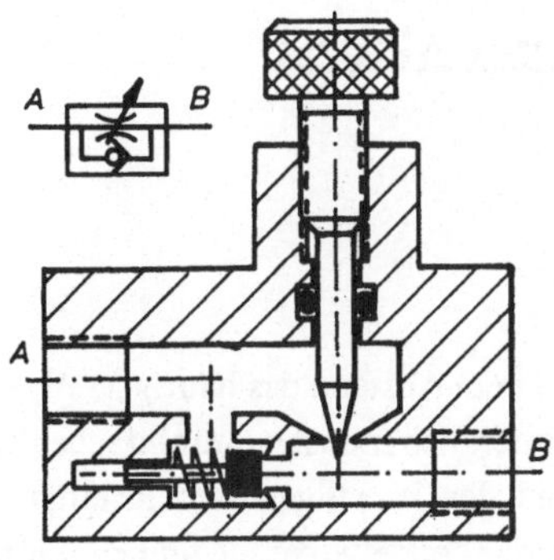

Bild 148 Verstellbares Drosselrückschlagventil

Bei der <u>Dimensionierung</u> des Bauteiles sollte die von dem Hersteller angegebene Durchflußmenge (Volumen- oder Massenstrom) möglichst wenig über der notwendigen maximalen Durchflußmenge liegen. Bei zu großzügiger Überdimensionierung des Bauteiles wird die Einstellung der gewünschten Teilmenge sehr empfindlich und schwer reproduzierbar.

<u>Merke</u>:

Die Durchflußwerte werden von den Bauteileherstellern häufig in Volumen/Zeiteinheit angegeben. Das Volumen bezieht sich dabei stets auf das Normvolumen bzw. den Volumenstrom $(q_v)_n$ (Kapitel 2.2.2.7)

6 Arbeitselemente Aktorik

6.1 Zylinder

6.1 Kolbenzylinder

Der Zylinder ist mit weitem Abstand das häufigste Arbeitselement in der Pneumatik. Es ist ein außerordentlich robuster und einfacher Linearmotor, der in vielen Bauarten, entsprechend der jeweiligen Arbeitsaufgabe hergestellt wird. Die Standardbauarten sind der doppelwirkende und der einfachwirkende Zylinder.

Mit Zylinderbauarten, wie sie in Bild 149 und 150 dargestellt sind, können Kolbengeschwindigkeiten zwischen 0,05 und 2 m/s in jedem Fall erreicht werden. Bei Geschwindigkeiten unter 0,05 m/s wird der Lauf ruckartig und unregelmäßig (Slip-Stick-Verhalten). Bei Geschwindigkeiten über 2 m/s mit Standardzylindern wird der Reibungseinfluß und Druckverlust in den Versorgungsbohrungen und Anschlüssen zu groß, so daß in vielen Fällen nicht mehr wirtschaftlich gefahren werden kann.
Der wirtschaftliche Betriebsdruck liegt für die Standardzylinder bei 4,5 - 8 bar. Bei höheren Drücken und reibungsarmen Dichtungen können Geschwindigkeiten bis zu 10 m/s gefahren werden.

Die Zylinderdurchmesser werden vorzüglich in Normreihen
nach DIN/ISO 6431:   8, 10, 12, 16, 20, 25 mm ϕ
und nach ISO 6432:   32, 40, 50, 63, 80, 100, 125,
                       160, 200, 320, 350 mm ϕ
angeboten. In diesen Normen werden auch die Ein- und Ausbaumaße sowie bevorzugte Hublängen empfohlen. Zylinder unter 5 mm ϕ sind aus konstruktiven Gründen (Durchmesser über 500 mm) und aus wirtschaftlichen Gründen ungebräuchlich.

6.1.1 Doppeltwirkende Zylinder

Der „doppeltwirkende endlagengedämpfte Zylinder" (Bild 149) ist der am häufigsten eingesetzte Kolbenzylinder. Die Endlagendämpfung verhindert ein hartes Aufschlagen des Kolbens in den Endlagen auf die Zylinderdeckel und bringt die Kolbengeschwindigkeit mit der bewegten Masse auf einer sanften „Bremsrampe" zum Stillstand (Bild 150). Trotz sorgfältiger Abstimmung der Drosselstellung (Pos. 3 Bild 149), Zylinderdurchmesser und Massenkräfte, treten dabei Schwingungen auf. Von verschiedenen renommierten Herstellern werden daher bereits Systeme mit „intelligenten", rechnergesteuerten Bremsdrosseln angeboten, die eine optimale Bremsrampe garantieren.

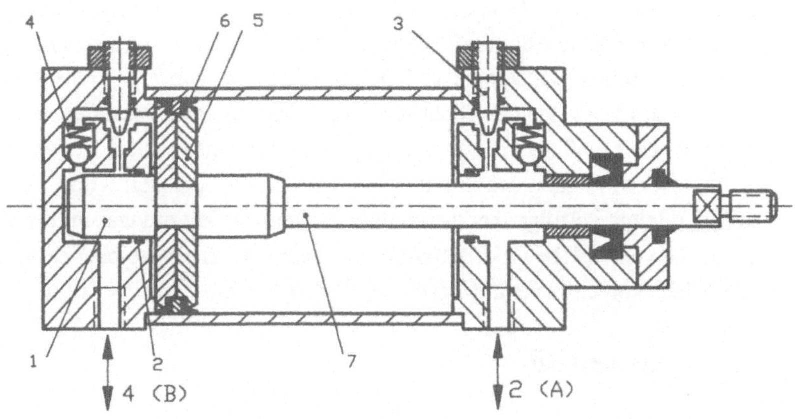

Bild 149 Doppeltwirkender Zylinder
mit beidseitig verstellbarer Endlagendämpfung

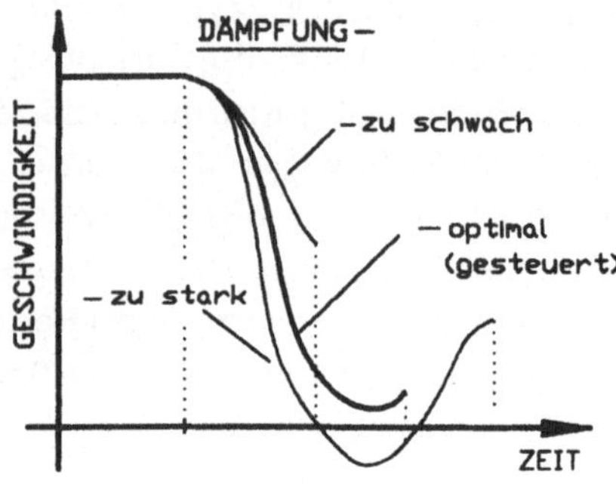

Bild 150 Bremszeit - Geschwindigkeitsdiagramm der Endlagendämpfung

Die Wirkungsweise des doppeltwirkenden endlagengedämpften Zylinders ist aus
Bild 149 zu ersehen.

Auf der Kolbenstange (7) ist der Kolben (5) fest montiert. Die Dichtungen (6)
trennen die vordere und hintere Zylinderkammer. Um ein hartes Aufschlagen des
Zylinders in seiner Endlage zu verhindern, fährt kurz von dem Hubende der
Dämpfungskolben (1) in den Dichtring (2) ein. Die von dem Dämpfungskolben
verdrängte Luft muß über die einstellbare Drossel (3) entweichen, wodurch die
Auffahrgeschwindigkeit des Arbeitskolbens einstellbar reduziert wird.

Die Luftzuleitung erfolgt über die vordere und hintere Dämpfungskammer. Das
Rückschlagventil (4) bewirkt, daß beim Umsteuern des Arbeitskolbens sofort die
volle Arbeitskolbenfläche mit Druck beaufschlagt wird.

6.1.1.1   Zylinderkraft

Bei den Zylindertypen mit einer Kolbenstange muß durch die daraus resultierende
Kolbenflächendifferenz zwischen der Vorschub- und Rückzugskraft unterschieden
werden. Außerdem muß bedingt durch die Strömungsverluste und Massenkräfte
zwischen der statischen und der dynamischen Kraft an der Kolbenstange unterschieden werden.

Statische Vorschubkraft F_{stat}

$$F_{stat} = A_Z \cdot p_0 - A_R \cdot p_2 \quad [N]$$
(30)

Dynamische Vorschubkraft F_{dyn}

$$F_{dyn} = (A_Z \cdot p_1 - A_R \cdot p_2) - (F_B + F_R) \quad [N]$$
(31)

Statische Rückzugkraft F'_{stat}

$$F'_{stat} = A_R \cdot p_0 - A_Z \cdot p_2 \quad [N]$$
(32)

Dynamische Rückzugkraft F'_{dyn}

$$F'_{dyn} = (A_R \cdot p_1 - A_Z \cdot p_2) - (F_B + F_R) \quad [N]$$
(33)

A_R = Ringfläche $[mm^2]$ $\longrightarrow$ $A_R = A_Z - A_{KS}$

A_{KS} = Kolbenstangenfläche $[mm^2]$ $\longrightarrow$ $A_{Ks} = \dfrac{d_{Ks}^2 \cdot \pi}{4}$

A_Z = Zylinderfläche $[mm]$ $\longrightarrow$ $A_{Zyl} = \dfrac{D_{Zyl}^2 \cdot \pi}{4}$

d_{KS} = Kolbenstangendurchmesser $[mm]$
D_{Zyl} = Zylinderdurchmesser $[mm]$
F_B = Massenkraft von Kolben und Kolbenstange $[N]$
F_R = Reibkraft von Zylinderflächen- und Kolbenstangendichtung
p_0 = Systemdruck (Netzdruck) $[bar]$

p_1 = wirksamer Druck auf A_Z [bar]
       in statischem Zustand vorwärts $p_1 = p_0$
       in statischem Zustand zurück $p_1 = 0$

p_2 = wirksamer Druck auf A_R [bar]
       in statischem Zustand zurück $p_2 = p_0$
       in statischem Zustand vorwärts (entlüftet) $p_2 = 0$

Δp_{vor} = $p_1 - p_2$
Δp_{zur} = $p_2 - p_1$
η = Wirkungsgrad

Die <u>tatsächliche Kraft</u> an der Kolbenstange in <u>dynamischem Betriebszustand</u> läßt sich durch die Vielzahl der veränderlichen Einflußgrößen, vor allem im Bereich der Reibkräfte und Strömungsverluste, nur ganz grob in erster Näherung errechnen. Einige Hersteller bieten daher für ihre gängigsten Typen Software-Pakete an, die eine genauere Bestimmung der zu erwartenden Zylinderkräfte und Geschwindigkeiten erlauben.

Ohne diese umfangreichen Rechenprogramme wird in der Praxis der Reib- und Strömungsdruckverlust durch den Wirkungsgradfaktor η berücksichtigt.

<u>Wirkungsgrad am Zylinder:</u>

      statischer Betrieb (gegen Festanschlag) $\eta_{stat} = 0,9$ bis $1,0$
      dynamischer Betrieb (Bewegungsphase) $\eta_{dyn} = 0,5$ bis $0,6$
      mechanischer Wirkugsgrad (Reibverluste) $\eta_{dyn} = 0,9$

<u>Der Faktor</u> η_{dyn} berücksichtigt die Faktoren F_B und F_R, sowie die Strömungsverluste des „normaldimensionierten" Wegeventils (siehe Tafel 40) und der gesamten Leistungsverluste, bei einer Nutzlast von ca. 50 % der statischen Endkraft F_{Stat}.

$$F_{dyn\,vor} = (A_Z \cdot p_1 - A_R \cdot p_2) \cdot \eta_{dyn}$$
$$= \Delta p_{vor} \cdot (A_Z - A_R) \cdot \eta_{dyn} \quad [N] \tag{34}$$

$$F_{dyn\,zur} = (A_R \cdot p_1 - A_Z \cdot p_2) \cdot \eta_{dyn}$$
$$= \Delta p_{zur} \cdot (A_R - A_Z) \cdot \eta_{dyn} \quad [N] \tag{35}$$

Die Nutzkraft sollte in der Bewegungsphase 80 % der statischen Endkraft nicht übersteigen. Ebenso sollte aus Gründen der Wirtschaftlichkeit die dynamische Zylinderbelastung mindestens 20 % der statischen Endkraft betragen.

Wenn der Druckzustand am Zylinder als konstant angenommen werden kann, muß in 1. Näherung der Reibungswiderstand F_R (η_{mech}) der Dichtungen angenommen werden.

Der Reibwiderstand von Rundschnurdichtungen ist in allen Betriebszuständen konstant.

Der Widerstand bei Lippendichtungen ist nur von dem Druck und der Dichtfläche abhängig, nicht von der Nutzkraft F. Dadurch muß der mechanische Wirkungsgrad η_{mech} nur durch den Druck p auf der Primärseite berücksichtigt werden:

$$F'_{dyn\,vor} = A_Z \cdot p_1 \cdot \eta_{mech} - A_R \cdot p_2 \tag{36}$$

$$F'_{dan\,zur} = A_R \cdot p_2 \cdot \eta_{mech} - A_Z \cdot p_1 \tag{37}$$

6.1.1.2 Kolbengeschwindigkeit

Die exakte Endgeschwindigkeit pneumatischer Linearantriebe läßt auch bei der Erfassung vieler Einflußgrößen nur sehr unzuverlässig - und dann nur für eine bestimmte Anlage - errechnen. Allgemeingültige Gleichungssysteme können nicht angegeben werden, da ein großer Teil der Störfaktoren, so weit sie überhaupt angegeben werden können, variable Größen darstellen, die unter anderem druck-luftmengen-, temperatur- und reibungsabhängig sind.

Die wichtigsten Störgrößen für die Zylinderkraft und Geschwindigkeit

    1. Druckstabilität des Druckluftnetzes

    2. Einzelwiderstände der Ventile

    3. Dimensionierung der Leitungen

    4. Leitungslängen und Leitungseinzelwiderstände

    5. Reibungswiderstände

    6. Volumenverlust durch Abkühlung

Die Fa. FESTO gibt in ihren "Technischen Unterlagen" nachstehende Hilfen an, die wenigstens die zu erwartenden Endgeschwindigkeiten näherungsweise ermitteln lassen: Leerlaufgeschwindigkeit in Bild 151, bei Teillast siehe Tafel 41. Die Dimensionierung der Luftzuführung und Steuerung wird dabei grob in drei Bereiche eingeteilt:

Bereich 1: Überdimensionierte Ventilbestückung (Tafel 40) mit Schnellentlüftung (Bild 152)

Bereich 2: Überdimensionierte Ventilbestückung oder Normalbestückung mit Schnellentlüftung

Bereich 3: Normale Ventilbestückung. Im unteren Bereich unterdimensionierte Ventile oder gedrosselte Luftzu- oder -abfuhr.

Als Richtwert für die Definition der „Normaldimensionierung" kann Tafel 40 zugrunde gelegt werden.

Eine Exakte Bestimmung der Dimensionierung kann durch die Berechnung der Strömungswiderstände nach Kapitel 7.4 vorgenommen werden.

Tafel 40   Richtwerte zur Feststellung der „Normalventilgrößen" (Fa. FESTO)

Zylinder mit Kolben-ϕ mm	Ventil- anschluß- größe	Nenn- weite ca. mm	Normalnenn- durchfluß ca. l/min
bis 25	M 5	2,5	105
> 25- 50	G 1/8	3,5	bis 180
> 50-100	G 1/4	7,0	bis 1140
>100-200	G 1/2	12,0	bis 3000
>200-300	G 3/4 G 1	18,0	bis 6000

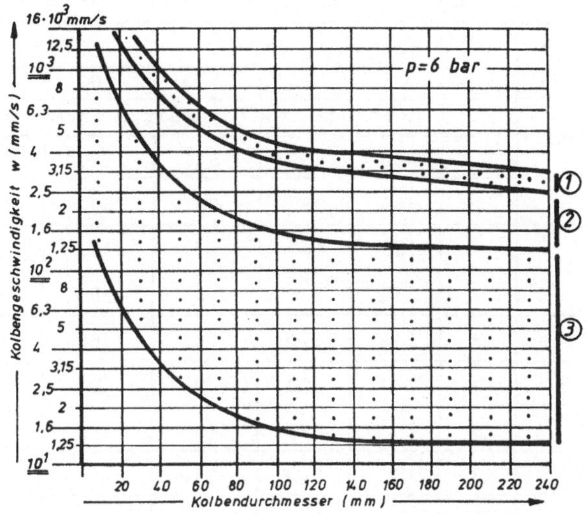

Bild 151. Kolbengeschwindigkeit ohne Last (nach Fa. FESTO)

Die in Bild 151 aufgezeigten Bereiche geben die zu erwartenden Geschwindigkeiten bei entsprechender Ventilauslegung (Tafel 40) im Leerlauf an (Fa. FE-
STO). Sehr deutlich ist aus diesem Schaubild die Geschwindigkeitssteigerung
durch den Einsatz von Schnellentlüftungsventilen (Bild 152) zu ersehen.

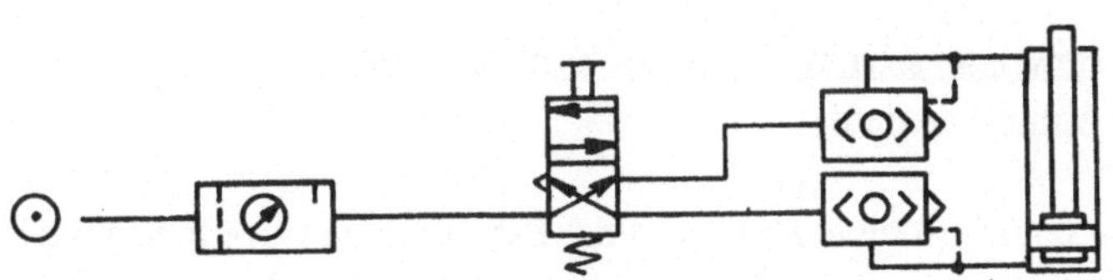

Bild 152 Schaltbild (ISO 1219) für Zylinder mit
Schnellentlüftung in beiden Bewegungsrichtungen

Tafel 41 Kolbengeschwindigkeit bei Teilbelastung Arbeitsdruck 6 bar (nach Fa. FESTO)

Kolben-⌀	NW ⌀	Belastung in %				
		0	20	40	60	80
mm	mm	Kolbengeschwindigkeit w in mm/sek.				
25	4	580	530	540	380	300
35	7	980	885	785	690	600
50	7	480	440	400	360	320
70	7	230	215	200	180	150
70	9	530	470	425	380	310
100	7	120	110	90	80	60
100	9	260	230	205	180	130
140	9	130	120	110	90	70
140	12	300	260	230	200	170
200	9	65	60	55	50	40
200	12	145	130	120	105	85
200	19	330	300	280	250	215
250	19	240	220	185	165	115

Anhaltswerte nach Angaben der Fa. FESTO für die Kolbengeschwindigkeit unter Last sind aus der Tafel 41 zu ersehen. Die in dieser Tafel angegebenen Nennweiten entsprechen der „normalen" Ventilbestückung und Leitungsabmessung.

6.1.1.3 Bewegungscharakteristik des Zylinders bei der Abluftdrosselung

Durch die Kompressibilität der Luft ist das Beschleunigungsverhalten des Kolbens in hohem Maße von der Art, Anordnung und Steuerfolge der Steuer- und Drosselelemente abhängig.

Ganz besonders deutlich wird das verzögerte Anfahrverhalten, wenn der Zylinder gegen den vollen Gegendruck anfahren muß und die Abluft gedrosselt ist (Bild

152.1). Im Gegensatz dazu fährt der Zylinder bei entlüfteter Gegendruckseite sprunghaft an (Bild 152.2).

<u>Anfahren bei vollem Gegendruck</u> (Abluftdrosselung)

Bei der Schaltung in Bild 152.1 ist in der Zylinderausgangsstellung die Zylinderkammer 2 (p2) mit dem vollen Netzdruck (M2 = p_{Netz}) beaufschlagt (Bewegungsphase 0). Die Zylinderkammer 1 ist entlüftet (p1 = 0).

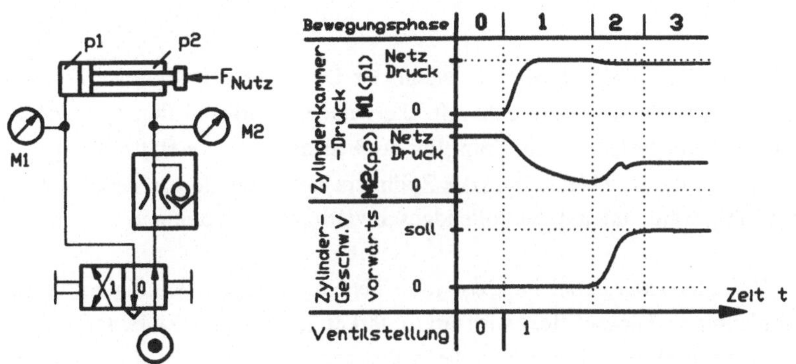

Bild 152.1 Zylindersteuerung mit verzögertem Anfahrverhalten
(bei vollem Gegendruck p2)

<u>Die Bewegungsphase 1</u> wird durch die Verschiebung des Wegeventils die Stellung 1 eingeleitet. Damit wird der <u>Druck in der Zylinderkammer 1</u> sehr schnell <u>auf den Netzdruck</u> ansteigen ($M_1 \longrightarrow p_{Netz} = p1$).

Die <u>Entlüftung der Kammer 2</u> erfolgt nur <u>langsam</u> über das Drosselrückschlagventil. Solange die Druckdifferenz der beiden Kolbenkammern zu gering ist, um die Haftreibung (F_{Rstat}) der Zylinderdichtungen ($F_{Rstat} = 2 \times F_{Rdyn}$) und die Nutzlast F_{Nutz} zu überwinden, baut sich der Druck in der Kammer 2 weiter ab. Der Zylinder bewegt sich noch nicht.

Die <u>Zeitdauer T dieser „Verzögerungsphase"</u> hängt in erster Linie von der <u>Durchflußmenge</u> q_v der Abluftdrossel und der Luftmenge V_{nZ1} (Normluftmenge Kapitel 2.2.2.7) in der Zylinderkammer 1 und der aufzubringenden Losbrechkraft F des Zylinders ($F_{Rstat} + F_{Nutz}$) ab.

<u>Die Verzögerungszeit T wird größer bei:</u>
- <u>kleiner Durchflußmenge</u> in der Drossel, dies ist gleichbedeutend mit geringerer Endgeschwindigkeit.
- <u>längerem Zylinder</u> und somit größerem geometrischen Zylinderkammervolumen
- <u>größerer Losbrechkraft</u> (Haftreibung F_{Rstat}), dadurch muß der Druck in der Kammer 2 weiter abgebaut werden und eine größere Luftmenge über die Drossel abströmen.

<u>Die Bewegungsphase 2</u> beginnt, wenn der Druck in der Kammer 2 soweit abgebaut ist, daß die Losbrechkraft überwunden wird und der Zylinder beschleunigt. Da die Gleitreibung um etwa 50 % niedriger als die Haftreibung F_{Rstat} ist, steht für die Beschleunigung des Zylinders mehr Energie zur Verfügung, als notwendig wäre, um auf die Sollendgeschwindigkeit zu kommen.

Der Zylinder kann dabei im Extremfall über die Sollgeschwindigkeit hinaus beschleunigen. Dieser Effekt wird um so stärker, je größer der Reibungsanteil an der Gesamtkraft ist und je größer die in Bewegung gesetzte Masse ist. In jedem Fall treten bei dem Druck p2 Schwingungen in der Phase 2 auf.
Der Druck in der Kammer 2 steigt dadurch wieder an und bremst die Zylinderbewegung auf die Sollgeschwindigkeit zurück. Ein Überschwingen ist bei diesem Vorgang durchaus möglich.

<u>In der Bewegungsphase 3</u> hat der Zylinder seine Sollgeschwindigkeit erreicht, die er bei konstanter Belastung bis in seine Endlage beibehält.

Der <u>gesamte Zeitraum</u> der Bewegungsphasen 1 bis 3 (Bild 152.2) kann bei einem Zylinder mit 200 mm Länge einige Sekunden betragen, wobei sich die Bewegungsphase 2 sich über einen großen Teil des Zylinderwegs erstrecken kann.

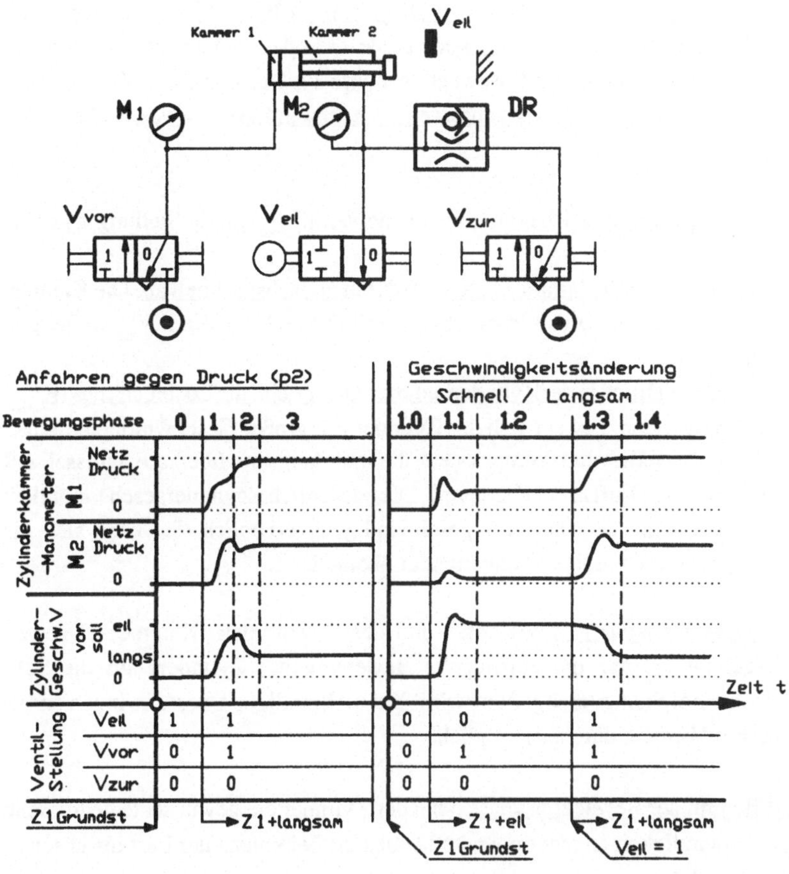

Bild 152.2 Anfahren in beidseitig drucklosem Zustand
Geschwindigkeitsänderung (Eilgang - Schleichgang)

Anfahren in beiderseitig drucklosem Zustand (abluftgedrosselt)

In Bild 152.2 wurden zur Steuerung des doppeltwirkenden Zylinders 2 Stück monostabile 3/2-Wegeventile (V_{vor}, V_{zur}) eingesetzt. Das Drosselrückschlagventil DR kann durch das 2/2-Wegeventil V_{eil} in seiner Stellung 1 umgangen werden.

Die Bewegungsphase 0 - 3 in dem Diagramm in Bild 152.2 beschreiben das Anfahrverhalten des Zylinders, wenn beide Zylinderkammern in der Zylinderausgangslage drucklos sind (Bewegungsphase 1). Der Zylinder soll sich in der Bewegungsphase 3 mit stark gedrosselter Geschwindigkeit bewegen (Ventil V_{eil} in Stellung 1).

Die Bewegungsphase 1 beginnt, wenn das Ventil V_{vor} in die Stellung 1 gesetzt wird:
- Der Druck in der Kammer 1 steigt dadurch zunächst schnell an. Die Kammer 2 bleibt über das Drosselrückschlagventil DR und das Ventil V_{zur} weiter entlüftet.
- Sobald der Druck in der Zylinderkammer 1 ausreicht, die Losbrechkraft (F_{Rstat}) zu überwinden, bewegt sich der Zylinder mit großer Geschwindigkeit ungeregelt vorwärts und komprimiert die nur langsam über die Drossel DR abströmende Luft in der Kammer 2. Die tatsächliche Zylindergeschwindigkeit übersteigt die langsame Sollgeschwindigkeit erheblich. Sie kann sich der Eilganggeschwindigkeit nähern oder übersteigen.

Die Bewegungsphase 2 beginnt, wenn der Gegendruck (Kammer 2) soweit aufgebaut ist, daß die ungeregelte Bewegung des Zylinders auf die Sollgeschwindigkeit zurückgeführt wird. Ein mehrmaliges Überschwingen ist bei diesem Vorgang durchaus möglich.

Mit Beginn der Bewegungsphase 3 hat der Zylinder die gewünschte gedrosselte Geschwindigkeit angenommen und behält sie bei konstanter Last bis in seiner Endlage bei.

Der Zylinder legt bei geringer Last und stark gedrosselter Sollgeschwindigkeit in vielen Fällen über die Hälfte seine Hublänge in den Bewegungsphasen 2 und 3 mit unkontrollierter Geschwindigkeit zurück (siehe nachstehendes Zahlenbeispiel).

6.1.1.1.4 Zahlenbeispiel zur Bestimmung des unbeeinflußbaren Kolbenweges (abluftgedrosselt)

Der zugrunde gelegte Versuchsaufbau entspricht der Schaltung in Bild 152.2.
Bewegungsphase 1-3 - Anfahren gegen entlüftete Kolbenkammer 2 - .

Versuchsbedingungen:

1. Beide Zylinderkammern sind vor dem Start entlüftet ($p_1 = p_2 = 0$)
2. Die Sollgeschwindigkeit ist auf mindestens 5 % der maximalen Durchflußmenge gedrosselt.
3. Zylinderabmessung 50x200:   Durchmesser D_Z = 50 mm
                                     Hublänge   L   = 200 mm
4. Kolbenstangendurchmesser   = 18 mm
5. Mechanischer Wirkungsgrad des Zylinders η_{mech} = 0,9
   (die Strömungsverluste gehen nicht in die Rechnung ein, da der Druck
   unmittelbar vor dem Zylinder gemessen wird.)
6. Arbeitsnenndruck p_o = 6 bar
7. Zylindernutzlast in Stoßrichtung   F   = 600 N

Zur näherungsweisen Bestimmung des unbeeinflußbaren Kolbenweges s wird
nachstehende Vereinfachung bei der Berechnung gesetzt:
- Die während dem Betrachtungszeitraum über die Drossel DR abströmende Luft
  wird nicht berücksichtigt.
- Reibungs- und massenbedingte Schwingungsvorgänge bleiben unberücksichtigt.
- Zylindertoträume und Leitungsvolumen bis zur Drossel bleiben unberücksichtigt.
- Der Zylindereingangsdruck wird als konstant angenommen ($p = p_1 = $ Konst.).

1. Bestimmung der geometrischen Bedingungen:

Zylinderfläche A_Z (wirksame Fläche der Kammer 1):

$$A_Z \left[m^2 \right] = \frac{D_{Zyl}^2 \cdot \pi}{4} = \frac{(50\,mm)^2 \cdot \pi}{4} = 1,96 \cdot 10^{-3}\,m^2 \qquad (38)$$

Kolbenstangenfläche A_{Ks}:

$$A_{Ks} \left[m^2 \right] = \frac{d_{Ks}^2 \cdot \pi}{4} = \frac{(18\,mm)^2 \cdot \pi}{4} = 0,254 \cdot 10^{-3}\,m^2 \qquad (39)$$

Wirksame Ringfläche A_R:

$$A_R = A_Z - A_{Ks} = 1,706 \cdot 10^{-3}\,m^2 \qquad (40)$$

Flächenverhältnis a:

$$a = \frac{A_R}{A_Z} = \frac{1,706 \cdot 10^{-3}}{1,96 \cdot 10^{-3}} = 0,86 \qquad (41)$$

Der Kompressionsvorgang in der Zylinderkammer 2 wird bei unveränderter Luftmenge und Temperatur angenommen. Damit kann die Wegbestimmung nach Gleichung (1) in Kapitel 2.2.2.1 vorgenommen werden:

Gleichung 1: $V_1 : V_2 = p_{2abs} : p_{1abs}$

Da der Zylinderdurchmesser über den Weg konstant ist, können in der Gleichung 1 die Volumen V durch die Hublängen L ersetzt werden:

$$L_1 : L_2 = p_{2abs} : p_{1abs}$$

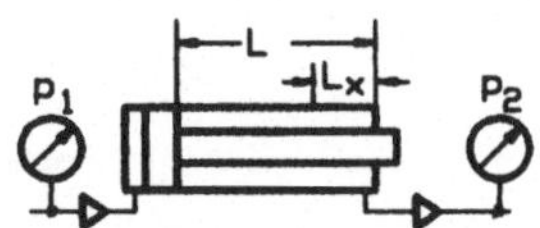

bezogen auf das Rechenbeispiel:

$L_1 \longrightarrow L$ = 200 mm = Hubweg zu Beginn der Bewegung

$L_2 \longrightarrow L_x$ = verbleibender Hubweg mit konstanter Geschwindigkeit und stabilisiertem Gegendruck

$p_{1abs} \longrightarrow p_{2absStart}$ = 1 = Atmosphärischer Druck (Kolbenkammer entlüftet)

p_{2abs} = Enddruckzustand in der Kolbenkammer 2, wenn eine Stoßkraft von 600 N bei Sollgeschwindigkeit aufgebracht wird.

in die abgeleitete Gleichung 1 eingesetzt:

$$\frac{L}{L_x} = \frac{p_{2abs}}{p_{2start}} \tag{42}$$

$$\boxed{L_x = \frac{L \cdot p_{2start}}{p_{2abs}}} \tag{43}$$

Bestimmung von p_{2abs}: nach Gl. 36

$$\boxed{p_2 = \frac{A_Z \cdot p_0 \cdot \eta_{mech} - F}{A_R}} \tag{44}$$

$$p_2 \, [Pa] = \frac{\left(1,96 \cdot 10^{-3} \, m^2 \cdot 6 \cdot 10^5 \, \frac{N}{m^2} \cdot 0,9 - 600 \, N \right)}{1,706 \cdot 10^{-3} \, m^2} = \frac{458 \, N}{1,706 \cdot 10^{-3} \, m^2}$$

$$p_2 = 2,69 \cdot 10^5 \, \frac{N}{m^2} = 2,69 \, bar$$

$$p_{2abs} = p_2 + 1$$

$$p_{2abs} = 3,69 \, bar$$

in Gleichung 43 eingesetzt:

$$L_x = \frac{200\,mm \cdot 1\,bar}{3,69\,bar}$$

$$\underline{\underline{L_x = 54\,mm}}$$

Daraus geht hervor, daß der Kolben einen Weg von <u>mindestens 145 mm</u> mit <u>unbeeinflußbarer</u> Geschwindigkeit zurücklegt, das <u>entspricht 72,5 %</u> des gesamten Kolbenhubes L.

Dies würde auch bei der <u>Versuchsanordnung in Bild 151</u> bedeuten, daß die <u>Bewegungsphase 1.3</u> über <u>70 % des gesamten Kolbenhubes</u> benötigen würde. Dieses Phänomen nimmt mit abnehmender Nutzkraft F zu und zeigt sich somit im Leerlauf am stärksten.

<u>Druckzustand auf der Sekundärseite (Kolbenkammer 2) im Leerlauf bei der Abluftdrosselung:</u>

In der Gleichung 44 wird die Nutzlast F=0 gesetzt:

<u>Beim Kolbenvorlauf:</u>

$$p_{2\,leer} = \frac{A_Z}{A_R} \cdot p_0 \cdot \eta_{mech} \tag{45}$$

$$p_{2\,leer} = \frac{1}{a} \cdot p_0 \cdot \eta_{mech} \tag{45.1}$$

$$p_{2\,leer} = 6,28\,bar$$

<u>Beim Kolbenrückzug:</u>

$$p'_{1\,leer} = a \cdot p_0 \cdot \eta_{mech} \tag{46}$$

$$p'_{1\,leer} = 4,64\,bar$$

Daraus ergibt sich der verbleibende, gedrosselte Kolbenweg Lx leer nach Gleichung 43

<u>Beim Kolbenvorlauf:</u>

$$L_{x\,leer} = \frac{L \cdot p_{2\,abs\,start}}{p_{2\,abs\,leer}} = \frac{200\,mm \cdot 1\,bar}{(6+1)\,bar}$$

$$L_{x\,leer} = 27,5\,mm$$

Damit legt der Kolben 85% seines gesamten Hubes mit ungedrosselter Geschwindigkeit zurück.

Durch die Umkehrung des Flächenverhältnisses a ist der gedrosselte Weg bei dem Kolbenrückzug etwas günstiger:

$L'_{x\,leer}$ beim Kolbenrückzug

$$L'_{x\,leer} = \frac{L \cdot p_{1\,abs\,start}\,[bar]}{\left(p'_{1\,leer}+1\right)[bar]} = \frac{200\,mm \cdot 1\,bar}{(4,6+1)\,bar}$$

$$L'_{x\,leer} = 35,5\,mm$$

<u>Eine Verringerung</u> des unbeeinflußbaren Weges kann erreicht werden, wenn die Eilgangabluft gedrosselt wird und dadurch auch im Eilgang ein Gegendruck aufgebaut werden kann. Eine Verringerung der Eilganggeschwindigkeit durch die Verringerung des Druckgefälles, über die Zuleitungs- und Ventilströmungswiderstände muß dabei in Kauf genommen werden. Um exakt wirkende und gleichmäßige Vorschubgeschwindigkeiten zu erreichen, müssen die in Kapitel 6.1.5 beschriebenen Öl-Schleppzylinder eingesetzt werden.

6.1.1.1.5 Bewegungsverhalten bei der Zuluftdrosselung

Die Zuluftdrosselung wird nur in Sonderfällen eingesetzt, da bei dieser Anordnung der Gegendruck mit der Atmosphäre verbunden ist. Der Arbeitsdruck liegt somit nur um die für die Bewegungskraft notwendige Druckdifferenz über dem atmosphärischen Druck. Die als Feder wirkende Luftsäule ist bei dem niederen Druckniveau bei der Abluftdrosselung. Der Kolben neigt dadurch sehr stark zu dem Slip-Stick-Verhalten (unterbrochener Bewegungsablauf durch die Reibungsunterschiede F_{Rstat} und F_{Rdyn}).

In Bild 152.3 ist die Anfahrcharakteristik eines zulaufgedrosselten Zylinders dargestellt. Die Nutzkraft F_{Nutz} soll ca. 60 % der statischen Endkraft und die Sollgeschwindigkeit ca. 15 % der Eilganggeschwindigkeit betragen.

In der Bewegungsphase 1 wird der Druck über die Drossel langsam aufgebaut, bis die Haftreibung F_R der Dichtungen überwunden werden kann.
In der Bewegungsphase 2 bricht der Kolben los und beschleunigt bis zu seiner Sollgeschwindigkeit.
In der Bewegungsphase 3 wird die Sollgeschwindigkeit bei konstanter Nutzlast gehalten, bis die Endlage erreicht wird.

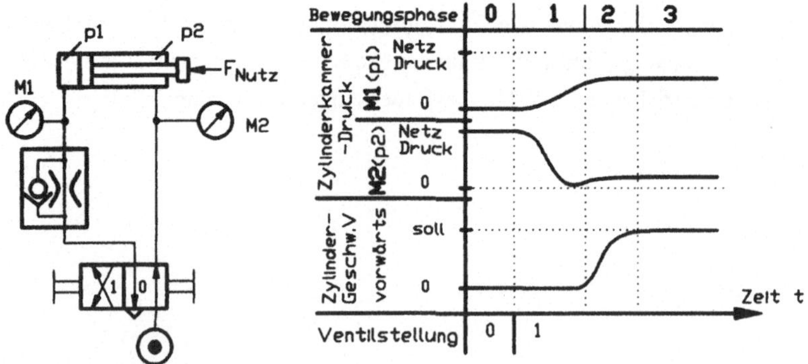

Bild 152.3 Zylindersteuerung mit verzögertem Anfahrverhalten - Zulaufgedrosselt -

6.1.1.1.6 Bewegungsverhalten bei der Endlagendämpfung

Um ein hartes Aufschlagen des Kolbens in der Endlage zu verhindern, muß durch den Hilfskolben 1 in Bild 146 das Restluftvolumen über die Drossel 3 abfließen und wird dadurch komprimiert. Die Kompressionskraft verlangsamt die Bewegungsgeschwindigkeit in Abhängigkeit von der bewegten Masse, der Geschwindigkeit, des Zylinderdurchmessers und der Drosselwirkung. Eine Abstimmung dieser 4 Einflußfaktoren ist in jedem Einzelfall nötig.

Bei zu starker Drosselwirkung gerät die Kolbenbewegung in Schwingungen. Bei zu geringer Drosselwirkung schlägt der Kolben mit seiner Restenergie gegen den Zylinderdeckel. Kann das Aufschlagen trotz nahezu geschlossener Drossel nicht verhindert werden, muß ein größerer Zylinderdurchmesser eingesetzt werden.

6.1.1.1.7 Luftverbrauch

Bei der Auslegung von Drucklufteinrichtungen ist die Berechnung des Luftverbrauches die Grundlage zur Dimensionierung der Ventile, der Zuleitung und des Verdichters.

Für die Dimensionierung der Steuerventile und unmittelbaren Zuleitungen eines Arbeitszylinders muß der maximale Volumen- $((q_v)_n)$ oder Massenstrom (q_m) der Luft während der Bewegungsphase des Zylinders ermittelt werden. In diesem Fall ist die Sekunde (s) als Zeitbasis sinnvoll.

Zur Auslegung des Verdichters, des Windkessels und der Hauptleitungen muß der mittlere Verbrauch $\left(\overline{q}_v\right)_n, \overline{q_m}$ des Arbeitszylinders bezogen auf eine Stunde als Zeitbasis angenommen werden. Durch das große Volumen der Hauptzuleitungen und des Windkessels kann der stoßweise Verbrauch des Zylinders ausgeglichen werden.

Bei der Bestimmung des Luftverbrauchs muß nicht nur das Volumen des Kolbenhubes, sondern auch die „Toträume" im Zylinder und das Leitungsvolumen vom Steuerventil zum Zylinder berücksichtigt werden. Liegen keine genaue Daten

<u>über das Totvolumen vor, so sollte</u> bei kurzen Hüben rund 20 % und bei größeren Kolbenwegen 10 % dem Zylindervolumen bzw. dem nach Gleichung 45 ermittelten Volumenstrom zugeschlagen werden.

<u>Mittlerer Luftbedarf des doppeltwirkenden Zylinders:</u>

Volumenstrom $\bar{q}_v$:

$$\bar{q}_v = 2 \cdot A \cdot h \cdot n \cdot 10^{-3} \qquad \left[m^3/h \right] \tag{45}$$

$$\bar{q}_v = 0,5 \cdot d^2 \cdot h \cdot n \cdot \pi \cdot 10^{-9} \quad \left[m^3/h \right] \tag{45.1}$$

bezogen auf den Normzustand der Luft nach Gleichung 4

$$\left(\bar{q}_v \right)_n = \frac{p_{1abs} \cdot \bar{q}_v \cdot 273}{T_1 \; 1,013} \qquad \left[m^3/h \right] \tag{45.2}$$

Gleichung (45.1) eingesetzt:

$$\left(\bar{q}_v \right)_n = \frac{d^2 \cdot h \cdot n \cdot p_{1abs}}{T_1} \cdot 0,4233 \cdot 10^{-6} \qquad \left[m^3/h \right] \tag{45.3}$$

Fährt der Zylinder in seine Ausgangs- und Endlage auf Festanschlag, so steigt der Wirkdruck p_1 auf den Nenndruck p an ($p_{1abs} = p_{abs}$).

Massenstrom $\bar{q}_m$:

$$\bar{q}_m = \bar{q}_v \cdot \rho_1 = \left(\bar{q}_v \right)_n \cdot \rho_n \qquad [kg/h]$$
$$= \left(\bar{q}_v \right)_n \cdot 1,293 \quad [kg/h] \tag{46}$$

<u>Bei einfach wirkenden Zylindern wird der Luftverbrauch halbiert.</u>

<u>Maximaler Luftbedarf des doppeltwirkenden Zylinders:</u>

<u>Volumenstrom q_v</u>

$$\boxed{q_v = A \cdot w \left[m^3/s \right] = A \cdot w \cdot 10^3 \cdot \quad [1/s]} \qquad (47)$$

$$q_v = 0,25 \cdot \pi \cdot d^2 \cdot w \cdot 10^{-3} \qquad [1/s] \qquad (47.1)$$

Bezogen auf den Normzustand der Luft (nach Gleichung 4)

$$\left(q_v \right)_n = \frac{p_{1abs} \cdot q_v \cdot 273}{T_1 \cdot 1,013} \qquad [1/s] \qquad (47.2)$$

Gleichung (47.1) eingesetzt:

$$\left(q_v \right)_n = \frac{d^2 \cdot p_{1abs} \cdot w}{T_1} \cdot 211,66 \cdot 10^{-3} \; [1/s] \qquad (47.3)$$

<u>Massenstrom:</u>

$$\boxed{\begin{aligned} q_m &= q_v \cdot \rho_1 = \left(q_v \right)_n \cdot \rho_n \cdot 10^3 \qquad [1/s] \\ &= \left(q_v \right)_n \cdot 129,3 \qquad [1/s] \end{aligned}} \qquad (48)$$

$$q_m = \frac{d^2 \cdot p_{1abs} \cdot w}{T_1} \cdot 273,7 \qquad [1/s] \qquad (48.1)$$

$A \; (m^2) \quad =$ Zylinderfläche
$h \; (mm) \quad =$ Kolbenweg (Hub)
$n \; (1/h) \quad =$ Arbeitsspiele pro Stunde (Hubzahl)
$d \; (mm) \quad =$ Zylinderdurchmesser
$T_1 \; (K) \quad =$ Drucklufttemperatur im Zylinder (Richtwert 293 K)
$p_{abs} \; (bar) =$ Absoluter Nenndruck (Bild 2)
$\qquad p_{1abs} \; (bar) \; =$ Absoluter Wirkdruck

p_{1abs} (bar) $\quad =$ Absoluter Wirkdruck

$\qquad p_{abs1} = p_1 + 1{,}013$

$\qquad$ Bei überschlägiger Rechnung, Vollast,

$\qquad$ statischem Lastzustand (Festanschlag) oder

$\qquad$ bei Abluftdrosselung: $p_{1abs} = p_{abs}$

$\rho_1 (kg/m_3) =$ Dichte bei dem Druck p_1 bzw. p nach der Gleichung (4)

$\rho_1 (kg/m_3) =$ Dichte der Luft im Normzustand ($\rho_n = 1{,}293 \ kg/m^3$)

w (m/s) = Kolbengeschwindigkeit

6.1.2 Einfach wirkender Zylinder

Einfach wirkende Zylinder können nur stoßend arbeiten. Es wird nur eine Seite des Kolbens mit Druck beaufschlagt. Die Rückszugsbewegung erfolgt über die eingebaute Druckfeder 1 (Bild 153). Bedingt durch die wegabhängige Feder-rückstellkraft F_F werden die einfachwirkende Zylinder in der Regel nur bis zu einer Hublänge von maximal 100 gebaut. Ihr Haupteinsatzgebiet liebt bei Spannvorgängen mit kurzen wegen (Bild 145). Die Rückzugsfederkraft liegt bei 10 - 20 % der pneumatischen Stoßkraft.

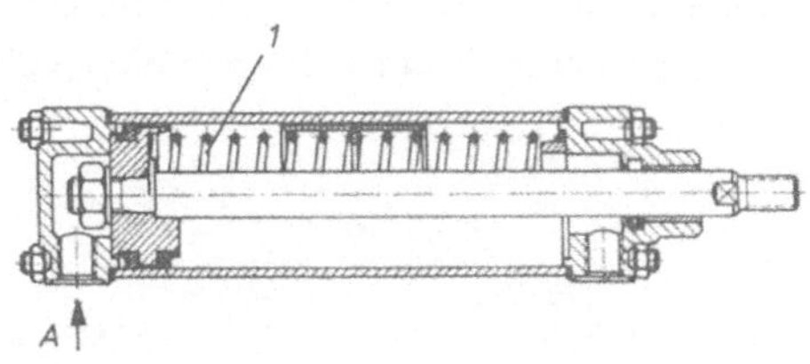

Bild 153 Einfachwirkender Zylinder

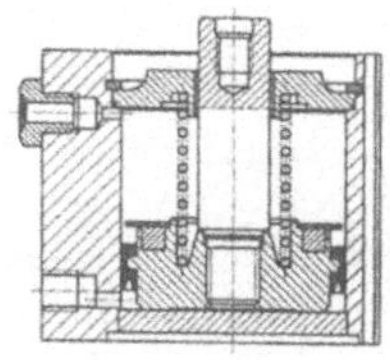

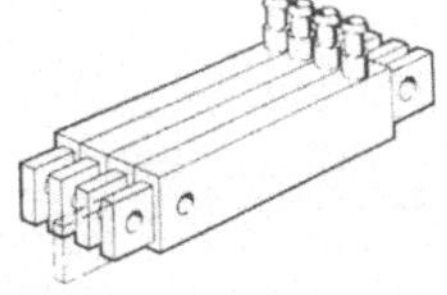

Bild 154 Kurzhubzylinder

Bild 155 Flachzylinder

Durch die Entwicklung geeigneter Dichtwerkstoffe und -formen, kommen immer mehr einfachwirkende Flachzylinder mit „verdrehgesicherter" Kolbenstange zum einsatz. Diese Bauart eignet sich besonders für kompakte Bauweisen (Bild 155). Sie werden beispielsweise sehr gerne bei Mehrfachmesseinrichtungen eingesetzt.

6.1.3 Kolbenstangenlose Zylinder

Bei großen Hublängen werden mit kolbenstangenlosen Zylindern optimale Einbaumaße erreicht. Es werden dafür zwei verschiedene Systeme angeboten, das System Origa und das magnetgekuppelte System (Festo).
Das Oria System (Bild 156) hat einen auf die ganze Länge geschlitzten Zylinder, der mit einem eingeschliffenen elastischen Stahlband abgedichtet wird. Der Koklben hat 2 Dichtungen. Zwischen den Dichtungen wird die Kolbenbewegung durch einen Bügel abgegriffen und durch Anheben des Stahlbandes an den aüßeren Läufer übertragen. Bei dem System FESTO (Bild 157 ist der Zylinder geschlossen. In dem fliegend eingebauten Kolben ist ein Permanentmagnet installiert, der den äußeren Laufer über das Magnetfeld mitzieht.

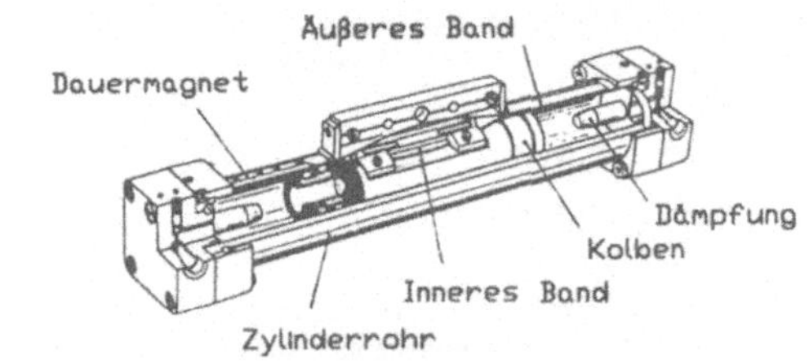

Bild 156 Kolbenstangenloses System ORIGA

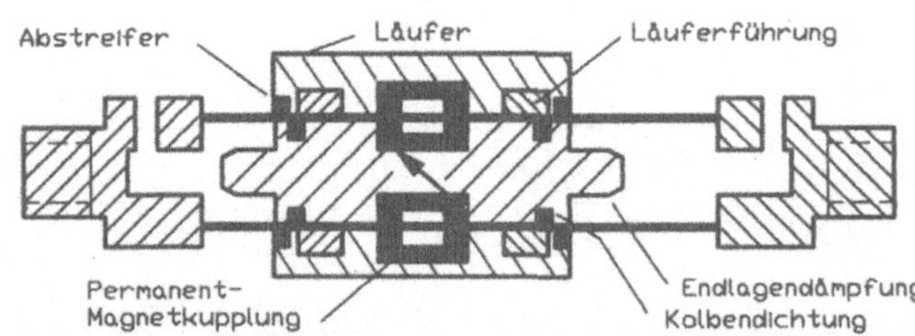

Bild 157 Kolbenstangenlosr Linearantrieb mit Magnetkupplung (FESTO)

6.1.4 Sonderbauerten von Kolbenzylindern

Sonderzylinder sind in ihren einzelnen Bauelementen mit den in Kapitel 6.1.1 beschriebenen Zylindern weitgehend identisch, sie sind lediglich durch eintsprechenden Aufbau in ihren Anwendungsmöglichkeiten spezialisiert.

Zu Bild 158:

a) Zylinder mit durchgehender Kolbenstange
b) Dreistellungszylinder
c) Vierstellungszylinder
d) Tandemzylinder
e) Schlagzylinder
f) Seilzylinder
g) Drehzylinder mit Zahnstange
h) Drehflügelzylinder
i) Hydraulische Kraftübersetzung

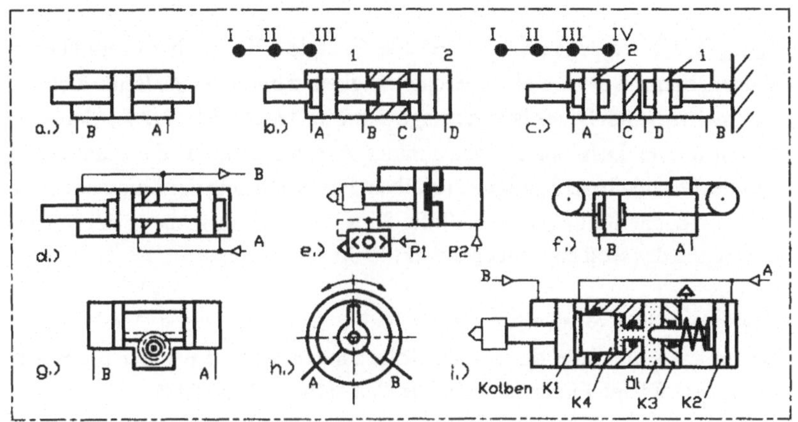

Bild 158 Sonderbauarten von Kolbenzylindern

Zylinder mit <u>durchgehender Kolbenstange</u> haben auf beiden Kolbenseiten die gleiche Wirkfläche und daher in beiden Bewegungsreichtungen die gleiche Kraft (Bild 158 a).

<u>Dreistellungszylinder</u>: Der Kolben (1) bringt die Kolbenstange in die Stellung I und III, der Kolben (2) in die Stellung II (Bild 158 b).

<u>Vierstellungszylinder</u>: Durch Druckbeaufschlagung der Anschlüsse A und B geht die Kolbenstange K in die Stellung I, durch Beaufschlagung der Anschlüsse C und B in die Stellung II und die Beaufschlagung der Anschlüsse A und D in die Stellung III. Die Stellung IV wird durch Durckbeaufschlagung der Anschlüsse C und D erreicht. Die übrigen Anschlußsse müssen jeweils entlüftet sein (Bild 158 c).

<u>Tandemzylinder</u>: Der Zylinder hat in Stoßrichtung die doppelte Kraft, da die Kolbenstange des Kolbens 2 auf den Kolben 1 drückt. Die Kolbenstange 2 ist hohl und führt die durch den Anschluß B zugeführte Arbeitluft in die Druckkammer des Kolbens 1, so daß beide Kolben gleichzeitig in derselben Wirkrichtung beaufschlagt werden (große Kraft bei kleinem Zylinderdurchmesser) (Bild 158 d).

<u>Schlagzylinder</u>: Erzeugen hohe kinetische Energie (Bis 500 Nm) zum Nieten, Prägen, Stanzen usw.. Kolbengeschwindigkeiten bis zu 6 m/s. Beide Kolbenkammern sind mit Druck beaufschlagt. Wird der Anschluß B entlüftet, kann die komprimierte Luft der Kolbenkammer A schlagartig in die Kammer C entwiechen und beschleunigt den Kolben. Die Entlüftung der Kammer B muß über ein Schnellüftungssystem (Tafel 26 Nr. 4.3) erfolgen, da sie der Fluchtbewegung des Kolbens entgegenwirkt (Bild 158 e).

<u>Seilzylinder</u>: Die Kolbenstange ist durch eine Stahlsaite ersetzt. Am Zylinderdeckel wird die Saite durch eine Rolle umgelenkt und mit der Kulisse K gekuppelt. Kleine Einbaulänge bei großen Hüben (Bild 158 f).

<u>Drehzylinder</u>: (Schwenkmotor) Durch Kombination der Kolbenstange mit einer Zahnstange, die auf einen Ritzel wirkt, kann an einer Welle senkrecht zur Kolbenstange eine Drehbewegung erzeugt werden (Bild 158 g).

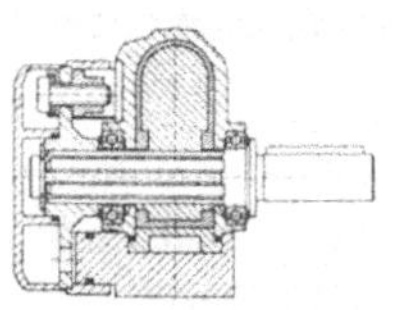

Bild 159 Drehflügelzylinder (270°) (Fa. Festo)

<u>Drehflügelzylinder</u>: Die in Bild 158.h und in Bild 159 dargestelle Bauart stellt eine sehr kompakte Bauform dar. Sie ist besonders geeignet für Aufgaben in der Fördertechnik bei der Automatisierung, zum drehen und wenden des Förderdergutes.

<u>Zylinder mit hydraulischer Kraftübersetzung:</u> In Bild 158 i wird die Eil-Bewegung durch die Kolben K1 und K2 erzeugt. Der Kolben K3 schiebt durch Federkraft das Öl nach. Wenn die Kolbenstange von K2 in den kleinen Ölzylinder einfährt, wirkt sie als Kolben. Dabei entsteht eine Drucksteigerung in dem Drucköl mit dem Flächenverhältnis der Fläche K2/Kolbenstangenquerschnitt. Über die Kolbenfläche von K4 erfolgt die Kraftübersetzung auf die Arbeitskolbenstange K1.

6.1.5 Vorschubeinheit mit Ölschleppzylinder

Wenn **gleichmäßige**, nur **geringfügig lastabhängige** Vorschubgeschwindigkeiten erwartet werden muß die gedrosselte Geschwindigkeit durch einen Ölbrems-Schleppzylinder erreicht werden. Bei dem in Bild 159.1 dargestellten Gerät der Fa. FESTO wird der ölgefüllte Bremzylinder von 2 Pneumatikzylindern geschleppt. Über ein Ventil in dem Steuerkopf kann die Drosselwirkung beliegib aufgehoben werden um Eilganggeschwindigkeiten zu fahren. In gedrosseltem Zustand können Geschwindigkeiten bis zu $U_{min} = 10$ mm/min gefahren werden.

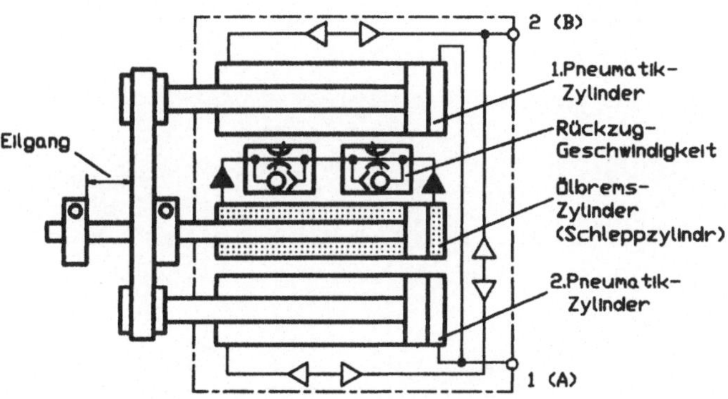

Bild 159.1 Vorschubeinheit mit Ölschleppzylinder

Der mechanische und <u>hydraulische Wirkungsgrad</u> kann bei guten Geräten im gedrosselten Betrieb mit

$$\eta_{hm} = 0,7$$

angenommen werden. Der pneumatische Verlust kann bei geringen Geschwindigkeiten vernachlässigt werden. Ein praktisches Anwendungsbeispiel für eine Bohrvorrichtung ist in Kapitel 4.1.3, Bild 79 und 80 beschrieben.

6.2 Membranzylinder

Membranzylinder werden vorzüglich als einfach wirkende Zylinder mit relativ kleinem Hub (h_{max} = 80 mm) eingesetzt. Der Kolben ist bei diesen Bauarten durch eine Platten oder Rollmengrane (Bild 100 c, Kapitel 5.1.6) ersetzt. Membranzylinder in der Bauart von Bild 160 werden zur Betätigung großer Steuerschieber und Regeleinrichtungen bei der Wasser- und Gasversorgung sowie in der chemischen Industrie eingesetzt. Ein sehr großes Anwendungsgebiet ist unter anderem die Fahrzeugindustrie, hier werden sie zur Betätigung von Bremsen, Kupplungen und Schaltvorgängen benutzt.

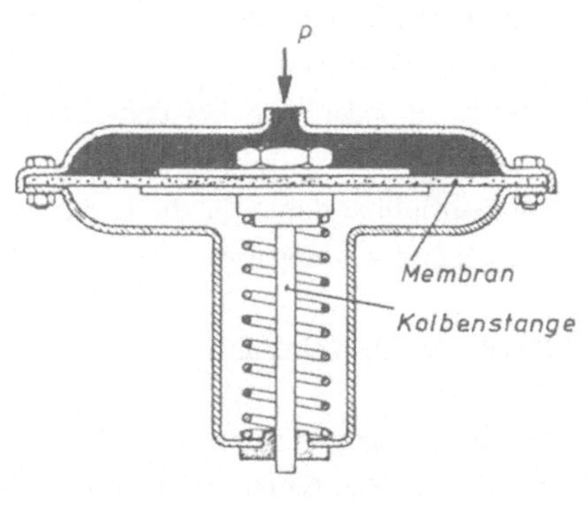

Bild 160 Membranzylinder

6.3 Druckluftmotoren (rotierend)

6.3.1 Anwendungsbereich

Der Druckluftmotor setzt sowohl die kinetische als auch die potentielle Energie der Druckluft in eine rotierende Bewegung um. Durch entsprechenden konstruktiven Aufbau des Druckluftmotors können dabei Drehzahlen über 350.000 (1/min) (Turbobohrmaschine des Zahnarztes) erzeugt werden. Auf dem Markt werden Druckluftmotoren mit einem Drehmoment von 1,1 + 300 Nm, bzw. mit einer Leistung von 0,001 bis 80 kW angeboten. In Sonderfällen werden diese Daten sowohl nach unten als auch nach oben ganz erheblich überschritten.

<u>Vorteile der Druckluftmotoren:</u>

1. Drehmoment und Drehzahl einfach regelbar
2. Günstiges Leistungsgewicht und kleine Abmessungen, daher für Handgeräte besonders geeignet
3. Sehr einfacher und robuster Aufbau bei Motoren mit hoher Drehzahl, großer Lebensdauer und relativ niederen Anschaffungskosten
4. Völlig überlastsicher
5. Absolut unbedenklich bei dem Betrieb in feuergefährdenten oder nassen Räumen
6. Unbeeinflußbar durch Staub, Schmitz oder extremen Temperaturen
7. Weitgehend wartungsfrei.

<u>Nachteile der Druckluftmotoren:</u>

1. Sehr hohe Energiekosten (etwa das 10-fache gegenüber dem Elektromotor)
2. Bei den meisten Bauarten ist die Drehzahl stark lastabhängig (läßt sich auch nicht durch den Einbau von Drehzahlreglern vollständig vermeiden)
3. Geräuschentwicklung durch Abluft
4. Aufwendige Zuleitungen für die Druckluft. Nur begrenzte Zuleitungslängen möglich.

Durch die hohen Energiekosten liegt der Anwendungsschwerpunkt bei Kleinmotoren sowie bei explosionsgefährdeten Anlagen (Bergwerke, chemische Industrie, Lackieranlagen usw.)

6.3.2 Bauarten

6.3.2.1 Hubkolbenmotoren

Hubkolbenmotoren wurden nach dem Prinzip der Dampfmaschine bereits im vorigen Jahrhundert zum Antrieb von Maschinen aller Art gebaut. Diese Bauart ist heute weitgehend durch moderne Kolbensysteme verdrängt:

<u>**Radial-(Membran-)Kolbenmotor**</u> (Bild 161 a): Die radial angeordneten Kolben oder Membranen (Bild 161 a) setzen über die angelenkten Pleuel die Kurbelwelle in Drehung. Um einen ruhigeren Lauf zu erzielen, werden diese Motoren in der Regel mit einer ungeraden Zahl von Kolben ausgeführt.

Tafel 42 Richtwerte für den Luftverbrauch von Hubkolbenmotoren

Richtwerte für den Luftverbrauch von Hubkolbenmotoren			
Leistung bei 6,2 bar (kW)	Vollastdrehzahl Radialkolben (1/min)	Axialkolben (1/min)	Luftverbrauch bei Vollast $(q_v)_n$ (m^3/min)
0,5	2000	2350	0,7
1,0	1850	2000	1,3
2,0	1300	1300	2,2
5,0	1250	–	4,8
10	1050	–	11,0
Lamellenmotoren			
0,07	9000		0,18
0,25	8500		0,44
0,50	7500		0,57
1,0	7000		1,2
2,0	6000		2,0

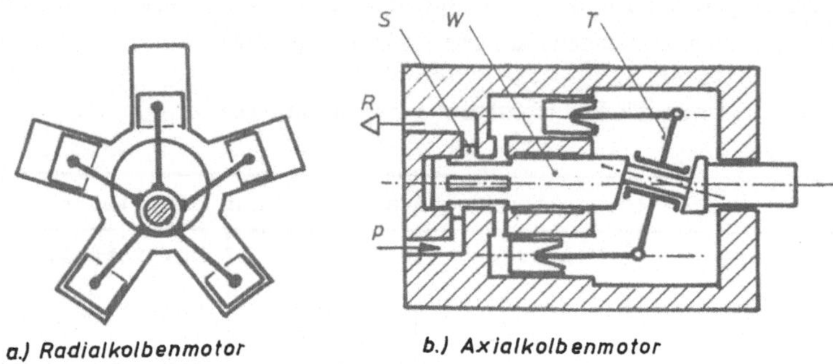

Bild 161 Hubkolben-(Membran-)motoren

Vor allem im Niederdruckbereich (0,1 - 0,5 bar) wird der Kolben häufig durch Rollmembrane ersetzt. Radialkolbenmotoren haben eine sehr flache Drehmomentenkennlinie und sind daher auch bei niederen Drehzahlen außerordenltich leistungsfähig. Die Leerlaufdrehzahlen liegen bei maximal 4.000 (1/min), der günstige Lastendrehzahlbereich liegt häufig bei 500 - 1.500 (1/min).

Axialkolbenmotor (Bild 161 b): Die in axialer Richtung angeordneten Kolben drücken auf die Taumelscheibe (T). Durch die schräge Anordnung der Taumelscheibe entsteht eine tangentiale Kraftkomponente, die das Drehmoment erzeugt. Die Steuerung der Luft erfolgt über Steuernuten in der Abtriebswelle (W) und den Steuerschlitzen in dem Gehäuse (S). Die Drehmomentkurve verläuft bei den unteren Drehzahlen erheblich steiler (ungünstiger) als bei dem Radialkolbenmotor. Der vorteilhafte Drehzahlbereich unter Last liegt bei 1.500 - 2.500 (1/min). Die Leerlaufzahlen gehen bis 5.000 (1/min).

Der Luftverbrauch liegt bei den Kolbenmotoren mit 1 kW Leistung in der Größenordnung von $(q_v)_n = m^3/h$. Mit zunehmender Leistung wird der Verbrauch günstiger (Tafel 32).

6.3.2.2 Drehkolbenmotoren

Bei Drehkolbenmotoren wird grundsätzlich zwischen ein- und zweiwelligen Systemen unterschieden.

Der Lamellenmotor (Bild 162 a) ist ein einwelliger Drehlkolbenmotor. In dem zylindrischen Motorengehäuase ist exzentrisch ein Rotor gelagert. Die in dem Totor radial eingebauten Lamellen werden durch die Fliehkraft und Hilfsfedern gegen die Gehäusewand gedrückt. Die Leistung des Motors kann sowohl durch Vergrößerung des Rotordruchmessers oder durch Verlängerung des Rotors vergrößert werden. Dadurch ist dieses System besonders für „Handmaschinen" geeignet (Schleifmaschinen, Schlagschrauber, Bohrmaschinen usw.). Der günstige Drehzahlbereich liebt bei 5.000 - 10.000 (1/min). Der Drehmomentverlauf ist vor allem in den unteren Drehzahlen etwas ungünstiger als bei den Hubkolbensystemen. Anhaltswerte für den Luftverbrauch sind aus der Tafel 42 und nachstehender Aufstellung zu entnehmen:

Handschleifmaschinen Scheibendurchmesser

$$40 \oslash \qquad (q_v)_n = 0,4 \qquad m^3/min$$
$$bis \quad 80\oslash \qquad\qquad = 0,7 \qquad m^3/min$$

Bohrmaschinen Bohrerdurchmesser

$$bis \quad 6\,mm\oslash \quad (q_v)_n = 0,35 \qquad m^3/min$$
$$10\,mm\oslash \qquad\qquad = 0,5 \qquad m^3/min$$

Schlagschrauber

$$bis \quad M8 \qquad (q_v)_n = 0,3 \qquad m^3/min$$
$$M14 \qquad\qquad = 0,5 \qquad m^3/min$$

Zahnradmotoren Bild 162 b) gehören zu der Gruppe der zweiwelligen Drekholbenmotoren. Die Arbeitsluft wird auf die Zahlflanken an der Eingriffstelle beider Zahnräder eingeblasen.

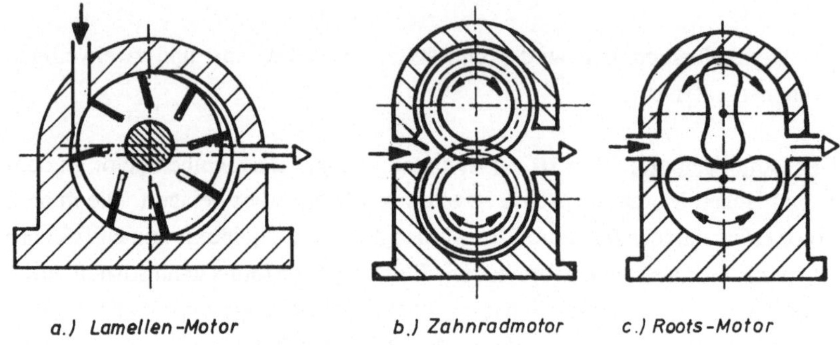

Bild 162 Drehkolbenmotoren

Die Verzahnung kann sowohl als Gerade-, Schräg- oder Pfeilverzahnung ausgeführt werden. Zahnradmotoren werden vorzüglich für größere Leistungen gebaut, wobei sich die Pfeilverzahnung als besonders wirtschaftlich erweist. Der Drehmomentverlauf ist über den gesamten Drehzahlbereich sehr konstant, wobei bereits das Anfahrmoment beachtlich hoch ist.

<u>Schraubenmotoren</u> besitzen zwei Rotoren mit mehrgängigem, schraubenförmigem, jedoch unterschiedlichem Profil und Steigung. Außerdem hat ein Rotor ein konvexes und andere in konkaves Profil. Dadurch wird der Wirkraum der Luft bei der Rotordrehung größer, wodurch ein Teil der Expansionsarbeit der Luft genutzt werden kann. Schraubenmotoren bauen relativ klein, so daß ein außerordentlich günstiges Leistungsgewicht erreicht werden kann.

<u>Rootos-Rotoren</u> (Bild 162 c) gewinnen in letzter Zeit mehr und mehr an Bedeutung. Sie sind durch außerordentliche Robustheit und Unempfindlichkeit gegen extreme Remperaturen gekennzeichnet. Rootes-Rotoren können auch bei großer Leistung mit höher Drehzahl betrieben werden (beispielsweise 20.000 (1/min) bei über 20 kW). Im Gegensatz zu den bisher beschriebenen Systemen, die vorzüglich in dem Druckbereich von 6 - 10 bar arbeiten, werden Rootes-Rotoren zwischen 0,5 und 2,8 bar betrieben.

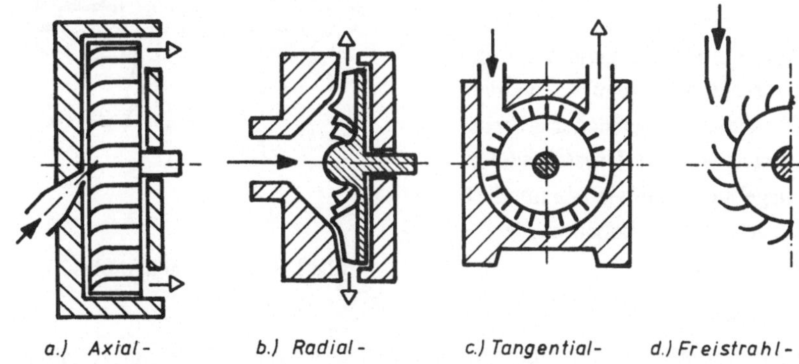

Bild 163 Turbinenmotoren

<u>Turbinenmotoren</u> (Bild 163) werden nur für kleine Leistungen und sehr hohe Drehzahlen eingesetzt ($5 * 10^4$ bis $5 * 10^5$ min^{-1}). Sie nutzen die kinetische Energie der aus einer Düse austretenden Luft aus. Die Umwandlung der Energie erfolgt durch die Druckbeaufschlagung eines Axial-, Radial-, Tangential- oder Freistrahlturbinenrades.

6.4 Düsengeräte

6.4.1 Spritzgeräte

Das Auftragen von Lacken, Kunststoffen oder die Pulverbeschichtung ist heue ohne die Anwendung pneumatischer Spritzpistolen nicht mehr denkbar. Die Druckluft hat bei diesen Geräten dreierlei Aufgaben. Sie fördert durch die Injektorwirkung das aufzutragenden Gut, bewirkt ein feine Zerstäubung des Stoffes und transportiert ihn auf die zu beschichtende Fläche.

Durch die seitlich angeordneten Hilfsdüsen h (Bild 164) kann die Strahlform beeinflußt werden, so daß der sogenannte „Flach- oder Breitstrahl" entsteht. Spritzdüsen ohne die Hilfdüsen erzeigen den einfachen „Rundstrahl". Die Spritzgutmenge kann über die Drosselnadel d reguliert werden. Bei sidkontinuierrlicher Arbeitsgängen wird die Drosselnadel so ausgebildet, daß sie pneumatisch (z) achsial verschoben werden kann.

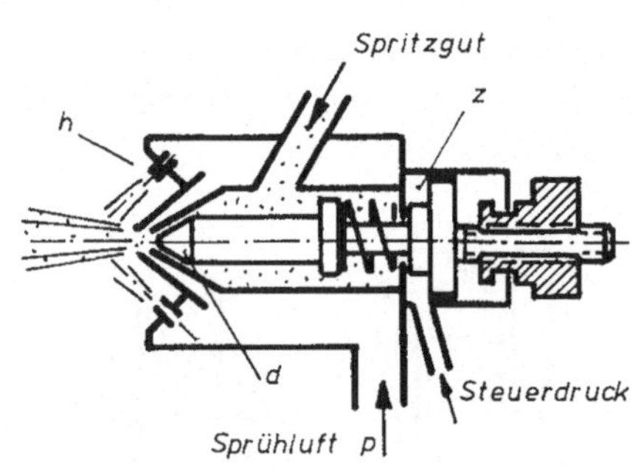

Bild 164 Flachstrahl-Spritzdüse

Im Ruhezustand verschließt sie dabei dei Düse, so daß die Pistole als Reinigungsdruckpistole arbeitet. Druch Zurückziehen der Nadell wird der Spritzgutzufluß freigegeben.

Die Feinheit des Strühnebels ist über den Druck p der Druckluft einstellbar. Beim Auftragen von Lacken und Harzen mit einer Viskosität von 1 Poise wird der Lufdruck auf p = 2 - 5 bar eingestellt. Je dickflüssiger der Lack ist bzw. je feiner er vernebelt werden soll, um so höher muß der Luftdruck eingestellt werden. Niederdruckverfahren arbeiten mit Drücken zwischen p = 0,3 - 1 bar. Dabei werden bei der Zerstäubung relativ große Tropfen gebildet. Druch die geringe

Nebelbildung ist dies umweltfreundlich, die Qualität der lackierten Fläche ist dagegen gering. Dieses Verfahren wird daher vorzüglich zum Auftragen von Bearbeitungsölen und dünnflüssigen Rostschutzmittel eingesetzt.

Anhaltswerte für den Luftverbrauch bezogen auf den Normalzustand der Luft, sind in Tafel 33 aufgeführt. Beim einsatz von Rundstrahlsüden verringert sich der Luftverbrauch um 20 - 25 %.

<table>
<tr><td>

<u>Merke:</u>

Die Druckluft für Spritzlackiert- und Kunststoffbeschichtung muß weitgehend öl- und wasserfrei sein

</td></tr>
</table>

Da die Luft bei der Expansion an der Düse abkühlt, fällt ? in der komprimierten, warmen Luft enthaltende Wasserdampf ? Wasser aus. Um ein sicheres Arbeiten zu gewährleisten, so ? die Zuluft vor dem Wasserabschneider (Wasserabscheider?) unterkühlt werden.

<u>6.4.2 Sandstrahlgeräte</u>

Beim Sandstrahlen wird durch die Injektorwirkung einer Ve ? turdüse das Strahlgut mitgerissen. Druch die hohe Austrittgeschwindigkeit der Luft aus der Düse (Kapitel 4.5) trifft das Strahlgut mit entsprechender Geschwindigkeit auf die abzutragende Fläche auf. Die dabei freiwerdende kinetische Energie bewirkt die Erosrionsarbeit.

Die Auslaßdüse unterliegt bei entsprechendem Strahlgut (Quarzsand, Stahlkies, Korund) einem außerordentlich hohen Verschleiß, wodurch der Luftverbrauch ohne entsprechende Leistungssteigerung empfindlich ansteigt. Es ist somit in vielen Fällen wirtschaftlich, die Düse aus Hartmetall auszuführen.

Anhaltswerte für den Luftverbrauch neuer Düsen sind in der Tafel 43 angegeben.

Tafel 43 Luftverbrauch der Flachspritzdüse

Düsen Ø (mm)	Druck (bar)					
	1	2	3	4	5	6
0,8	40	80	120	160	200	240
1,0	50	100	150	200	250	310
1,2	55	120	170	230	290	360
1,5	65	135	200	270	330	400
2,0	85	170	260	350	430	510
2,5	115	210	320	410	520	620
3,0	140	260	400	510	650	760

Luftverbrauch beim Sandstrahlen $(q_v)_n$ (m^3/h)

4	26	35	43	54	60	72
5	39	53	66	84	92	110
6	60	79	98	122	138	165
7	81	108	135	165	192	220
8	105	140	180	220	245	285
9	135	180	225	270	310	355

Reinigungspistolen und Auswerferdüsen $(q_v)_n$ (l/min)

1	20	26	36	45	55	63
1,5	40	60	85	100	125	140
2	73	110	150	180	220	250
2,5	115	170	230	285	320	380
3	170	235	330	410	475	555
3,5	225	310	440	550	645	760

6.4.3 Ausblasdüsen

In der Mengenfertigung werden häufig kleine Teile aus der Maschine oder dem Werkzeug durch einen Druckluftstrahl ausgeworfen. Um eine möglichst hohe Austrittsgeschwindigkeit aus der Düse zu erhalten, wird der „Impulsauswerfer" (Bild 165) mit wirtschaftlichem Vorteil eingesetzt.

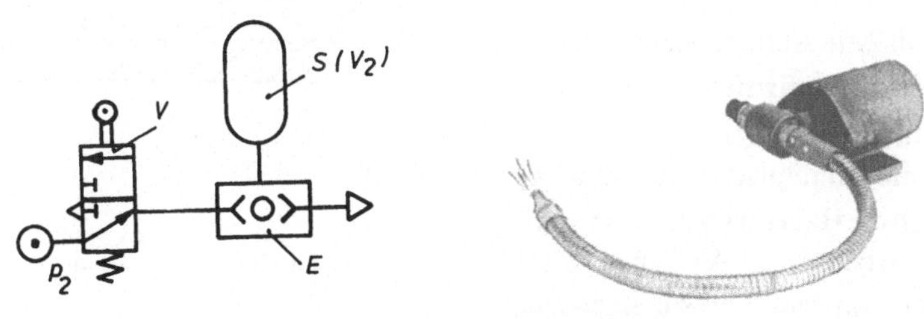

Bild 165 Impulsauswerfer

Im Ruhezustand wird ein Speicher (S) mit dem Ladedruck p_2 über das Steuerventil V (Negator) aufgeladen. Wird das Ventil V betätigt, wor wird die Zuleitung zu dem Speicher entlüftet; über das Schnellentlüftungsventil E kann die gespeicherte Luft schlagartig ohne weiteren Leistungsverluft in die Ausblasdüse gelangen. Der Luftverbrauch V_n hängt dabei, ohne Berücksichtigung von Temperaturunterschieden, pro Arbeitsspiel vom Speichervolumen V_2 und dem Ladedruck p_2 ab.

Gleichung 1 nach $V_1 = V_n$ aufgelösen.

$$V_n = \frac{p_{2abs} \cdot V_2}{1,013}$$

(49)

6.5 Schwebetisch

Schwebetische arbeiten nach dem Luftkissenprinzip und erlauben ein fast reibungs-freies Verschieben von Werk-stücken mit ihrer Aufspannplatte 1 (Bild 166) (Beispielsweise zum Zentrieren des Werkstücks auf der Bohrmaschine).

Während des Schwebezustandes verhindert der magnetische Reib-schuh 2 ein Abrutschen der Platte. Wird die Luftzufuhr p unterbro-chen, so sinkt der Schwebetisch auf die Grundplatte 3 ab und wird durch die Haltemagnete 4 arretiert. Der Arbeitsdruck der Schwebeluft hängt von dem Werkstückgewicht

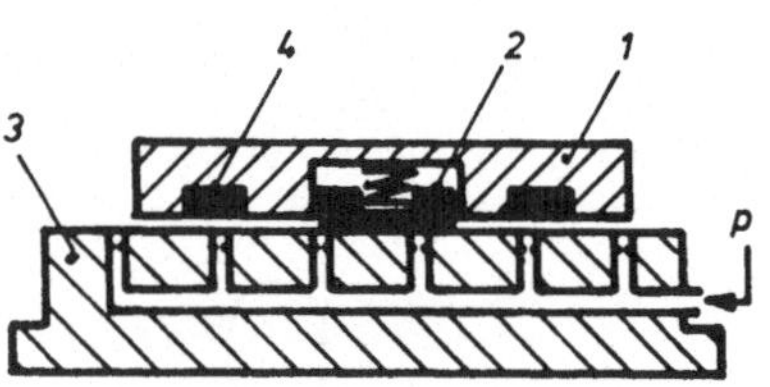

Bild 166 Schwebetisch

ab und liegt zwischen 1,5 - 8 atü. Derartige Tische werden für Werkstückgewichte von über 300 T gebaut. Bei dem Luftverbrauch gibt z.B. die Firma RÖHM für eine Grundplatte mit der Größe von 400 * 250 mm $(q_v)_n = 60$ ‚l/min) an.

6.6 Pneumatikfinger (Greifelemente)

Zum raschen und sicheren Greifen und Manipulieren von Werkstücken werden immer mehr serienmäßige Greifelemente entwickelt. Der in Bild 167 dargestellte Lochgreifer dient zum Greifen des Werkstückes in einer Bohrung (Beispielsweise eine Flasche oder eine Radnabe).

Durch Druckbeaufschlagung des Metallfingers weitet sich die elastische Hülle auf und erfaßt die Bohrungen kraftschlüssig. Die Zweifingerhand besteht auf 2 Fingern, die aus elastomeren Kunststoffen hergestellt sind. Auf der Außenseite sind sie als Faltenbalg ausgebildet.

Bei Druckbeaufschlagung krümmen sie sich nach innen und können so den zu transportierenden Gegenstand fest umschließen $(F_{rmax} = 60 \text{ N})$.

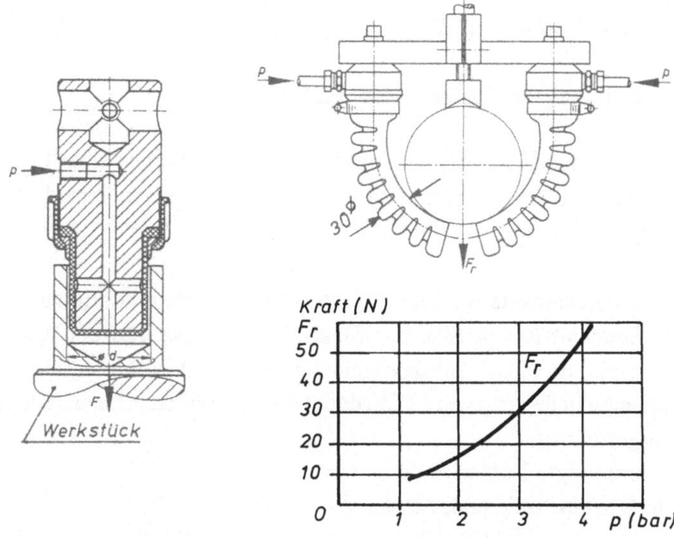

Bild 167 Lochgreifer
(Fa. Freudenberg)

Bild 168 Zweifingerhand
(Fa. Freudenberg)

7 Installation und Zubehör für Steuerungen

7.1 Wartungselemente

7.1.1 Druckluftfilter und Wasserabscheider

Zum Schutz der Steuer- und Arbeitselemente muß die aus einer Druckleitung entnommenden Luftmenge unmittelbar vor jeder einzelnen Druckluftsteuerung gereinigt werden.

Bei der Verdichtung und auf dem Transport durch die Hauptrohrleitungen werden von der Druckluft Rostpartikelchen, Staub, Zunderteilchen, Öl- und Wassertropfen mitgerissen. Die Flüssigkeitsabscheidung bzw. die Ausfilterung der Feststoffe erfolgt heute in den meisten Fällen durch ein kombiniertes Gerät, wie es in Bild 169 dargestellt ist.

Die verunreinigte Luft wird durch ein Leitblech in eine rotierende Strömungsrichtung versetzt, so daß sich die Luft spiralförmig an der Wandung des Plexiglasfilterbehälters nach unten bewegt. Dadurch werden grobe Festkörper und Flüssigkeitströpfchen durch die Fliehkraft abgesondert und im Unterteil des Behälters gesammelt. Die Tropfenfänger (K) und die Prellplatte (J) verhindern, daß die abgeschiedenen Teilchen von der Luft wieder aufgenommen werden.

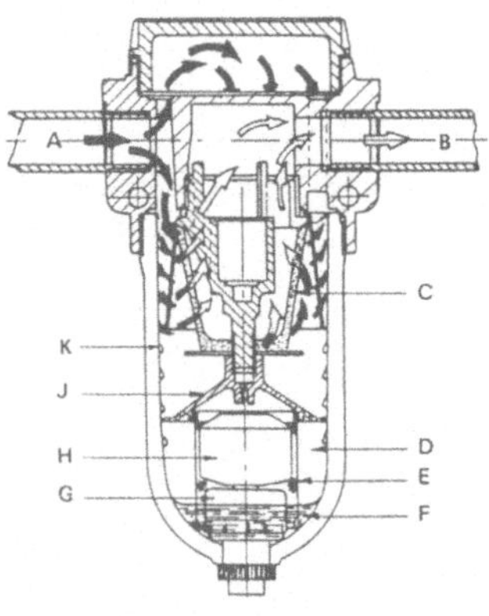

Bild 169 Luftfilter (Fa. MAXIM)

Die so vorgereinigte Luft bewegt sich im Zentrum des Behälters wieder nach oben und strömt durch den Filtereinsatz (C), der noch vorhandene Festkörper zurückhält. Die gereinigte Luft kann jetzt über den Anschluß (B) zu dem Verbraucher geführt werden. Das auf dem Behälterboden angesammelte Kondensat hebt bei entsprechendem Wasserstand den Schwimmer (H) an, wodruch das Abflußventil geöffnet wird und das Kondensat entweichen kann. Das Sieb (E) hält grobe Feststoffe zurück um ein sicheres Schließen des Ablaßventils zu gewährleisten. Bei einfacheren Bauarten muß das Kondensat über ein Handventil entleert werden.

Der Filtersatz kann aus feinmaschigem korrosionsbeständigem Drahtgewebe, aus Papier oder aus Sintermetall hergestellt werden.

Die Porenweite der allgemein üblichen (Standard-)Filtergeräte für Arbeitsgeräte und einfache Steuerungen liegt bei 30 - 50 μm. Für höhere Ansprüche sind Portenweiten von 5 - 10 μm bei Sintermetallen noch durchaus üblich. Bei hohwertigen Filtergeräten können die Filtereinsätze ausgetauscht werden.

Die Firma Festo gibt den erreichbaren Wirkungsgrad ihres Feinfilters mit 99,999% bezogen auf Verunreinigungen mit einer Korngröße von 0,01 μm an.

Der Durchflußwiderstand der Standardfilter sollte bei voller Auslastung der Nenndurchflußmenge 0,2 - 0,3 bar nicht überschreiben. Da der Durchflußwiderstand von dem Verschmutzungsgrad des Filtereinsatzes abhängig ist, muß dieser von Zeit zu Zeit gereinigt oder ausgetauscht werden.

Der Druckabfall bei Feinfiltern ist durch die kleinere Maschenweite erheblich größer, hierbei muß mit einem Druckverlust von 10 - 15 % des Speisedruckes gerechnet werden.

7.1..2 Öler

Die meisten pneumatischen Arbeits- und Steuergeräte benötigen zur Verschleißminderung während des Betriebes eine, wenn auch geringe, Ölschmierung.
Die dazu notwendige Ölmenge wird der im Filter gereinigten Luft durch einen unmittelbar nachgeschalteten Nebelöler zugeführt. Die Druckluftnebelöler arbeiten fast ausschließlich nach dem Venturiprinzip wie der Vergaser am Benzinmotor.

Dabei wird durch den Unterdruck an der engsten Stelle des Venturirohres das Öl angesaugt und der mit höherer Geschwindigkeit durch das Venturirohr strömenden Luft zugesetzt.

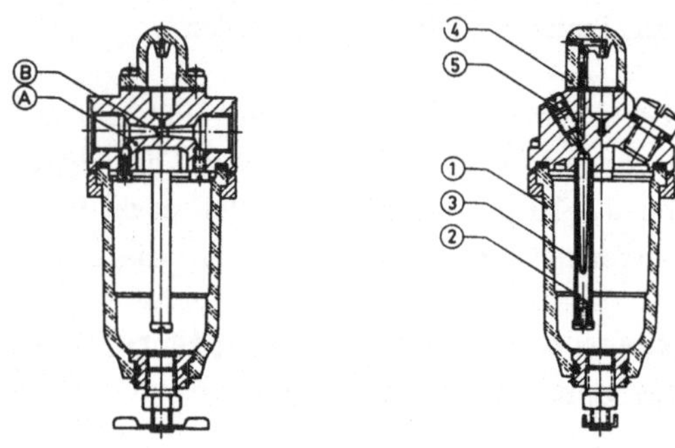

Bild 170   Nebelöler mit Venturiprinzip (Fa. HOERBIGER)

Das Öl wird dadurch fein zerstäubt und von der Luft mitgerissen. Die Wirkungsweise des in Bild 170 dargestellten Ölers beruht auf dem Vergaserprinzip. Das in dem Behälter (1) befindliche Öl wird über die Drossel (B) unter Druck gesetzt und steigt so in dem Steigrohr (3) über die Drossel (5) in den kleinen Versorgungsbehälter in dem Schauglas (4). Das Rückschlagventil (2) verhindert bei Druckstößen ein Rückströmen des Öles.

Von dem Versorgungsbehälter wird das Öl über eine Drosselbohrung an der engsten Stelle des Venturirohres (B) von der Luft angesaugt, zerstäubt und mitgerissen.
Der Nachteil dieser einfachen Nebelöler besteht darin, daß die angesaugte Ölmenge mit größerwerdendem Volumenstrom überproportional zunimmt. Diese Bauart läßt sich daher nur dort sinnvoll anwenden, wo der Volumenstrom einigermaßen konstant ist.

<u>Der in Bild 171 dargestellte Nebenöler</u> gleicht die unterschiedliche Durchflußmengen durch eine bewegliche Engstelle aus. Je mehr Luft strömt, umso weiter wird der Kegel (K) nach rechts verschoben, wodurch sich die Venturiwirkung verändert. Die der Luft zugesetzte notwendige Ölmenge liegt bei 2 - 12 Tropfen pro m^3 Luft im Normzustand (10 Tropfen sint etwa 0,2 cm^3). Um ein weitgehendes Niederschlagen des Ölnebels an den Rohrwandungen zu verhindern, soll die geölte Luft nicht weiter als 5 - 10 m transportiert werden.Da die ausgestoßene ölhaltige Luft die Raumatmosphäre schwer belastet, sollt die geölte Luft möglicht nicht mehr eingesetzt werden. Die modernen Schalt- und Logigelemente benötigen keine geölte Luft und Zylinder nur bei extremen Betriebsbedingungen (siehe Kapitel 6.1).

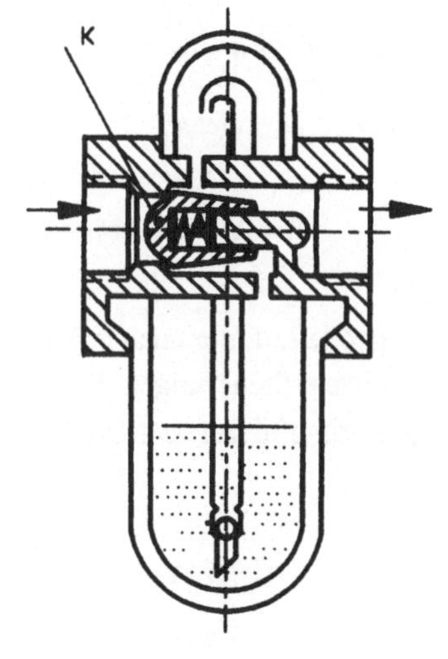

Bild 171 Nebelöler für Einsatz mit variabler Durchflußmenge (Fa. Hoerbiger)

7.1.3 <u>Wartungseinheit</u>

Außer der Luftaufbereitung durch Filter und Öler muß vor jeder Druckluftsteuerung ein Druckregelventil (Kapitel 5.3.2) eingebaut werden, um ein konstantes, von den Druckschwankungen in der Luftzuleitung und Druckerzeugung unabhängigem Druckniveau in der Steuerung und an den Arbeitselementen zu erhalten. Von den Geräteherstellern wird daher die <u>Druckluftfilterung, die Flüssigkeitsabscheidung, die Ölzufuhr, die Druckreduzierung und die Arbeitsdruckanzeige</u> als ein Gerät, die sogenannte Wartungseinheit, angeboten (Bild 172).

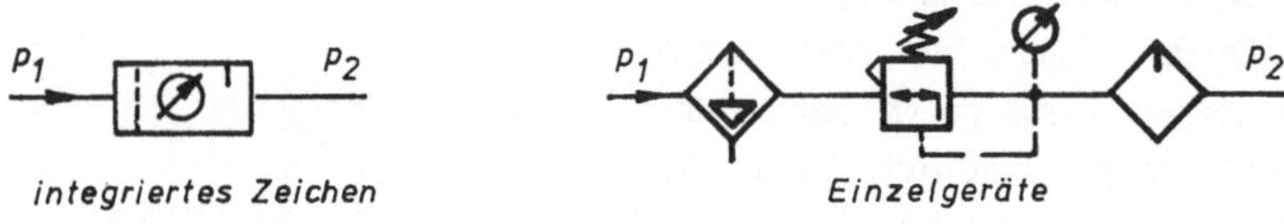

Bild 172 Schaltzeichen (DIN-ISO 1219) für Wartungseinheit

Da die geölte Luft nur noch in Ausnahmefällen eingesetzt wird, werden heute bei den meisten Steuerungen <u>Kombinationen aus Filterwasserabscheidern und Druckregelventil mit Manometer</u> eingesetzt (Bild 173).

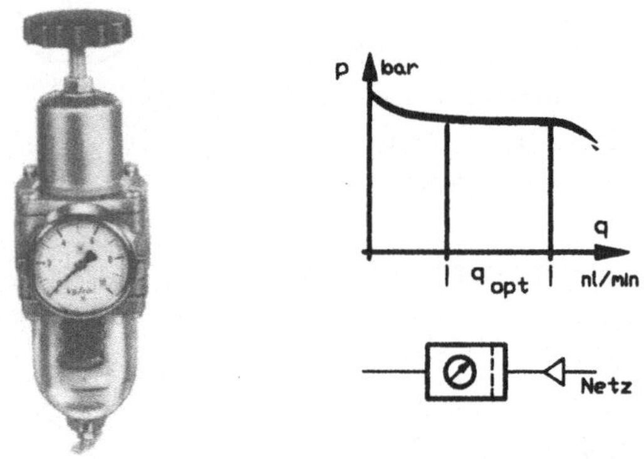

Bild 173 Ölfreie Wartungseinheit (Fa. Hoerbiger)

Es sollte grundsätzlich keine Steuerung ohne diese vorgeschaltete Wartungseinheit betrieben werden. Um die Wartungseinheit ständig in ihrem optimalen Durchflußbereich q_{opt} betreiben zu können, ist es vorteilhaft, für die Logikelemente und den Leistungsteill der Steuerung <u>getrennte Wartungseinheiten</u> zu installieren.

7.2 Druckluftleitungen und Verbindungen

7.2.1 Leitungsverbindungen

Die Verbindung der Leitungsrohren in der Steuerungstechnik, erfolgt heute weitgehend durch „lösbare Rohrverbindungen". Gelötete oder geklebte Rohrverbindungen werden überwiegend dort eingesetzt, wo aus Platz- oder Montagegründen keine lösbaren Verbindungen eingebaut werden können.

Bei Leitungen mit einer NW < 50 mm wird die Rohrverbindung häufig geschweißt, da bei großen Nennweiten die Bauelemente für lösbare Verbindungen zu teuer werden.

Bei Nennweiten von 1" bis 2" wird überwiegend daselbe Installationsprinzip wie bei Wasserleitungen angewandt (Verbindung durch Überwurfmutter).

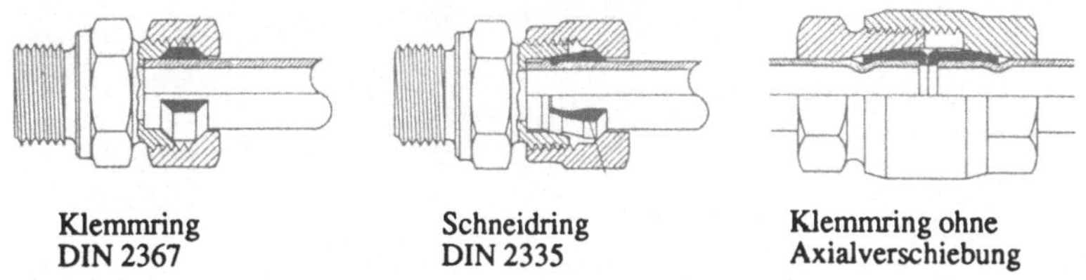

Bild 174 Lösbare Stahlrohrverbindungen

Soweit bei kleineren Nennweiten noch Stahlrohre eingesetzt werden, kommen die lösbaren Schneidringverbindungen (DIN 2335) oder Klemmringverbindungen (DIN 2367) in Bild 174 weitgehend zur Anwendung.

Bei dem Einsatz von Kunststoffleitungen ist die Anwendung der in Bild 175 dargestellten „Schnellverschraubung" durch ihre einfache Konstruktion am weitesten verbreitet. Bei häufigem Lösen der Verbindung wird jedoch die Kunststoffleitung durch die Überwurfmutter beschädigt, so daß die Kunststoffleitung gekürzt oder ausgetauscht werden muß.

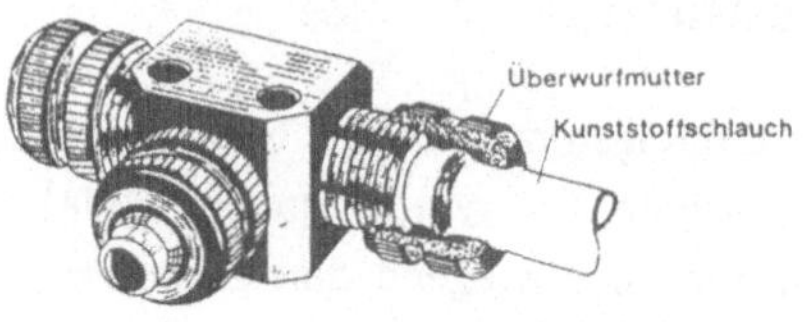

Bild 175 T-Stück mit Schnellverschraubung

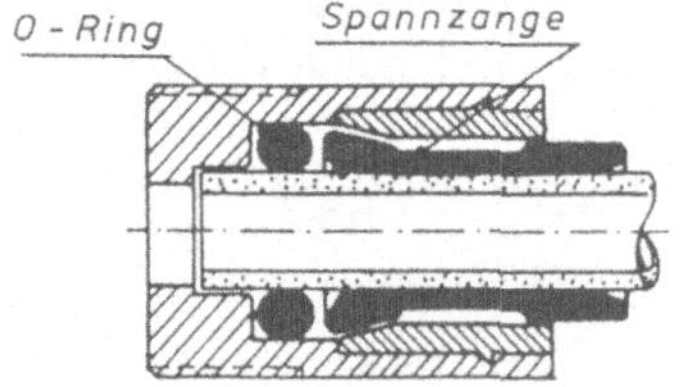

Bild 176 Steckkupplung

<u>Die Steckkupplung</u> (Bild 176) schont das Kunststoffleitungsende etwas mehr als die Schnellkupplung, da bei diesem System ein O-Ring die Dichtfunktion übernimmt. Durch den „Haltezahn" in der Spannzange, der ein unerwünschtes Herausziehen des Kunststoffschlauches verhindert, entsteht jedoch ebenfalls bei häufiger Demontage eine Beschädigung des Kunststoffschlauches. Die Montage der Steckkupplung ist sehr schnell und mühelos, da der Schlauch nur in die Kupplung gesteckt werden muß. Bei Demontage muß der Druckring mit einem Schraubenzieher gegen den Kupplungskörper gedrückt werden, wodurch sich die Spannzange löst, der Schlauch kann entfernt werden.

Eine auch <u>unter Druck lösbare Kupplung</u> ist in Bild 177 dargestellt. In eingekuppeltem Zustand drückt der Stecker gegen das Rückschlagventil(R), dadurch ist der Luftdurchgang gegeben.

Durch Zurückschieben des Überwurfringes (Ü) der Kupplungsdose wird der Stecker getrennt. Gleichzeitig schließt das Rückschlagventil und verhindert so ein Ausströmen der Luft. <u>Die Kupplungsdose muß immer druckseitig montiert werden</u>.

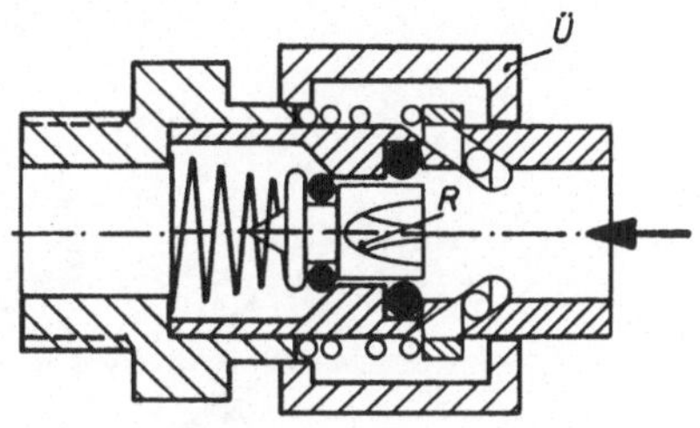

Bild 177 Unter Druck lösbare Kupplungsdose

Die Schnellkupplungssysteme werden von den Herstellern in vielen Formvariationen angeboten:

Einschraub-, Gerade-, Schott-, Winkel-, T-, Schwenk- oder Kreuzrohrverschraubung.

Bei der Verwendung von kleinen Kunststoffschläuchen (NW 2) oder in der Niederdruckpneumatik (p < 0,6 bar) werden häufig <u>nur Tüllen (ohne Sicherung</u> verwendet. Bei größeren Nennweiten oder bei Gummischläuchen muß die Schlauchtülle im Schlauch durch eine Schlauchklemme gesichert werden.

7.2.2 Integrierte Verbindungstechnik

Um kleinere Totvolumen und damit eine höhere Reaktionsgeschwindigkeit der Logikelemente zu erreichen, wird die integrierte Verbindungstechnik immer häufiger eingesetzt. Ein weiterer Vorteil liegt in dem Wegfall der Verrohrungskosten einer geringeren Störanfälligkeit durch eventuelle Undichtigkeiten.

Die einfachste Form der Integration ist in Bild 178 mit der „<u>Verbindungsplattentechnik</u>" dargestellt. In jeder Platte sind an den Entlüftungsöffnungen Schalldämpfer eingebaut. Für die Batteriemontage werden die Grundplatten durch Steckkupplungen aneinandergereiht und die Druckzuführung durch O-Ringe zwischen den Elementen abgedichtet.

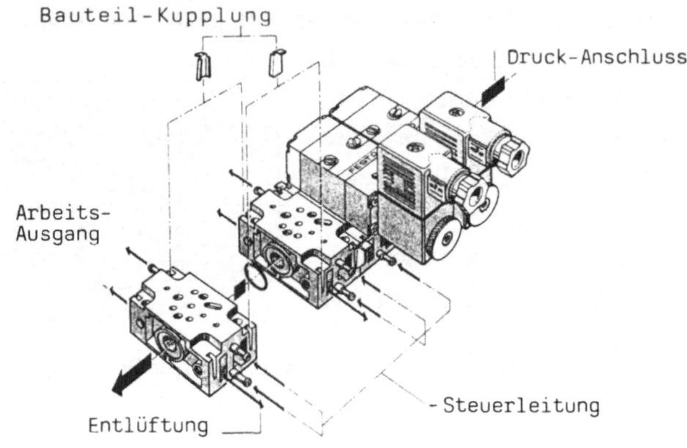

Bild 178 Batteriemontage durch Verkettungsplatten (Fa. FESTO)

Besonders vorteilhaft wird die Verkettungsplatte bei der „Taktkettentechnik" eingesetzt. In Bild 179 ist die schematische Darstellung einer Taktkettensteuerung aufgezeigt, die durch Aneinanderreihung der einzelnen, auf einer Verkettungsplatte montierter Taktstufen aufgebaut wird.

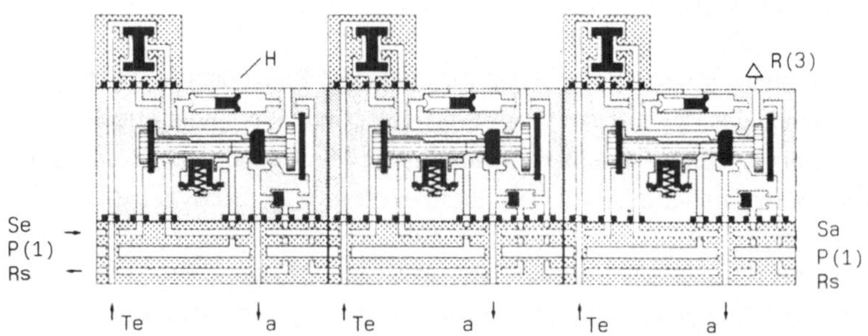

Bild 179 Taktkette mit Verkettungskettenmontage (Fa. CRONZET)

Die Verkettungsplatten werden auf eine Montageschiene aufgeklipst, wie sie in der Elektrotechnik bei der Schützenmontage üblich ist. Das vorgestellte Beispiel entspricht dem in Kapitel 2.3.3.3, Bild 26 dargestellten Logikplan einer Taktkette. Der Speicher ist in Bild 179 jedoch nicht als RS-Kippglied, sondern als löschdominanter Haftspeicher (NV) ausgeführt. Außerdem wird der Speicherzustand durch den Sichtmelder H angezeigt.

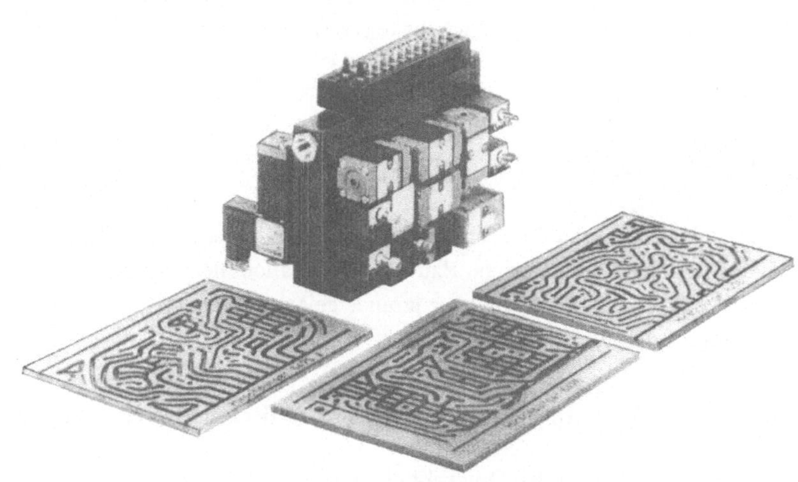

Bild 180 Integrationssystem mit Kanalplatten (Fa. FESTO)

Bei dem Integrationssystem der Firma FESTO werden mehrere Kanalplatten zu einem Block verklebt und fest mit den Montageplatten der Bauelemente verbunden. Diese kompakten Steuerblöcke werden kundenspezifisch hergestellt und garantieren optimale Schaltzeiten. Sie sollen außerdem bereits ab Serien von 10 Blöcken Preisvorteile gegenüber der Konventionellen Installationstechnik bieten.

7.3 Druckverlust im Pneumatiksystem

Die exakte, rechnerische Bestimmung der Druckverluste in einem Spannungssystem ist außerordentlich schwierig und aufwendig. Außerdem stehen bei den wenigsten Bauteilen die zur genauen Berechnung notwendigen Daten zur Verfügung.

Richtwerte zur Dimensionierung der Bauteile können aus der Tafel 40 in Kapitel 5.1.1.2 entnommen werden. Um den Druckverluft in wirtschaftlichen Grenzen zu halten, sollte die Strömungsgeschwindigkeit (w) in den Leitungen einer Steuerung

$$w_{max} = 25 \text{ ms}$$

nicht überschreiten.

Um die 1. Näherung eine Berechnung des Druckverlustes sp zu ermöglichen und die Einflußgrößen der einzelnen Bau- und Installationselemente zu bewerten, können nachstehende Gleichungen zugrunde gelegt werden:
Gesamtdruckabfall Δp_{ges} der Anlage:

$$\Delta p_{ges} \quad = \sum \Delta p \text{ in den geraden Rohren} + \sum \Delta p \text{ der Einzelwiderstände} \quad (50)$$

Allgemeingleichung für den Druckabfall im geraden Rohr Δp_R:

$$\Delta p_R \quad = \lambda \cdot \frac{1 \cdot \rho \cdot w^2}{2 \cdot d} \left[N/m^2 \right] \quad (51)$$

dabei bedeuten:

$$1 \quad = \text{Leitungslänge} \quad \left[m \; \right]$$

$$\rho_n \quad = \text{Dichte der Luft im Ansaugzus tan d } 1,203 \, kg/m^3$$

$$\rho \quad = \rho_n \cdot \frac{p_{abs}}{p_a} \text{ Dichte der Luft im Stömungszus tan d}$$

$$p_a \quad = 1,013 \, bar \text{ (siehe Kap.2.3.2.7)}$$

w = Volumenstrom q_v/Leitungsquerschnitt A $[m/s]$

d = Rohrinnendurchmesser (NW) $[m]$

λ $= \dfrac{64}{Re}$ Rohrreibungszahl, gültig für glatte Rohre im la min aren Strömungs –

        bereich (Re < 2230)   (52)

Re $= \dfrac{w \cdot d}{v}$ Re ynoldszahl   (53)

v_n $= 13,28 \cdot 10^{-6} \ m^2/s$ kinematische Zähigkeit im Ansaugzus tan d

        (Kapitel 2.2.2.7)

<u>Druckverlust am Einzelwiderstand Δp_E</u>

$$\boxed{\Delta p_E \ = 0,5 \cdot \xi \cdot \rho \cdot w^2 \ \left[N/m^2 \right]} \qquad (54)$$

<u>Der Widerstandsbeiwert</u> ξ ist ein bauteilspezifischer dimensionsloser Faktor, der die Relation zwischen dem Druckabfall an dem Einzelwiderstand und dem dort herrschenden kinetischen Druck angibt. In der Regel wird der Widerstandbeiwert ξ für das jeweilige Bauteil experimentell ermittelt.

Die in <u>Tafel 44</u> angegebenen Werte sind gemittelte Erfahrungswerte, die als Richtwerte angenommen werden können. Die Widerstandsbeiwerte für die Ventile und andere Bauteile müssen aus den technischen Unterlagen der Herstellerfirmen entnommen werden.

Eine Reihe von Herstellern definiert den <u>Durchflußverlust ihrer Bauteile durch den „k_v-Wert"</u>.

Der Begriff k_v ist strömungstechnisch-physikalisch umstritten. Schon die Bezeichnung k = Koeffizient, v = Ventil ist irreführend. Der k_v-Wert ist durch den Durchfluß q_v (m^3/h) von Wasser bei (278 - 303)K bei einem Druckverlust von Δp = 0,981 bar = 1 kp/cm^2 bei dem Vordruck von p_1 = 6 bar definiert (VDI/VDE-Richtlinien 2173). Der k_v-Wert ist damit eine dimensionsbehaftete Größe (m^3/h).

Tafel 44 Durchflußkennwerte K_v - c_v - q_v

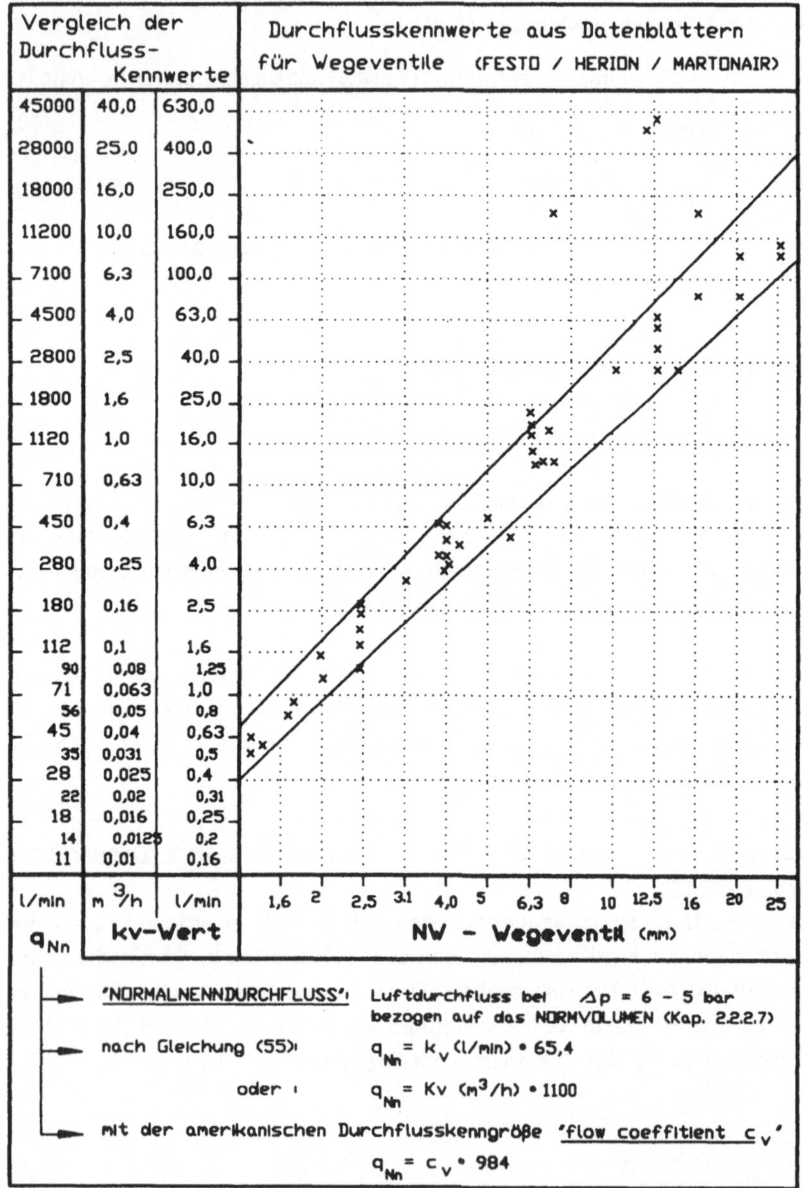

'NORMALNENNDURCHFLUSS'ı Luftdurchfluss bei $\Delta p = 6 - 5$ bar
bezogen auf das NORMVOLUMEN (Kap. 2.2.2.7)

nach Gleichung (55)ı $q_{Nn} = k_v$ (l/min) $\cdot$ 65,4

oder ı $q_{Nn} = Kv$ (m³/h) $\cdot$ 1100

mit der amerikanischen Durchflusskenngröße 'flow coeffitient c_v'

$q_{Nn} = c_v \cdot 984$

Der Volumenstrom bezogen auf das Normvolumen (q_v), kann mit Hilfe des k_v-Wertes näherungsweise bestimmt werden.

<u>für den unterkritischen Bereich (Re < 2230)</u>, näherungsweise $p_2/p_1 > 0,5$

$$\boxed{(q_v)_n \quad = k_v \cdot 457 \cdot \sqrt{\frac{p_2 \cdot \Delta p}{T_1}} \quad \left[m^3/h\right]} \tag{55}$$

<u>Überkritischer Bereich (Re < 2230)</u>, näherungsweise $\dfrac{p_2}{p_1} < 0,5$

$$\boxed{(q_v)_n \quad = k_v \cdot \frac{p_1}{\sqrt{T_1}} \quad \left[m^3/h\right]} \tag{56}$$

$$k_v \qquad = k_v - \text{Wert} \quad \left[m^3/h\right]$$

$p_1 \qquad$ = Absolutdruck vor dem Widerstand [bar]

$p_2 \qquad$ = Absolutdruck hinter dem Widerstand [bar]

$\Delta p \qquad = p_1 - p_2$ [bar]

$T_1 \qquad$ = Lufttemperatur vor dem Widerstand [K]

Der Volumenstrom $(q_v)_n$ nimmt bei diesen Gleichungen in jedem Fall die Dimension des k_v-Wertes an. Die meisten Ventilhersteller geben den k_v-Wert in ihren Datenblättern in k_v (1/min) = dm^3/min an. Andere Hersteller geben den Ventildurchfluß als <u>Nennvolumenstrom</u> q_{vn} (Tafel 44) in l/min oder m^3/h an.

Bilderverzeichnis

Literaturverzeichnis

<u>Weiterführendes Schrifttum:</u>

Geschichte:
Arnod, G.: Pneumatik und Hydraulik in der Geschichte der Energie-
technik. Mainz 196

Maßsysteme:
Häder, W. / Gärtner, E.: Die gesetzlichen Einheiten der Technik.
4.A. Berlin 1974
Wanser, K.: Meßmethoden von elektrischen Druck- und Differenzdruck-
umformern/ - Messen und Prüfen/Automatik (1979)

Schaltalgebra:
Haack, O.: Einführung in die Digitaltechnik. 4.A. Stuttgart 1984
Siegfried, H.J.: Von der Mengenlehre zur Schaltalgebra. München 1975

Pysikalische Grundlagen:
Dubbel: Taschenbuch für Maschinenbau Band I. 13.A. Berlin 1974
Becker: Technische Strömungslehre. 6.A. Stuttgart 1986
Dobrinski/Krakau/Vogel: Physik für Ingenieure. 5.A. Stuttgart 1980

Pneumatikelemente und Steuerungen:
Deppert;W./Stoll, K.: Pneumatik in der Anwendung. Würzburg 1974
Wiesner: O+p Bauelemente der Pneumatik. Mainz 1972
Ritter, R.: Einführung in die fluidische Steuerungstechnik. Düsseldorf 77
Großer, D.: Pneumatik-Handbuch, Einkaufsführer + Tabellenwerk.
Frankfurt 1976/77
VDI-Zeitschrift: Pneumatisch-elektrischer Signalwandler in Miniatur-
bauweise. VDI-Zeitschrift 118 Düsseldorf 1976

Drucklufterzeugung und Verteilung:
Atlas Copco: Handbuch für Drucklufttechnik. Essen 1977
FMA Pokorny: Taschenbuch für Druckluftbetriebe. 9.A. Berlin 1970

TEUBNER STUDIENSKRIPTEN (TSS) UND LEHRBÜCHER FÜR INGENIEURE

- Eine Auswahl für den Maschinenbauer -

Bauer, Ölhydraulik
    5., überarbeitete und erweiterte Auflage.   (TSS)   DM 23,80

Borucki, Digitaltechnik
    3., überarbeitete und erweiterte Auflage.   Kart.   DM 52,--

Bolch/Vollath, Prozeßautomatisierung   Kart.   DM 39,--

Brouër, Regelungstechnik für Maschinenbauer   Kart.ca.   DM 28,--

Dörrscheidt/Latzel, Grundlagen der Regelungstechnik   Geb.   DM 58,--

Dutschke, Fertigungsmeßtechnik   Kart.   DM 28,--

Ebel, Regelungstechnik
    6., überarbeitete und erweiterte Auflage.   (TSS)   DM 21,80

Ebel, Beispiele und Aufgaben zur Regelungstechnik
    4., überarbeitete und erweiterte Auflage.   (TSS)   DM 17,80

Eichele, Multiprozessorsysteme   Kart.   DM 42,--

Götz, Einführung in die digitale Signalverarbeitung   (TSS)   DM 29,80

Haack, Einführung in die Digitaltechnik
    4. Auflage.   (TSS)   DM 19,80

Haug, Pneumatische Steuerungstechnik
    2., überarbeitete und erweiterte Auflage.   (TSS)   DM 26,80

Klein, Einführung in die DIN-Normen
    10., neubearbeitete und erweiterte Auflage.   Geb.   DM 89,--

Leonhard, Regelung in der elektrischen Antriebstechnik   (TSB)   DM 32,--

Leonhard, Digitale Signalverarbeitung in der Meß- und Regelungstechnik
    2., durchgesehene Auflage.   (TSB)   DM 42,--

Matthies, Einführung in die Ölhydraulik
    2., überarbeitete Auflage.   (TSB)   DM 38,--

Scholze, Einführung in die Microcomputertechnik
    3., überarbeitete Auflage.   (TSS)   DM 24,80

TSS: Teubner Studienskripten (12,7 x 18,8 cm)
TSB: Teubner Studienbücher (13,7 x 20,5 cm)

(Preisänderungen vorbehalten)